WERNER HEISENBERG

**Der Teil und das Ganze**

Werner Heisenberg zählt zu den ganz großen und legendären Physikern des 20. Jahrhunderts. Sein autobiographisches Buch »Der Teil und das Ganze« ist ein Kultbuch geworden – nicht nur für Physiker. Heisenberg folgt hier dem Motto »Physik entsteht durch Gespräche« und erzählt von der Entwicklung der neuen Atomphysik, die für ihn aufs engste mit philosophischen, religiösen, politischen und künstlerischen Fragen verbunden ist. Seine Begegnungen mit Max Planck, Albert Einstein, Niels Bohr, Max Born, Carl Friedrich von Weizsäcker und vielen anderen gaben Heisenberg stets neue Impulse für seine eigenen theoretischen Arbeiten. Die Wirren der Münchner Räterepublik, die Studienjahre und der Freundeskreis in der Jugendbewegung, Entscheidungen und Bedrohungen in der NS-Zeit und der Neuanfang 1945 – dies ist der zeitliche Rahmen des Buches. Hinzu kommen die vielfältigen Landschaften und Orte: Wanderungen am Starnberger See und in den Alpen, Segelfahrten und lange Strandläufe in Dänemark, die Einsamkeit von Helgoland, die Seminare von München, Leipzig, Berlin und Göttingen. So unterschiedlich der Ton dieser »Gespräche im Umkreis der Atomphysik« ist – immer werden Fragen von größter wissenschaftlicher Tragweite erörtert. Eine zentrale Epoche der modernen Physik wird hier lebendig erzählt von einem, der sie entscheidend mitgeprägt hat.

*Werner Heisenberg*, geboren am 5.12.1901 in Würzburg, studierte Physik in München und Göttingen, 1924/25 war er als Stipendiat bei Niels Bohr in Kopenhagen. 1927 wurde er Professor für theoretische Physik an der Universität Leipzig. Für seine Arbeiten zur Quantenmechanik erhielt er 1932 den Nobelpreis für Physik. 1941–1945 war er Direktor des Kaiser-Wilhelm-Instituts für Physik in Berlin, 1946–1970 Direktor des Max-Planck-Instituts für Physik in Göttingen und später in München. Heisenberg starb am 1.2.1976 in München.
Seine allgemeinverständlichen Schriften sind in fünf Bänden im Piper Verlag erschienen.

WERNER HEISENBERG

# Der Teil und das Ganze

Gespräche im Umkreis der Atomphysik

Piper
München Zürich

ISBN-13: 978-3-492-04890-3
ISBN-10: 3-492-04890-0
Sonderausgabe 2006
© 1969 Piper Verlag GmbH, München
Umschlaggestaltung: Büro Jorge Schmidt, München
Umschlagabbildung: Werner Heisenberg (1901–1796);
© Schnetzer M. / SV-Bilderdienst
Satz: C.H.Beck'sche Buchdruckerei, Nördlingen
Druck und Bindung: Clausen & Bosse, Leck
Printed in Germany

*www.piper.de*

# Inhalt

Vorwort ............................ 7
1. Erste Begegnung mit der Atomlehre (1919–1920) .. 9
2. Der Entschluß zum Physikstudium (1920) ..... 25
3. Der Begriff »Verstehen« in der modernen Physik (1920 bis 1922) ........................... 39
4. Belehrung über Politik und Geschichte (1922–1924) . 57
5. Die Quantenmechanik und ein Gespräch mit Einstein (1925–1926) ....................... 74
6. Aufbruch in das neue Land (1926–1927) ...... 88
7. Erste Gespräche über das Verhältnis von Naturwissenschaft und Religion (1927) ............ 101
8. Atomphysik und pragmatische Denkweise (1929) .. 114
9. Gespräche über das Verhältnis zwischen Biologie, Physik und Chemie (1930–1932) ........... 125
10. Quantenmechanik und Kantsche Philosophie (1930 bis 1932) ......................... 141
11. Diskussionen über die Sprache (1933) ....... 150
12. Revolution und Universitätsleben (1933). ..... 168
13. Diskussionen über die Möglichkeiten der Atomtechnik und über die Elementarteilchen (1935–1937) .... 184
14. Das Handeln des Einzelnen in der politischen Katastrophe (1937–1941) ............... 195
15. Der Weg zum neuen Anfang (1941–1945) ..... 211
16. Über die Verantwortung des Forschers (1945–1950) . 226
17. Positivismus, Metaphysik und Religion (1952) ... 241
18. Auseinandersetzungen in Politik und Wissenschaft (1956–1957) ....................... 256
19. Die einheitliche Feldtheorie (1957–1958) ...... 269
20. Elementarteilchen und Platonische Philosophie (1961 bis 1965) ........................ 277

# Vorwort

> Was nun die Reden betrifft, die ... gehalten worden sind, so war es mir als Ohrenzeugen ... unmöglich, den genauen Wortlaut des Gesagten im Gedächtnis zu behalten. Daher habe ich die einzelnen Redner so sprechen lassen, wie sie nach meinem Vermuten den jeweiligen Umständen am ehesten gerecht geworden sein dürften, indem ich mich dabei so eng wie möglich an den Gedankengang des wirklich Gesprochenen hielt.
>
> *Thukydides*

Wissenschaft wird von Menschen gemacht. Dieser an sich selbstverständliche Sachverhalt gerät leicht in Vergessenheit, und es mag zur Verringerung der oft beklagten Kluft zwischen den beiden Kulturen, der geisteswissenschaftlich-künstlerischen und der technisch-naturwissenschaftlichen, beitragen, wenn man ihn wieder ins Gedächtnis zurückruft. Das vorliegende Buch handelt von der Entwicklung der Atomphysik in den letzten 50 Jahren, so wie der Verfasser sie erlebt hat. Naturwissenschaft beruht auf Experimenten, sie gelangt zu ihren Ergebnissen durch die Gespräche der in ihr Tätigen, die miteinander über die Deutung der Experimente beraten. Solche Gespräche bilden den Hauptinhalt des Buches. An ihnen soll deutlich gemacht werden, daß Wissenschaft im Gespräch entsteht. Dabei versteht es sich von selbst, daß Gespräche nach mehreren Jahrzehnten nicht mehr wörtlich wiedergegeben werden können. Nur Briefstellen sind, wo sie zitiert werden, im Wortlaut angeführt. Es soll sich auch nicht eigentlich um Lebenserinnerungen handeln. Daher hat der Verfasser sich erlaubt, immer wieder zusammenzuziehen, zu straffen und auf historische Genauigkeit zu verzichten; nur in den wesentlichen Zügen sollte das Bild korrekt sein. In den Gesprächen spielt die Atomphysik keineswegs immer die wichtigste Rolle. Vielmehr geht es ebensooft um menschliche, philosophische oder politische Probleme, und der Verfasser hofft, daß gerade daran deutlich wird, wie wenig sich die Naturwissenschaft von diesen allgemeineren Fragen trennen läßt.

Viele der beteiligten Personen sind im Text mit dem Vornamen eingeführt; teils weil sie später nicht weiter an die Öffentlichkeit getreten sind, teils weil die Beziehung des Verfassers zu ihnen durch die Verwendung des Vornamens besser dargestellt wird. Auch läßt sich so leichter der Eindruck vermeiden, als handle es sich um eine historisch in allen Einzelheiten getreue

Wiedergabe der verschiedenen Begebenheiten. Aus diesem Grund wurde auch darauf verzichtet, ein genaueres Bild dieser Persönlichkeiten zu zeichnen; sie werden gewissermaßen nur an der Art, wie sie sprechen, erkennbar. Großer Wert wurde jedoch gelegt auf die korrekte und lebendige Schilderung der Atmosphäre, in der die Gespräche stattgefunden haben. Denn in ihr wird der Entstehungsprozeß der Wissenschaft deutlich, an ihr kann am besten verstanden werden, wie das Zusammenwirken sehr verschiedener Menschen schließlich zu wissenschaftlichen Ergebnissen von großer Tragweite führen kann. Es war die Absicht des Verfassers, auch dem der modernen Atomphysik Fernstehenden einen Eindruck von den Denkbewegungen zu vermitteln, die die Entstehungsgeschichte dieser Wissenschaft begleitet haben. Dabei mußte in Kauf genommen werden, daß im Hintergrund der Gespräche manchmal sehr abstrakte und schwierige mathematische Zusammenhänge sichtbar werden, die nicht ohne ein eingehendes Studium verstanden werden können.

Endlich hat der Verfasser mit der Aufzeichnung der Gespräche noch ein weiteres Ziel verfolgt. Die moderne Atomphysik hat grundlegende philosophische, ethische und politische Probleme neu zur Diskussion gestellt, und an dieser Diskussion sollte ein möglichst großer Kreis von Menschen teilnehmen. Vielleicht kann das vorliegende Buch auch dazu beitragen, die Grundlage dafür zu schaffen.

# 1
# Erste Begegnung mit der Atomlehre (1919–1920)

Es mag etwa im Frühjahr 1920 gewesen sein. Der Ausgang des Ersten Weltkrieges hatte die Jugend unseres Landes in Unruhe und Bewegung versetzt. Die Zügel waren den Händen der zutiefst enttäuschten älteren Generation entglitten, und die jungen Menschen sammelten sich in Gruppen, kleineren und größeren Gemeinschaften, um sich einen neuen eigenen Weg zu suchen oder wenigstens einen neuen Kompaß zu finden, nach dem man sich richten konnte, da der alte zerbrochen schien. So war ich an einem hellen Frühlingstag mit einer Gruppe von vielleicht zehn oder zwanzig Kameraden unterwegs, die meisten von ihnen jünger als ich selbst, und die Wanderung führte, wenn ich mich recht erinnere, durch das Hügelland am Westufer des Starnberger Sees, der, wenn eine Lücke im leuchtenden Buchengrün den Blick freigab, links unter uns lag und beinahe bis zu den dahinter sichtbaren Bergen zu reichen schien. Auf diesem Weg ist es merkwürdigerweise zu jenem ersten Gespräch über die Welt der Atome gekommen, das mir in meiner späteren wissenschaftlichen Entwicklung viel bedeutet hat. Um verständlich zu machen, daß in einer Gruppe fröhlicher, unbekümmerter junger Menschen, die der Schönheit der blühenden Natur weit geöffnet waren, solche Gespräche geführt werden konnten, muß vielleicht daran erinnert werden, daß der Schutz durch Elternhaus und Schule, der in friedlichen Epochen die Jugend umgibt, durch die Wirren der Zeit weitgehend verlorengegangen und daß, gewissermaßen als Ersatz, eine Unabhängigkeit der Meinung in ihr entstanden war, die sich ein eigenes Urteil auch dort zutraute, wo dafür die Grundlagen noch fehlen mußten.

Einige Schritte vor mir ging ein blonder, schön gewachsener Bursch, dessen Eltern mir früher einmal die Unterstützung seiner Schularbeiten aufgetragen hatten. Noch im Jahr vorher hatte er als Fünfzehnjähriger im Straßenkampf die Munitionskästen geschleppt, als sein Vater mit einem Maschinengewehr hinter dem Wittelsbacher Brunnen in Stellung lag und an den Kämpfen um die Räterepublik München teilnahm. Andere, darunter ich selbst, hatten vor zwei Jahren noch als Knechte auf Bauerngütern im Bayerischen Oberland gearbeitet. So war uns der rauhe Wind nicht mehr fremd, und wir hatten keine Angst, uns auch über die schwierigsten Probleme unsere eigenen Gedanken zu machen.

Der äußere Anlaß des Gesprächs war wohl der Umstand, daß ich mich auf das im Sommer bevorstehende Abiturexamen vorzubereiten hatte und mich über naturwissenschaftliche Gegenstände gern mit meinem Freunde Kurt unterhielt, der meine Interessen teilte und später einmal Ingenieur werden wollte. Kurt stammte aus einer protestantischen Offiziersfamilie, er war ein guter Sportsmann und zuverlässiger Kamerad. Im Jahr vorher, als München von den Regierungstruppen eingeschlossen und in unseren Familien das letzte Stück Brot längst aufgezehrt war, hatten er, mein Bruder und ich einmal eine gemeinsame Fahrt nach Garching, durch die Linien der Kämpfenden hindurch, unternommen, und wir waren mit einem Rucksack voll Lebensmitteln, Brot, Butter und Speck, zurückgekommen. Solche gemeinsamen Erlebnisse schaffen eine gute Grundlage für rückhaltloses Vertrauen und fröhliches Einverständnis. Hier ging es aber jetzt um die gemeinsame Beschäftigung mit naturwissenschaftlichen Fragen. Ich berichtete Kurt, daß ich in meinem Physiklehrbuch auf eine Abbildung gestoßen sei, die mir völlig unsinnig vorkäme. Es handelte sich um jenen Grundvorgang der Chemie, bei dem zwei einheitliche Stoffe sich zu einem neuen ebenfalls einheitlichen Stoff, einer chemischen Verbindung, zusammenschließen. Aus Kohlenstoff und Sauerstoff etwa kann sich Kohlensäure bilden. Die bei solchen Vorgängen beobachteten Gesetzmäßigkeiten könne man, so lehrte das Buch, am besten verständlich machen, indem man annehme, daß die kleinsten Teile, die Atome, des einen Elements und die des anderen sich zu kleinen Atomgruppen, den sogenannten Molekülen, zusammenschließen. So bestehe etwa das Kohlensäuremolekül aus einem Atom Kohlenstoff und zwei Atomen Sauerstoff. Zur Veranschaulichung waren solche Atomgruppen im Buch abgebildet. Um nun weiter zu erklären, warum gerade je ein Atom Kohlenstoff und zwei Atome Sauerstoff ein Kohlensäuremolekül bilden, hatte der Zeichner die Atome mit Haken und Ösen versehen, mit denen sie im Molekül zusammengehängt waren. Dies kam mir ganz unsinnig vor. Denn Haken und Ösen sind, wie mir schien, recht willkürliche Gebilde, denen man je nach der technischen Zweckmäßigkeit die verschiedensten Formen geben kann. Die Atome aber sollten doch eine Folge der Naturgesetze sein und durch die Naturgesetze veranlaßt werden, sich zu Molekülen zusammenzuschließen. Dabei kann es, so glaubte ich, keinerlei Willkür, also auch keine so willkürlichen Formen wie Haken und Ösen geben.

Kurt erwiderte: »Wenn du die Haken und Ösen nicht glauben willst – und mir kommen sie ja auch recht verdächtig vor –, so mußt du wohl vor allem wissen, welche Erfahrungen den Zeichner veranlaßt haben, sie im Bild anzubringen. Denn die heutige Naturwissenschaft geht von Erfahrungen aus, nicht von irgendwelchen philosophischen Spekulationen, und mit der Erfahrung muß man sich abfinden, wenn man sie zuverlässig, das heißt mit hinreichender Sorgfalt gewonnen hat. Soviel ich weiß, stellen die Chemiker zunächst fest, daß die elementaren Bestandteile in einer chemischen Verbindung immer in ganz bestimmten Gewichtsverhältnissen auftreten. Das ist merkwürdig genug. Denn selbst wenn man an die Existenz der Atome, das heißt charakteristischer kleinster Teilchen für jedes chemische Element glaubt, so würden doch Kräfte von der Art, wie man sie sonst in der Natur kennt, kaum ausreichen, um verständlich zu machen, daß ein Kohlenstoffatom immer nur zwei Sauerstoffatome anziehen und an sich binden kann. Wenn es eine Anziehungskraft zwischen den beiden Atomarten gibt, warum sollen dann nicht auch gelegentlich drei Sauerstoffatome gebunden werden können?«

»Vielleicht haben die Atome des Kohlenstoffs oder des Sauerstoffs eine solche Form, daß eine Bindung von dreien eben schon aus Gründen der räumlichen Anordnung unmöglich wird.«

»Wenn du das annimmst, und das klingt ja nicht unplausibel, dann bist du schon fast wieder bei den Haken und Ösen des Lehrbuchs angelangt. Wahrscheinlich hat der Zeichner nur eben dies ausdrücken wollen, was du gesagt hast, da er die genaue Form der Atome ja gar nicht wissen kann. Er hat Haken und Ösen gezeichnet, um möglichst drastisch darzutun, daß es Formen gibt, die zur Bindung von zwei, aber nicht von drei Sauerstoffatomen an das Kohlenstoffatom führen können.«

»Schön, also die Haken und Ösen sind Unsinn. Aber du sagst, die Atome werden auf Grund der Naturgesetze, die für ihre Existenz verantwortlich sind, auch eine Form haben, die für die richtige Bindung sorgt. Nur wissen wir beide die Form einstweilen nicht, und auch der Zeichner des Bildes hat sie offenbar nicht gekannt. Das einzige, was wir bisher von dieser Form zu wissen glauben, ist eben, daß sie dafür sorgen muß, daß ein

Kohlenstoffatom nur zwei, aber nicht drei Sauerstoffatome an sich binden kann. Die Chemiker haben, das wird im Buch erwähnt, an dieser Stelle den Begriff ›chemische Valenz‹ erfunden. Aber ob das nur ein Wort oder schon ein brauchbarer Begriff ist, müßte man erst herausbringen.«

»Es ist wahrscheinlich doch etwas mehr als nur ein Wort; denn beim Kohlenstoffatom sollen die vier Valenzen, die ihm zugeschrieben werden – und von denen je zwei die zwei Valenzen je eines Sauerstoffatoms absättigen sollen –, etwas mit einer tetraederförmigen Gestalt des Atoms zu tun haben. Es steckt also offenbar ein etwas bestimmteres empirisches Wissen über die Formen dahinter, als uns jetzt zugänglich ist.«

An dieser Stelle mischte sich Robert ins Gespräch, der bisher schweigend neben uns hergegangen war, aber offenbar zugehört hatte. Robert hatte ein schmales, aber kräftiges Gesicht, das von ganz dunklem vollem Haar umrahmt war und im ersten Augenblick etwas verschlossen aussah. Er beteiligte sich nur selten an dem leichten Geplauder, das eine solche Wanderung zu begleiten pflegt; aber wenn abends im Zelt vorgelesen oder wenn vor der Mahlzeit ein Gedicht gesprochen werden sollte, so wandten wir uns an ihn, denn keiner wußte wie er in der deutschen Dichtung, ja sogar in der philosophischen Literatur Bescheid. Wenn er Gedichte vortrug, so geschah es ohne jedes Pathos, ohne jeden sprachlichen Aufwand, aber doch so, daß der Inhalt des Gedichtes auch den Nüchternsten unter uns erreichte. Die Art, wie er sprach, die gesammelte Ruhe, in der er formulierte, zwang zum Aufhorchen, und seine Worte hatten, so schien es, mehr Gewicht als die der anderen. Auch wußten wir, daß er sich neben der Schule mit philosophischen Büchern beschäftigte. Robert war mit unserem Gespräch unzufrieden.

»Ihr Naturwissenschaftsgläubigen«, meinte er, »beruft euch immer so leicht auf die Erfahrung, und ihr glaubt, daß ihr damit die Wahrheit sicher in den Händen haltet. Aber wenn man darüber nachdenkt, was bei der Erfahrung wirklich geschieht, scheint mir die Art, wie ihr das tut, sehr anfechtbar. Was ihr sprecht, kommt doch aus euren Gedanken, nur von ihnen habt ihr unmittelbar Kunde; aber die Gedanken sind ja nicht bei den Dingen. Wir können die Dinge nicht direkt wahrnehmen, wir müssen sie zuerst in Vorstellungen verwandeln und schließlich Begriffe von ihnen bilden. Was bei der sinnlichen Wahrnehmung auf uns von außen einströmt, ist ein ziemlich ungeordnetes Gemisch von sehr verschiedenartigen Eindrücken, denen die

Formen oder Qualitäten, die wir nachher wahrnehmen, gar nicht direkt zukommen. Wenn wir etwa ein Quadrat auf einem Blatt Papier anschauen, so wird es weder auf der Netzhaut unseres Auges noch in den Nervenzellen des Gehirns irgend etwas von der Form eines Quadrats geben. Vielmehr müssen wir die sinnlichen Eindrücke unbewußt durch eine Vorstellung ordnen, ihre Gesamtheit gewissermaßen in eine Vorstellung, in ein zusammenhängendes, ›sinnvolles‹ Bild verwandeln. Erst mit dieser Verwandlung, mit dieser Zusammenordnung von Einzeleindrücken zu etwas ›Verständlichem‹ haben wir ›wahrgenommen‹. Daher müßte doch zuerst einmal geprüft werden, woher die Bilder für unsere Vorstellungen kommen, wie sie begrifflich gefaßt werden und in welcher Beziehung sie zu den Dingen stehen, bevor wir so sicher über Erfahrungen urteilen können. Denn die Vorstellungen sind doch offenbar vor der Erfahrung, sie sind die Voraussetzung für die Erfahrung.«

»Kommen denn die Vorstellungen, die du so scharf vom Objekt der Wahrnehmungen trennen willst, nicht selber doch wieder aus der Erfahrung? Vielleicht nicht so direkt, wie man es sich naiv denken möchte, aber doch indirekt etwa über die häufige Wiederholung ähnlicher Gruppen von Sinneseindrücken oder über die Beziehungen zwischen den Zeugnissen verschiedener Sinne?«

»Das scheint mir keineswegs sicher, nicht einmal besonders einleuchtend. Ich habe neulich in den Schriften des Philosophen Malebranche studiert, und da ist mir eine Stelle aufgefallen, die sich eben auf dieses Problem bezieht. Malebranche unterscheidet im wesentlichen drei Möglichkeiten für die Entstehung der Vorstellungen. Die eine, die du eben erwähnt hast: Die Gegenstände erzeugen über die Sinneseindrücke direkt die Vorstellung in der menschlichen Seele. Diese Ansicht lehnt Malebranche ab, da die sinnlichen Eindrücke ja qualitativ verschieden sind sowohl von den Dingen als auch von den ihnen zugeordneten Vorstellungen. Die zweite: Die menschliche Seele besitzt die Vorstellungen von Anfang an, oder sie besitzt wenigstens die Kraft, diese Vorstellungen selbst zu bilden. In diesem Fall wird sie durch die sinnlichen Eindrücke nur an die schon vorhandenen Vorstellungen erinnert, oder sie wird von den Sinneseindrücken dazu angeregt, die Vorstellungen selbst zu formen. Die dritte – und für diese entscheidet sich Malebranche: Die menschliche Seele nimmt teil an der göttlichen Vernunft. Sie ist mit Gott verbunden und daher ist ihr auch von Gott die Vorstellungskraft, sind ihr die Bilder oder Ideen gegeben, mit denen sie die Fülle der sinnlichen Eindrücke ordnen und begrifflich gliedern kann.«

Damit war nun wieder Kurt ganz unzufrieden: »Ihr Philosophen seid immer schnell bei der Hand mit der Theologie. Und wenn es schwierig wird, laßt ihr den großen Unbekannten auftreten, der alle Schwierigkeiten sozusagen von selbst löst. Aber damit lasse ich mich hier nicht abfinden. Wenn du nun einmal die Frage gestellt hast, so will ich wissen, wie die menschliche Seele zu ihren Vorstellungen kommt; und zwar in dieser Welt, nicht in einer jenseitigen. Denn die Seele und die Vorstellungen gibt es doch in dieser Welt. Wenn du nicht zugeben willst, daß die Vorstellungen einfach selbst aus der Erfahrung stammen, dann mußt du erklären, wieso sie der menschlichen Seele von Anfang an mitgegeben sein können. Sollen sie oder wenigstens die Fähigkeit zum Bilden der Vorstellungen – mit denen doch schon das Kind die Welt erfährt – etwa angeboren sein? Wenn du dies behaupten willst, dann liegt doch der Gedanke nahe, daß die Vorstellungen auf den Erfahrungen früherer Generationen beruhen, und ob es sich nun um unsere jetzigen Erfahrungen oder um die vergangener Generationen handelt, das soll mir nicht so wichtig sein.«

»Nein«, erwiderte Robert, »so meine ich es bestimmt nicht. Denn einerseits ist es äußerst zweifelhaft, ob sich Gelerntes, das heißt das Ergebnis von Erfahrungen, überhaupt vererben ließe. Andererseits kann das, was Malebranche meint, wohl auch ohne Theologie ausgedrückt werden, und dann paßt es besser in eure heutige Naturwissenschaft. Ich will's versuchen. Malebranche könnte etwa sagen: Die gleichen ordnenden Tendenzen, die für die sichtbare Ordnung der Welt, für die Naturgesetze, die Entstehung der chemischen Elemente und ihre Eigenschaften, die Bildung der Kristalle, die Erzeugung des Lebens und alles andere verantwortlich sind, sie sind auch bei der Entstehung der menschlichen Seele und in dieser Seele wirksam. Sie lassen den Dingen die Vorstellungen entsprechen und bewirken die Möglichkeit begrifflicher Gliederung. Sie sind für jene wirklich existierenden Strukturen verantwortlich, die erst dann, wenn wir sie von unserem menschlichen Standpunkt aus betrachten, wenn sie in Gedanken fixiert werden, in ein Objektives – das Ding – und ein Subjektives – die Vorstellung – auseinanderzutreten scheinen. Mit der für eure Naturwissenschaft so plausiblen Auffassung, daß alle Vorstellung auf Erfahrung beruhe, hat diese These Malebranches gemein, daß die Fähigkeit zum Bilden von Vorstellungen in der Entwicklungsgeschichte durch die Beziehung der Organismen zur äußeren Welt zustande gekommen sein mag. Aber Malebranche betont doch gleichzeitig, daß es sich um Zusammenhänge handelt, die nicht einfach durch eine Kette kausal ablaufender Einzelvorgänge erklärt werden können. Daß hier also – wie bei der Entstehung der Kristalle oder der Lebewesen – übergeordnete Strukturen mehr morphologischen Charakters wirksam werden, die sich mit dem Begriffspaar Ursache und Wirkung nicht ausreichend erfassen lassen. Die Frage, ob die Erfahrung vor der Vorstellung gewesen sei, ist also wohl nicht vernünftiger, als die altbekannte Frage, ob die Henne früher gewesen sei als das Ei, oder umgekehrt.

Im übrigen wollte ich euer Gespräch über die Atome nicht stören. Ich wollte nur davor warnen, bei den Atomen so einfach von Erfahrung zu sprechen; denn es könnte immerhin sein, daß die Atome, die man ja gar nicht direkt beobachten kann, auch nicht einfach Dinge sind, sondern zu fundamentaleren Strukturen gehören, bei denen es keinen rechten Sinn mehr hätte, sie in Vorstellung und Ding auseinandertreten zu lassen. Natürlich kann man die Haken und Ösen in deinem Lehrbuch nicht ernst nehmen, ebenso wenig wohl auch alle Bilder von Atomen, die man hin und wieder in populären Schriften findet. Solche Bilder, die dem leichteren Verständnis dienen sollen, machen das Problem nur viel unverständlicher. Ich glaube, man sollte beim Begriff ›Form der Atome‹, den du vorher erwähnt hast, äußerst vorsichtig sein. Nur wenn man das Wort ›Form‹ sehr allgemein faßt, nicht nur räumlich, wenn es nicht viel anderes bedeutet als etwa das Wort ›Struktur‹, das ich eben benützt habe, könnte ich mich mit diesem Begriff halbwegs anfreunden.«

Durch diese Wendung des Gesprächs wurde ich ganz unvermittelt an eine Lektüre erinnert, die mich ein Jahr vorher beschäftigt und gefesselt hatte und die mir damals an wichtigen Stellen ganz unverständlich geblieben war. Es handelte sich um den Dialog ›Timaios‹ bei Plato, in dem ja auch über die kleinsten Teile der Materie philosophiert wird. Aus den Worten von Robert wurde mir zum ersten Mal, wenn auch zunächst noch in unklarer Weise, begreiflich, daß man überhaupt zu solchen merkwürdigen gedanklichen Konstruktionen über die kleinsten Teile kommen kann, wie ich sie in Platos ›Timaios‹ vorgefunden hatte. Nicht daß mir diese Konstruktionen, die ich zunächst für ganz absurd gehalten hatte, nun auf einmal plausibel erschienen wären; nur sah ich hier zum ersten Mal einen Weg vor mir, der wenigstens im Prinzip zu derartigen Konstruktionen führen konnte.

Um verständlich zu machen, daß mir die Erinnerung an das Studium des ›Timaios‹ in diesem Moment sehr viel bedeutete, muß wohl auch kurz über die merkwürdigen Umstände berichtet werden, unter denen diese Lektüre stattgefunden hatte. Im Frühjahr 1919 herrschten in München ziemlich chaotische Zustände. Auf den Straßen wurde geschossen, ohne daß man genau wußte, wer die Kämpfenden waren. Die Regierungsgewalt wechselte zwischen Personen und Institutionen, die man kaum dem Namen nach kannte. Plünderungen und Raub, von denen einer mich einmal selbst betroffen hatte, ließen den Ausdruck »Räterepublik« als Synonym für rechtlose Zustände erscheinen. Als sich dann schließlich außerhalb Münchens eine neue bayerische Regierung gebildet hatte, die ihre Truppen zur Eroberung von München einsetzte, hofften wir auf Wiederherstellung geordneter Verhältnisse. Der Vater des Freundes, dem ich früher bei den Schularbeiten geholfen hatte, übernahm die Führung einer Kompanie von Freiwilligen, die sich an der Eroberung der Stadt beteiligen wollten. Er forderte uns, das heißt die halberwachsenen Freunde seiner Söhne, auf, als stadtkundige Ordonnanzen bei den einrückenden Truppen zu helfen. So ergab es sich, daß wir einem Stab, genannt Kavallerieschützenkommando 11, zugeteilt wurden, der sein Quartier in der Ludwigstraße im Gebäude des Priesterseminars gegenüber der Universität aufgeschlagen hatte. Hier tat ich also Dienst, oder richtiger, hier führten wir zusammen ein sehr ungebundenes Abenteurerleben; von der Schule waren wir befreit, wie schon so oft vorher, und wir wollten die Freiheit nutzen, um die Welt von neuen Seiten kennenzulernen. Der Freundeskreis, mit dem ich ein Jahr später über die Hügel am Starnberger See wanderte, hatte sich in seinem Grundstock eben hier zusammengefunden. Dieses abenteuerliche Leben dauerte aber nur einige Wochen. Als dann die Kämpfe abgeflaut waren und der Dienst eintönig wurde, geschah es öfters, daß ich nach einer in der Telephonzentrale durchwachten Nacht mit dem Sonnenaufgang aller Pflichten ledig war.

Um mich allmählich wieder auf die Schule vorzubereiten, zog ich mich dann mit unserer griechischen Schulausgabe der Platonischen Dialoge auf das Dach des Priesterseminars zurück. Dort konnte ich, in der Dachrinne liegend und von den ersten Sonnenstrahlen durchwärmt, in aller Ruhe meinen Studien nachgehen und zwischendurch das erwachende Leben auf der Ludwigstraße beobachten. An einem solchen Morgen, als das Licht der aufgehenden Sonne schon das Universitätsgebäude und den Brunnen davor überflutete, geriet ich an den Dialog ›Timaios‹, und zwar an jene Stelle, wo über die kleinsten Teile der Materie gesprochen wird. Vielleicht hat mich die Stelle zunächst nur deswegen gefesselt, weil sie schwer zu übersetzen war oder weil sie von mathematischen Dingen handelte, die mich immer schon interessiert hatten. Ich weiß nicht mehr, warum ich meine Arbeit gerade auf diesen Text besonders hartnäckig konzentrierte. Aber was ich dort las, kam mir völlig absurd vor. Da wurde behauptet, daß die kleinsten Teile der Materie aus rechtwinkligen Dreiecken gebildet seien, die, nachdem sie paarweise zu gleichseitigen Dreiecken oder Quadraten zusammengetreten waren, sich zu den regulären Körpern der Stereometrie Würfel, Tetraeder, Oktaeder und Ikosaeder zusammenfügten. Diese vier Körper seien dann die Grundeinheiten der vier Elemente Erde, Feuer, Luft und Wasser. Dabei blieb mir unklar, ob die regulären Körper nur als Symbole den Elementen zugeordnet waren, so etwa der Würfel dem Element Erde, um die Festigkeit, das Ruhende dieses Elements darzustellen, oder ob wirklich die kleinsten Teile des Elements Erde eben die Form des Würfels haben sollten. Solche Vorstellungen empfand ich als wilde Spekulationen, bestenfalls entschuldbar durch den Mangel an eingehenden empirischen Kenntnissen im alten Griechenland. Aber es beunruhigte mich tief, daß ein Philosoph, der so kritisch und scharf denken konnte wie Plato, doch auf derartige Spekulationen verfallen war. Ich versuchte, irgendwelche Denkansätze zu finden, von denen aus die Spekulationen Platos mir verständlicher werden könnten. Aber ich wußte nichts zu entdecken, was auch nur von ferne den Weg dahin gewiesen hätte. Dabei ging für mich von der Vorstellung, daß man bei den kleinsten Teilen der Materie schließlich auf mathematische Formen stoßen sollte, eine gewisse Faszination aus. Ein Verständnis des fast unentwirrbaren und unübersehbaren Gewebes der Naturerscheinungen war doch wohl nur möglich, wenn man mathematische Formen in ihm entdecken konnte. Aber mit welchem Recht Plato dabei gerade auf die regulären Körper der Stereometrie verfallen war, blieb mir völlig unverständlich. Sie schienen keinerlei Erklärungswert zu enthalten. So benützte ich den Dialog weiterhin nur, um meine Kenntnisse im Griechischen aufzufrischen. Aber die Beunruhigung blieb. Das wichtigste Ergebnis der Lektüre war vielleicht die Überzeugung, daß man, wenn man die materielle

Welt verstehen wollte, etwas über ihre kleinsten Teile wissen mußte. Aus Schullehrbüchern und populären Schriften war mir bekannt, daß auch die moderne Wissenschaft Untersuchungen über die Atome anstellt. Vielleicht konnte ich später in meinem Studium selbst in diese Welt eindringen. Aber das war später.

Die Beunruhigung blieb und wurde für mich ein Teil jener allgemeinen Unruhe, die die Jugend in Deutschland ergriffen hatte. Wenn ein Philosoph vom Rang Platos Ordnungen im Naturgeschehen zu erkennen glaubte, die uns jetzt verlorengegangen oder unzugänglich sind, was bedeutet das Wort »Ordnung« überhaupt? Ist Ordnung und ihr Verständnis an eine Zeit gebunden? Wir waren in einer Welt aufgewachsen, die wohlgeordnet schien. Unsere Eltern hatten uns die bürgerlichen Tugenden gelehrt, die für die Aufrechterhaltung jener Ordnung die Voraussetzung bilden. Daß es zuzeiten auch notwendig sein kann, für ein solches geordnetes Staatswesen das eigene Leben zu opfern, das hatten schon Griechen und Römer gewußt, das war nichts Besonderes. Der Tod vieler Freunde und Verwandter hatte uns gezeigt, daß die Welt eben so ist; aber nun gab es viele, die sagten, der Krieg sei ein Verbrechen gewesen, und zwar ein Verbrechen eben jener Führungsschicht, die sich für die Aufrechterhaltung der alten europäischen Ordnung vor allem verantwortlich gefühlt hatte, die geglaubt hatte, ihr auch dort Geltung verschaffen zu müssen, wo sie mit anderen Bestrebungen in Konflikt geriet. Die alte Struktur Europas war jetzt durch die Niederlage zerbrochen. Auch das war nichts Besonderes. Wo es Kriege gibt, muß es Niederlagen geben. Aber war dadurch der Wert der alten Struktur grundsätzlich in Frage gestellt? Kam es nun nicht einfach darauf an, aus den Trümmern eine neue kräftigere Ordnung aufzubauen? Oder hatten jene recht, die auf den Straßen von München ihr Leben dafür opferten, die Rückkehr einer Ordnung alten Stils überhaupt zu verhindern und statt dessen eine zukünftige zu verkünden, die nicht mehr eine Nation, sondern die ganze Menschheit umfassen sollte – obwohl diese Menschheit außerhalb Deutschlands in ihrer Mehrheit vielleicht gar nicht daran dachte, eine solche Ordnung errichten zu wollen? In den Köpfen der jungen Menschen gingen diese Fragen wirr durcheinander, und auch die Älteren konnten uns keine Antworten mehr geben.

So fiel in die Zeit zwischen der Lektüre des ›Timaios‹ und der Wanderung auf den Höhen am Starnberger See noch ein weiteres Erlebnis, das erheblichen Einfluß auf mein späteres Denken gewonnen hat und über das berichtet werden muß, bevor das Gespräch über die Welt der Atome wieder aufgenommen werden kann. Einige Monate nach der Eroberung Münchens waren die Truppen wieder aus der Stadt ausgezogen. Wir besuchten die Schule wie vorher, ohne viel über den Wert unseres Tuns nachzudenken. Da geschah es eines Nachmittags, daß ich auf der Leopoldstraße von einem mir unbekannten Jungen angesprochen wurde: »Weißt du schon, daß sich in der nächsten Woche die Jugend auf Schloß Prunn versammelt? Wir wollen alle mitgehen, und du sollst auch kommen. Alle sollen kommen. Wir wollen uns jetzt selbst überlegen, wie alles weitergehen soll.« Seine Stimme hatte einen Klang, den ich bis dahin nicht gehört hatte. So beschloß ich, nach Schloß Prunn zu fahren, Kurt wollte mich begleiten.

Die Eisenbahn, die damals noch ganz unregelmäßig verkehrte, brachte uns erst in vielen Stunden ins untere Altmühltal. Es war wohl in früheren geologischen Zeiten einmal das Tal der Donau gewesen; die Altmühl hat sich dort in vielen Windungen den Weg durch den Fränkischen Jura gegraben, und das malerische Tal ist fast wie das Rheintal von alten Burgen bekränzt. Die letzten Kilometer zum Schloß Prunn mußten wir zu Fuß zurücklegen, und schon sahen wir von allen Seiten junge Menschen auf die hohe Burg zustreben, die kühn auf einem senkrecht abfallenden Felsen am Talrand errichtet ist. Im Schloßhof, in dessen Mitte ein alter Ziehbrunnen stand, waren schon größere Scharen versammelt. Die meisten waren noch Schüler, aber es gab auch Ältere darunter, die als Soldaten alle Schrecken des Krieges miterlebt hatten und in eine veränderte Welt zurückgekehrt waren. Viele Reden wurden gehalten, deren Pathos uns heute fremd anmuten würde: Ob das Schicksal unseres Volkes oder das der ganzen Menschheit für uns wichtiger wäre, ob der Opfertod der Gefallenen durch die Niederlage sinnlos geworden sei, ob die Jugend sich das Recht nehmen dürfe, ihr Leben selbst und nach eigenen Wertmaßstäben zu gestalten, ob die innere Wahrhaftigkeit wichtiger sei als die alten Formen, die für Jahrhunderte das Leben der Menschen geordnet hätten – über all dies wurde mit Leidenschaft gesprochen und gestritten.

Ich war viel zu unsicher, um mich an diesen Debatten zu beteiligen, aber ich hörte zu und dachte über den Begriff der Ordnung selbst nach. Die Verwirrung im Inhalt der Reden schien mir zu zeigen, daß auch echte Ordnungen miteinander in Widerstreit geraten können und daß dann durch diesen Kampf das Gegenteil von Ordnung bewirkt wird. Dies war, so schien mir, doch nur möglich, wenn es sich um Teilordnungen handelte, um Bruchstücke, die sich aus dem Verband der zentralen Ordnung gelöst hatten; die zwar ihre Gestaltungskraft noch nicht eingebüßt hatten, denen aber die Orientierung nach der Mitte verlorengegangen war. Das Fehlen dieser wirksamen Mitte wurde mir immer quälender bewußt, je länger ich zuhörte; ich litt fast physisch darunter, aber ich wäre selbst nicht imstande gewesen, aus dem Dickicht der widerstreitenden Meinungen einen Weg in den zentralen Bereich zurückzufinden. So vergingen Stunden, und es wurden Reden gehalten und Streitgespräche geführt. Die Schatten auf dem Burghof wurden länger, und schließlich folgte dem heißen Tag eine graublaue Dämmerung und eine mondhelle Nacht. Immer noch wurde gesprochen, aber dann erschien oben auf dem Balkon über dem Schloßhof ein junger Mensch mit einer Geige, und als es still geworden war, erklangen die ersten großen d-moll-Akkorde der Chaconne von Bach über uns. Da war die Verbindung zur Mitte auf einmal unbezweifelbar hergestellt. Das vom Mondlicht übergossene Altmühltal unter uns wäre Grund genug für eine romantische Verzauberung gewesen; aber das war es nicht. Die klaren Figuren der Chaconne waren wie ein kühler Wind, der den Nebel zerriß und die scharfen Strukturen dahinter sichtbar werden ließ. Man konnte also vom zentralen Bereich sprechen, das war zu allen Zeiten möglich gewesen, bei Plato und bei Bach, in der Sprache der Musik oder der Philosophie oder der Religion, also mußte es auch jetzt und in Zukunft möglich sein. Das war das Erlebnis.

Den Rest der Nacht verbrachten wir an Lagerfeuern und in Zelten auf einer Waldwiese oberhalb des Schlosses, und dort wurde auch Eichendorffscher Romantik Raum gegeben. Der junge Geiger, schon ein Student, setzte sich zu unserer Gruppe und spielte Menuette von Mozart und Beethoven, dazwischen alte Volkslieder, und ich versuchte, ihn auf meiner Gitarre zu begleiten. Er erwies sich übrigens als ein lustiger Kamerad, der sich nicht gern auf die Feierlichkeit seiner Darstellung der Chaconne von Bach anreden ließ. Als es doch geschah, fragte er zurück: »Weißt du, in welcher Tonart die Posaunen von Jericho geblasen haben?« – »Nein.« – »Natürlich auch in d-moll!« – »Wieso?« – »Weil sie die Mauern von Jericho d-moll-iert haben.« Unserer Empörung über den Kalauer konnte er sich nur durch schnelle Flucht entziehen.

Diese Nacht war nun wieder in das Halbdunkel der Erinnerung zurückgesunken, und wir wanderten über die Höhen am Starnberger See und sprachen über die Atome. Roberts Bemerkung über Malebranche hatte mir klar gemacht, daß Erfahrungen über die Atome nur recht indirekter Art sein können und daß die Atome wahrscheinlich keine Dinge sind. Dies hatte offenbar auch Plato im ›Timaios‹ gemeint, und nur so waren seine weiteren Spekulationen über die regulären Körper wenigstens halbwegs verständlich. Auch wenn die moderne Naturwissenschaft über die Formen der Atome spricht, so kann das Wort Form hier nur in seiner allgemeinsten Bedeutung verstanden werden, als Struktur in Raum und Zeit, als Symmetrie-Eigenschaft von Kräften, als Möglichkeit zur Bindung an andere Atome. Anschaulich würde man solche Strukturen wohl nie beschreiben können, schon weil sie gar nicht so eindeutig in die objektive Welt der Dinge gehörten. Aber einer mathematischen Betrachtung sollten sie vielleicht zugänglich sein.

Ich wollte also mehr über die philosophische Seite des Atomproblems wissen und erwähnte gegenüber Robert die Stelle im ›Timaios‹ bei Plato. Dann fragte ich ihn, ob er denn überhaupt mit der Meinung einverstanden sei, daß alle materiellen Dinge aus Atomen bestehen, daß es schließlich kleinste Teile gebe, eben die Atome, in die man alle Materie zerlegen könne. Ich hätte den Eindruck, daß er gegen diese ganze Begriffswelt der atomaren Struktur der Materie recht skeptisch eingestellt sei.

Er bestätigte mir dies. »Mir ist diese Fragestellung fremd, die so weit aus unserer unmittelbaren Erlebniswelt herausführt. Die Welt der Menschen oder die der Seen und Wälder liegt mir näher als die der Atome. Aber man kann natürlich fragen, was geschieht, wenn man die Materie immer weiter zu teilen sucht, ebenso wie man fragen kann, ob sehr entfernte Sterne und deren Planeten von lebendigen Wesen bewohnt sind. Mir sind solche Fragen nicht angenehm; vielleicht möchte ich die Antwort gar nicht wissen. Ich glaube, wir haben in unserer Welt wichtigere Aufgaben als die, solche Fragen zu stellen.«

Ich antwortete: »Ich will nicht mit dir über die Wichtigkeit der verschiedenen Aufgaben rechten. Mir ist die Naturwissenschaft immer interessant gewesen, und ich weiß, daß sich viele ernsthafte Menschen darum bemühen, mehr über die Natur und ihre Gesetze zu erfahren. Vielleicht ist der Erfolg ihrer Arbeit auch für die menschliche Gemeinschaft wichtig, aber darauf kommt es mir jetzt nicht an. Was mich beunruhigt, ist dies: Es sieht so aus, und Kurt hat das ja vorhin schon gesagt, als hätte die moderne Entwicklung von Naturwissenschaft und Technik recht dicht an die Stelle herangeführt, an der man die einzelnen Atome oder wenigstens ihre Wirkung unmittelbar sehen kann, an der man mit Atomen experimentieren kann. Wir wissen davon noch wenig, weil wir es nicht gelernt haben; aber wenn es so ist, wie verhält sich das zu deinen Ansichten? Was könntest du vom Standpunkt deines Philosophen Malebranche dazu sagen?«

»Ich würde jedenfalls erwarten, daß die Atome sich ganz anders verhalten als die Dinge der täglichen Erfahrung. Ich könnte mir wohl denken, daß man beim Versuch, immer weiter zu teilen, auf Unstetigkeiten stößt, aus denen man auf eine körnige Struktur der Materie schließen muß. Aber ich würde vermuten, daß sich die Gebilde, mit denen man dann zu tun bekommt, einer objektiven Fixierung in vorstellbaren Bildern weitgehend entziehen, daß sie eher eine Art abstrakter Ausdruck für die Naturgesetze sind, aber eben keine Dinge.«

»Wenn man sie aber direkt sehen kann?«

»Man wird sie nicht sehen können, sondern nur ihre Wirkung.«

»Das ist eine schlechte Ausrede. Denn das ist bei allen anderen Dingen doch genauso. Auch von einer Katze siehst du immer nur die Lichtstrahlen, die von ihrem Körper ausgehen, das heißt die Wirkungen der Katze, niemals die Katze selbst, und auch wenn du ihr Fell streichelst, ist es grundsätzlich nicht anders.«

»Doch! Da kann ich dir nicht recht geben. Die Katze kann ich direkt sehen, denn hier kann ich, ja muß ich die Sinneseindrücke in eine Vorstellung verwandeln. Von der Katze gibt es beides: die objektive und die subjektive Seite – die Katze als Ding und als Vorstellung. Aber beim Atom ist das anders. Da werden Vorstellung und Ding nicht mehr auseinandertreten, weil das Atom eigentlich beides nicht mehr ist.«

Hier mischte sich Kurt wieder ins Gespräch: »Mir wird euer Reden zu gelehrt. Ihr ergeht euch in philosophischen Spekulationen, wo man eben doch einfach die Erfahrung fragen sollte. Vielleicht führt uns unser Studium einmal später an die Aufgabe, über die Atome oder an den Atomen zu experimentieren; dann werden wir schon sehen, was die Atome sind. Wir werden wahrscheinlich lernen, daß sie genauso wirklich und real sind wie alle anderen Dinge, mit denen man experimentieren kann. Wenn es wahr ist, daß alle materiellen Dinge aus Atomen bestehen, so sind diese Atome eben auch genauso wirklich und real wie die materiellen Dinge.«

»Nein«, erwiderte Robert, »dieser Schluß scheint mir äußerst anfechtbar. Du könntest genausogut sagen: Weil alle lebendigen Wesen aus Atomen bestehen, so sind die Atome auch genauso lebendig wie diese Wesen. Das ist doch offenbar Unsinn. Erst die Zusammensetzung vieler Atome zu größeren Gebilden soll diesen Gebilden ja die Qualitäten, die Eigenschaften geben, die sie eben als solche Gebilde oder Dinge charakterisieren.«

»Also meinst du, die Atome seien nicht wirklich oder real?«

»Nun übertreibst du wieder! Vielleicht handelt es sich hier gar nicht um die Frage, was wir über die Atome wissen, sondern um die ganz andere Frage, was solche Worte wie ›wirklich‹ oder ›real‹ bedeuten sollen. Ihr habt vorhin die Stelle in Platos ›Timaios‹ erwähnt und berichtet, daß Plato die kleinsten Teile mit mathematischen Formen, den regulären Körpern, identifiziert. Wenn das auch unrichtig sein mag, denn Plato hatte keine Erfahrungen über die Atome, so kann man es doch einmal als möglich unterstellen. Würdest du solche mathematische Formen ›wirklich‹ und ›real‹ nennen? Wenn sie Ausdruck der Naturgesetze sind, also Ausdruck der zentralen Ordnung des materiellen Geschehens, so müßte man sie wohl wirklich nennen, denn es gehen Wirkungen von ihnen aus, aber man könnte sie nicht real nennen, weil sie eben keine ›res‹, keine Sache sind. Man weiß hier eben nicht mehr recht, wie man die Worte verwenden soll, und das ist kein Wunder, weil man sich so weit entfernt hat von dem Bereich unserer unmittelbaren Erfahrung, in dem sich unsere Sprache in vorgeschichtlicher Zeit gebildet hat.«

Kurt war mit dem Verlauf des Gesprächs noch nicht ganz zufrieden und meinte: »Auch die Entscheidung hierüber würde ich gern der Erfahrung überlassen. Ich kann mir nicht vorstellen, daß die menschliche Phantasie ausreicht, um die Verhältnisse bei den kleinsten Teilen der Materie zu erraten, wenn man sich nicht vorher durch eingehende Experimente mit der Welt dieser kleinsten Teile vertraut gemacht hat. Nur wenn dies sehr gewissenhaft und ohne alle vorgefaßten Meinungen geschieht, kann ein echtes Verständnis herauskommen. Daher bin ich skeptisch gegen allzu eingehende philosophische Diskussionen über einen so schwierigen Gegenstand. Denn dabei werden zu leicht gedankliche Vorurteile gebildet, die dann später das Verständnis erschweren, statt es zu erleichtern. Ich hoffe also, daß sich in Zukunft zuerst die Naturwissenschaftler und erst dann die Philosophen mit den Atomen befassen.«

Um diese Zeit war die Geduld der anderen Mitwanderer wohl erschöpft. »Wollt ihr nicht endlich mit eurem merkwürdigen Zeug aufhören, das doch kein Mensch versteht? Wenn ihr euch aufs Examen vorbereiten wollt, so tut es zu Hause. Wie wär's mit einem Lied?« So wurde schnell angestimmt, und der helle Klang der jungen Stimmen, die Farben der blühenden Wiesen waren wirklicher als die Gedanken über die Atome, und sie verscheuchten den Traum, dem wir uns überlassen hatten.

## 2
### Der Entschluß zum Physikstudium (1920)

Schulzeit und Universitätsstudium waren für mich durch einen tiefen Einschnitt getrennt. Nach einer dem Abitur folgenden Wanderung durchs Frankenland mit der gleichen Gruppe von Freunden, mit denen ich im Frühling am Starnberger See über die Atomlehre gesprochen hatte, erkrankte ich schwer, mußte mit hohem Fieber für viele Wochen das Bett hüten und war auch in der anschließenden Erholungszeit noch lange mit meinen Büchern allein. In diesen kritischen Monaten war mir ein Werk in die Hände geraten, dessen Inhalt mich faszinierte, obgleich ich es nur halb verstand. Der Mathematiker Hermann Weyl hatte unter dem Titel ›Raum–Zeit–Materie‹ eine mathematische Darstellung der Prinzipien der Einsteinschen Relativitätstheorie gegeben. Die Auseinandersetzung mit den hier entwickelten schwierigen mathematischen Methoden und dem dahinterliegenden abstrakten Gedankengebäude der Relativitätstheorie beschäftigte und beunruhigte mich. Sie bekräftigte meinen schon vorher gefaßten Entschluß, an der Universität München Mathematik studieren zu wollen.

In den ersten Tagen meines Studiums trat dann aber noch eine merkwürdige und auch für mich überraschende Wendung ein, die kurz berichtet werden muß. Mein Vater, der an der Universität München Mittel- und Neugriechische Sprache lehrte, hatte mir eine Unterredung mit dem Professor für Mathematik Lindemann verschafft, der durch die endgültige mathematische Entscheidung des uralten Problems von der Quadratur des Zirkels berühmt geworden war. Ich wollte Lindemann bitten, mich zu seinem Seminar zuzulassen; denn ich bildete mir ein, durch die Mathematikstudien, die ich während der Schulzeit nebenher getrieben hatte, für ein solches Seminar genügend vorbereitet zu sein. Ich besuchte Lindemann, der auch in der Hochschulverwaltung tätig war, im ersten Stock des Universitätsgebäudes in einem merkwürdig altmodisch ausgestatteten dunklen Raum, der in mir durch die Steifheit seiner Einrichtung etwas beklemmende Gefühle auslöste. Bevor ich noch mit dem Professor, der sich nur langsam erhob, gesprochen hatte, bemerkte ich auf dem Schreibtisch neben ihm kauernd ein kleines Hündchen mit schwarzem Fell, das mich in dieser Umgebung ganz unmittelbar an den Pudel in Fausts Studierstube erinnerte. Der dunkle Vierbeiner blickte mich feindselig an, er betrachtete mich offenbar als einen Eindringling, der die Ruhe seines Herrn stören wollte. Dadurch etwas verwirrt, brachte ich mein Anliegen nur stockend vor und bemerkte erst jetzt beim Sprechen, wie unbescheiden meine Bitte eigentlich war. Lindemann, ein alter Herr mit weißem Vollbart, der schon etwas müde aussah, empfand diese Unbescheidenheit offenbar auch, und die leichte Gereiztheit, die ihn ergriff, mag der Grund dafür gewesen sein, daß nun plötzlich das Hündchen auf dem Schreibtisch entsetzlich zu bellen anfing. Sein Herr versuchte vergeblich, es zu beruhigen. Das kleine Tier steigerte seinen Zorn über mich zu einem wütenden Kläffen, das in immer neuen Anfällen aus ihm hervorbrach, so daß die Verständigung immer schwieriger wurde. Lindemann fragte noch, welche Bücher ich denn in der letzten Zeit studiert hätte. Ich nannte das Werk von Weyl ›Raum–Zeit–Materie‹. Unter dem anhaltenden Toben des kleinen schwarzen Wächters schloß Lindemann darauf das Gespräch mit den Worten: »Dann sind Sie für die Mathematik sowieso schon verdorben.« Damit war ich entlassen.

Mit dem Studium der Mathematik war es also nichts. Eine enttäuschte Beratung mit meinem Vater führte zu dem Schluß, daß ich es ja auch mit dem Studium der mathematischen Physik versuchen könnte. So wurde ein Besuch bei Sommerfeld vereinbart, der damals das Fach der Theoretischen Physik an der Universität München vertrat und als einer der glänzendsten Lehrer der Hochschule und als ein Freund der Jugend galt. Sommerfeld empfing mich in einem hellen Zimmer, durch dessen Fenster man im Hof der Universität die Studenten auf den Bänken unter der großen Akazie sitzen sah. Der kleine, untersetzte Mann mit dem etwas martialisch anmutenden dunklen Schnurrbart machte zunächst einen strengen Eindruck. Aber schon aus den ersten Sätzen schien mir eine unmittelbare Güte zu sprechen, ein Wohlwollen für den jungen Menschen, der hier Führung und Rat suchte. Wieder kam die Rede auf meine neben der Schule betriebenen mathematischen Studien und auf das Buch von Weyl ›Raum–Zeit–Materie‹. Sommerfeld reagierte ganz anders als Lindemann:

»Sie sind viel zu anspruchsvoll«, meinte er, »Sie können doch nicht mit dem Schwierigsten anfangen und hoffen, daß Ihnen das Leichtere von selbst in den Schoß fällt. Ich verstehe, daß Sie von dem Problemkreis der Relativitätstheorie fasziniert sind, und die moderne Physik dringt auch noch an anderen Stellen in Bereiche vor, in denen philosophische Grundpositionen in Frage gestellt werden, in denen es sich also um Erkenntnisse der erregendsten Art handelt. Aber der Weg dahin ist weiter, als Sie sich jetzt vorstellen. Sie müssen mit bescheidener, sorgfältiger Arbeit im Bereich der traditionellen Physik anfangen. Wenn Sie Physik studieren wollen, so haben Sie übrigens zunächst die Wahl, ob Sie vor allem experimentieren oder theoretisch arbeiten wollen. Nach dem, was Sie erzählen, liegt Ihnen die Theorie vielleicht näher. Aber haben Sie sich in der Schulzeit nicht auch gelegentlich mit Apparaten und Experimenten beschäftigt?«

Ich bestätigte dies und berichtete, daß ich als Schuljunge gerne kleine Apparate, Motoren und Funkeninduktoren gebaut hätte. Aber im ganzen sei mir die Welt der Apparate doch eher fremd, und die Sorgfalt, die man bei genauen Messungen auch relativ unwichtiger Daten aufwenden müsse, fiele mir sicher außerordentlich schwer.

»Aber Sie müssen, auch wenn Sie Theorie treiben wollen, mit großer Sorgfalt kleine und Ihnen zunächst unwichtig scheinende Aufgaben bearbeiten. Wenn solche großen bis in die Philosophie reichenden Probleme zur Diskussion stehen wie die Einsteinsche Relativitätstheorie oder die Plancksche Quantentheorie, so gibt es auch für den, der über die Anfangsgründe hinaus ist, viele kleine Probleme, die gelöst werden müssen und die erst in ihrer Gesamtheit ein Bild des neu erschlossenen Gebiets vermitteln.«

»Aber mich interessieren die dahinterliegenden philosophischen Fragen vielleicht noch mehr als die einzelnen kleinen Aufgaben«, wandte ich schüchtern ein. Aber damit war Sommerfeld gar nicht zufrieden.

»Sie wissen doch, wie Schiller über Kant und seine Ausleger gesagt hat: ›Wenn die Könige baun, haben die Kärrner zu tun‹. Zunächst sind wir alle Kärrner! Aber Sie werden schon sehen, daß Ihnen auch das Freude macht, wenn Sie solche Arbeit sorgfältig und gewissenhaft tun und dabei auch, wie wir hoffen, etwas herausbringen.« Sommerfeld gab mir dann noch Anweisungen für die Anfänge meines Studiums und versprach, mir vielleicht schon sehr bald ein kleines Problem vorzulegen, das mit Fragen der neuesten Atomtheorie zu tun hätte und an dem ich meine Kräfte erproben könnte. Damit war über meine Zugehörigkeit zur Sommerfeldschen Schule für die nächsten Jahre entschieden.

Dieses erste Gespräch mit einem Gelehrten, der in der modernen Physik wirklich Bescheid wußte, der auf dem Gebiet zwischen Relativitätstheorie und Quantentheorie selbst wichtige Entdeckungen gemacht hatte, wirkte noch lange Zeit in mir nach. Die Forderung nach der Sorgfalt im Kleinen leuchtete mir ein, da ich sie in anderer Form auch von meinem Vater oft gehört hatte. Aber es bedrückte mich, noch so weit von dem Bereich entfernt zu sein, dem mein eigentliches Interesse galt. So fand diese erste Unterredung ihre Fortsetzung in manchen anderen Gesprächen mit meinen Freunden, und mir ist besonders eines in der Erinnerung geblieben, das die Stellung der modernen Physik in der kulturellen Entwicklung unserer Zeit betraf.

Mit dem Geiger, der in der Nacht von Schloß Prunn die Chaconne von Bach gespielt hatte, traf ich mich in jenem Herbst häufig im Haus unseres Freundes Walter, der ein guter Cellist war. Wir versuchten gemeinsam, uns in die klassische Trioliteratur einzuarbeiten, und hatten uns damals gerade vorgenommen, für eine Feier das berühmte Schuberttrio in B-Dur einzustudieren. Da Walters Vater früh verstorben war, lebte seine Mutter allein mit ihren beiden Söhnen in einer großen und sehr kultiviert eingerichteten Wohnung in der Elisabethstraße, nur wenige Minuten von meinem elterlichen Haus in der Hohenzollernstraße entfernt, und der schöne Bechsteinflügel im Wohnzimmer erhöhte für mich noch den Reiz, dort zu musizieren. Im Anschluß an die gemeinsame Musik saßen wir dann oft bis spät in die Nacht zusammen, in Gespräche vertieft. Bei dieser Gelegenheit kam die Rede auch auf meine Studienpläne. Walters Mutter fragte mich, warum ich mich nicht für das Studium der Musik entschieden hätte:

»Aus Ihrem Spiel und aus der Art, wie Sie über diese Musik sprechen, habe ich den Eindruck, daß die Kunst Ihrem Herzen näher liegt als Naturwissenschaft und Technik, daß Sie im Grunde den Inhalt solcher Musik schöner finden als den Geist, der sich in Apparaten und Formeln oder in raffinierten technischen Geräten ausdrückt. Wenn das so ist, warum wollen Sie sich für die Naturwissenschaft entscheiden? Der Weg der Welt wird doch schließlich bestimmt durch das, was die jungen Menschen wollen. Wenn die Jugend sich für das Schöne entscheidet, wird es mehr Schönes geben; wenn sie sich für das Nützliche entscheidet, wird es mehr Nützliches geben. Daher hat die Entscheidung eines jeden einzelnen ihr Gewicht nicht nur für ihn selbst, sondern auch für die menschliche Gesellschaft.«

Ich versuchte mich zu verteidigen: »Ich glaube eigentlich

nicht, daß man vor eine so einfache Wahl gestellt wird. Denn auch abgesehen davon, daß ich wahrscheinlich kein besonders guter Musiker werden könnte, bleibt doch die Frage, in welchem Gebiet man heute am meisten ausrichten kann, und diese Frage zielt auf den Zustand des betreffenden Gebiets. In der Musik habe ich den Eindruck, daß die Kompositionen der letzten Jahre nicht mehr so überzeugend sind wie die der früheren Zeiten. Im 17. Jahrhundert war die Musik noch weitgehend von dem religiösen Kern des damaligen Lebens bestimmt, im 18. Jahrhundert ist der Übergang in die Gefühlswelt des Einzelnen vollzogen worden, und die romantische Musik des 19. Jahrhunderts ist bis in die innersten Tiefen der menschlichen Seele vorgedrungen. Aber in den letzten Jahren scheint die Musik in ein merkwürdig unruhiges und vielleicht etwas schwächliches Experimentierstadium zu geraten, in dem theoretische Überlegungen eine größere Rolle spielen als das sichere Bewußtsein eines Fortschritts auf vorbestimmter Bahn. In der Naturwissenschaft, und besonders in der Physik, ist das anders. Dort hat die Verfolgung des vorgezeichneten Weges – dessen Ziel damals, vor zwanzig Jahren, das Verständnis gewisser elektromagnetischer Erscheinungen sein mußte – von selbst zu Problemen geführt, in denen philosophische Grundpositionen, die Struktur von Raum und Zeit und die Gültigkeit des Kausalgesetzes, in Frage gestellt werden. Hier, glaube ich, eröffnet sich ein noch unübersehbares Neuland, und wahrscheinlich werden mehrere Generationen von Physikern zu tun haben, um die endgültigen Antworten zu finden. Es scheint mir eben sehr verlockend, dabei irgendwie mitzutun.«

Unser Freund Rolf, der Geiger, war damit nicht zufrieden. »Gilt das, was du von der modernen Physik sagst, nicht auch im gleichen Maße von unserer heutigen Musik? Auch hier scheint der Weg vorgezeichnet. Die alten Schranken der Tonalität werden überwunden, wir treten in ein Neuland ein, in dem wir hinsichtlich der Klänge und Rhythmen fast jede beliebige Freiheit haben. Können wir da nicht ebensoviel Reichtum erhoffen wie in deiner Naturwissenschaft?«

Walter aber hatte doch einige Bedenken bei diesem Vergleich. »Ich weiß nicht«, warf er ein, »ob Freiheit in der Wahl der Ausdrucksmittel und fruchtbares Neuland notwendig das gleiche sind. Es sieht zwar zunächst so aus, als ob eine größere Freiheit auch eine Bereicherung, eine Vermehrung der Möglichkeiten darstellen müsse. Aber das kann ich für die Kunst, die mir näher liegt als die Wissenschaft, eigentlich nicht zugeben. Der Fortschritt der Kunst vollzieht sich doch wohl in der Weise, daß zunächst ein langsamer historischer Prozeß, der das Leben der Menschen umgestaltet, ohne daß der Einzelne darauf viel Einfluß ausüben könnte, neue Inhalte hervorbringt. Einzelne begabte Künstler versuchen dann, diesen Inhalten sichtbare oder hörbare Gestalt zu geben, indem sie dem Material, mit dem ihre Kunst arbeitet, den Farben oder den Instrumenten, neue Ausdrucksmöglichkeiten abringen. Dieses Wechselspiel oder – wenn man so will – dieser Kampf zwischen dem Ausdrucksinhalt und der Beschränktheit der Ausdrucksmittel ist, so scheint mir, die unumgängliche Voraussetzung dafür, daß wirklich Kunst entsteht. Wenn die Beschränktheit der Ausdrucksmittel wegfällt, wenn man zum Beispiel in der Musik jeden beliebigen Klang hervorbringen kann, so gibt es diesen Kampf nicht mehr, so stößt die Anstrengung der Künstler gewissermaßen ins Leere. Daher bin ich gegen allzu große Freiheit skeptisch.«

»In der Naturwissenschaft«, fuhr Walter fort, »werden immer wieder neue Experimente durch neue Techniken ermöglicht und ausgeführt, neue Erfahrungen gesammelt, und dadurch werden wohl die neuen Inhalte hervorgebracht. Die Ausdrucksmittel sind hier die Begriffe, in denen die neuen Inhalte erfaßt und damit verstanden werden sollen. Zum Beispiel habe ich aus populären Schriften entnommen, daß die Relativitätstheorie, die dich so interessiert, auf gewissen Erfahrungen beruht, die so um die Jahrhundertwende gemacht wurden, als man versuchte, die Bewegung der Erde im Raum mit Hilfe der Interferenz von Lichtstrahlen nachzuweisen. Als dieser Nachweis mißlang, merkte man, daß die neuen Erfahrungen oder, was dasselbe ist, die neuen Inhalte eine Erweiterung der Ausdrucksmöglichkeiten, das heißt des Begriffssystems der Physik, nötig machten. Daß dann radikale Änderungen an so fundamentalen Begriffen wie Raum und Zeit notwendig würden, hatte wohl zu Anfang niemand vorausgesehen. Aber das war offenbar die große Entdeckung Einsteins, der als erster erkannte, daß an den Vorstellungen von Raum und Zeit etwas verändert werden kann und auch verändert werden muß.

Ich würde das, was du von deiner Physik schilderst, also eher mit der Entwicklung der Musik in der Mitte des 18. Jahrhunderts vergleichen. Damals war durch einen langsamen historischen Prozeß jene Gefühlswelt des einzelnen Menschen ins Bewußtsein der Zeit getreten, die wir aus Rousseau oder später aus

Goethes Werther kennen, und es ist dann den großen Klassikern, Haydn, Mozart, Beethoven, Schubert, gelungen, durch Erweiterung der Ausdrucksmittel für diese Gefühlswelt eine angemessene Darstellung zu finden. In der heutigen Musik aber sind mir die neuen Inhalte zu wenig erkennbar oder zu unplausibel, und der Überfluß in den Ausdrucksmöglichkeiten macht mich eher besorgt. Der Weg der heutigen Musik scheint gewissermaßen nur im Negativen vorgezeichnet: man muß die alte Tonalität aufgeben, weil man glaubt, daß ihr Bereich erschöpft sei; nicht weil starke neue Inhalte vorhanden wären, die sich in ihr nicht mehr ausdrücken ließen. Wohin man aber gehen soll, nachdem man die Tonalität verlassen hat, darüber besteht bei den Musikern noch keine Klarheit, da gibt es nur tastende Versuche. In der modernen Naturwissenschaft sind die Fragestellungen gegeben, die Aufgabe besteht darin, die Antworten zu finden. In der modernen Kunst sind die Fragestellungen selbst unbestimmt. Aber du solltest noch etwas mehr von dem Neuland erzählen, das du in der Physik vor dir zu sehen glaubst und in dem du später auf Entdeckungsfahrten ausgehen willst.«

Ich versuchte, das wenige, was ich durch meine Krankheitslektüre und durch populäre Bücher über Atomphysik in Erfahrung gebracht hatte, den anderen verständlich zu machen.

»In der Relativitätstheorie«, so antwortete ich Walter, »haben die Experimente, die du genannt hast und die offenbar mit Experimenten anderer Art gut zusammenpassen, Einstein veranlaßt, den bisherigen Begriff der Gleichzeitigkeit aufzugeben. Das ist schon sehr aufregend. Denn zunächst glaubt ja jeder Mensch, daß er genau wisse, was das Wort ›gleichzeitig‹ bedeutet, auch wenn es sich auf Ereignisse bezieht, die sich in großem räumlichem Abstand abspielen. Aber offenbar weiß man es nicht genau. Wenn man nämlich fragt, wie man denn feststellen kann, ob zwei derartige Ereignisse gleichzeitig seien, und dann verschiedene Feststellungsmöglichkeiten auf ihre Ergebnisse hin untersucht, so erhält man von der Natur die Auskunft, daß die Antwort nicht eindeutig ist, daß sie vielmehr vom Bewegungszustand des Beobachters abhängt. Raum und Zeit sind also nicht so unabhängig voneinander, wie man bisher geglaubt hatte. Einstein hat in einer ziemlich einfachen und geschlossenen mathematischen Form diese neue Struktur von Raum und Zeit beschreiben können. In den Monaten meiner Krankheit habe ich versucht, in diese mathematische Welt etwas einzudringen. Dieser ganze Bereich ist aber, wie ich inzwischen von Sommerfeld gelernt habe, schon ziemlich weitgehend erschlossen und daher gar kein Neuland mehr.

Die interessantesten Probleme liegen jetzt in anderer Richtung, nämlich in der Atomtheorie. Dort handelt es sich um die Grundfrage, warum es in der materiellen Welt immer wiederkehrende Formen und Qualitäten gibt. Warum zum Beispiel die Flüssigkeit Wasser mit allen ihren charakteristischen Eigenschaften immer wieder neu gebildet wird, etwa beim Schmelzen des Eises oder beim Kondensieren von Wasserdampf oder beim Verbrennen von Wasserstoff. Das ist in der bisherigen Physik zwar immer vorausgesetzt, aber niemals verstanden worden. Wenn man sich die materiellen Körper, zum Beispiel das Wasser, als aus Atomen zusammengesetzt denkt – und die Chemie macht ja von dieser Vorstellung erfolgreich Gebrauch –, so würden die Bewegungsgesetze, die wir als Newtonsche Mechanik in der Schule gelernt haben, niemals zu Bewegungen der kleinsten Teile von einem solchen Stabilitätsgrad führen können. An dieser Stelle müssen also Naturgesetze ganz anderer Art wirksam werden, die dafür sorgen, daß sich die Atome immer wieder in der gleichen Weise anordnen und bewegen, so daß immer wieder Stoffe mit den gleichen stabilen Eigenschaften entstehen. Die ersten Andeutungen für solche neuen Naturgesetze sind offenbar vor zwanzig Jahren von Planck in seiner Quantentheorie gefunden worden, und der dänische Physiker Bohr hat die Planckschen Ideen mit Vorstellungen über die Struktur des Atoms in Verbindung gebracht, die Rutherford in England entwickelt hatte. Er hat dabei zum ersten Mal Licht auf die merkwürdige Stabilität im atomaren Bereich werfen können, von der ich gerade gesprochen habe. Aber in diesem Gebiet ist man, wie Sommerfeld meint, von einem klaren Verständnis der Verhältnisse noch weit entfernt. Hier öffnet sich also ein riesiges Neuland, in dem man vielleicht noch für Jahrzehnte neue Zusammenhänge entdecken kann. So müßte man doch eigentlich die ganze Chemie auf die Physik der Atome zurückführen können, wenn man an dieser Stelle die Naturgesetze richtig formuliert hat. Es wird darauf ankommen, die richtigen neuen Begriffe zu finden, mit denen man sich in dem neuen Gebiet zurechtfinden kann. Ich glaube also, daß man heute in der Atomphysik wichtigeren Zusammenhängen, wichtigeren Strukturen auf die Spur kommen kann als in der Musik. Aber ich gebe gern zu, daß es vor 150 Jahren gerade umgekehrt gewesen ist.«

»Du meinst also«, antwortete Walter, »daß der Einzelne, der an der geistigen Struktur seiner Zeit mitwirken will, auf die Möglichkeiten angewiesen ist, die ihm die historische Entwicklung eben für diese Zeit bereitstellt? Wenn Mozart in unserer Zeit geboren wäre, so könnte er auch nur atonale experimentierende Musik schreiben wie unsere heutigen Komponisten?«

»Ja, das vermute ich. Wenn Einstein im 12. Jahrhundert gelebt hätte, so hätte er sicher keine bedeutenden naturwissenschaftlichen Entdeckungen machen können.«

»Vielleicht ist es aber auch unerlaubt«, warf Walters Mutter ein, »immer gleich an die großen Gestalten wie Mozart oder Einstein zu denken. Der Einzelne hat meist nicht die Möglichkeit, an einer entscheidenden Stelle mitzuwirken. Er nimmt mehr im stillen, im kleinen Kreise teil, und da muß man sich eben doch überlegen, ob es nicht schöner ist, das B-Dur-Trio von Schubert zu spielen, als Apparate zu bauen oder mathematische Formeln zu schreiben.«

Ich bestätigte, daß mir gerade an dieser Stelle viele Skrupel gekommen wären, und ich berichtete auch über mein Gespräch mit Sommerfeld und darüber, daß mein zukünftiger Lehrer das Schillerwort zitiert hatte: »Wenn die Könige baun, haben die Kärrner zu tun.«

Rolf meinte dazu: »Darin geht es natürlich uns allen gleich. Als Musiker muß man zunächst unendlich viel Arbeit allein für die technische Beherrschung des Instruments aufwenden, und selbst dann kann man nur immer wieder Stücke spielen, die schon von hundert anderen Musikern noch besser interpretiert worden sind. Und du wirst, wenn du Physik studierst, zunächst in langer mühevoller Arbeit Apparate bauen müssen, die schon von anderen besser gebaut, oder wirst mathematischen Überlegungen nachgehen, die schon von anderen in aller Schärfe vorgedacht worden sind. Wenn dies alles geleistet ist, bleibt bei uns, sofern man eben zu den Kärrnern gehört, immerhin der ständige Umgang mit herrlicher Musik und gelegentlich die Freude daran, daß eine Interpretation besonders gut geraten ist. Bei euch wird es dann und wann gelingen, einen Zusammenhang noch etwas besser zu verstehen, als es vorher möglich war, oder einen Sachverhalt noch etwas genauer zu vermessen, als die Vorgänger es gekonnt haben. Darauf, daß man an noch Wichtigerem mitwirkt, daß man an entscheidender Stelle weiterkommen könnte, darf man nicht allzu bestimmt rechnen. Selbst dann nicht, wenn man an einem Gebiet mitarbeitet, in dem es noch viel Neuland zu erkunden gibt.«

Walters Mutter, die nachdenklich zugehört hatte, sprach nun mehr vor sich hin als zu uns gewandt, so als ob sich ihre Gedanken erst im Sprechen formten:

»Wahrscheinlich wird das Gleichnis von den Königen und den Kärrnern immer falsch gedeutet. Natürlich kommt es uns zunächst so vor, als gehe der ganze Glanz von der Tätigkeit der Könige aus und als sei die Arbeit der Kärrner nur nebensächliches Beiwerk. Aber vielleicht ist es gerade umgekehrt. Vielleicht beruht der Glanz der Könige im Grunde auf der Arbeit der Kärrner; er besteht überhaupt nur darin, daß die Kärrner für viele Jahre mühevolle Arbeit, aber damit auch die Freude und den Erfolg mühevoller Arbeit gewinnen können. Vielleicht erscheinen uns Gestalten wie Bach oder Mozart nur deshalb als Könige der Musik, weil sie für zwei Jahrhunderte so vielen kleineren Musikern die Möglichkeit gegeben haben, in größter Sorgfalt und Gewissenhaftigkeit ihre Gedanken nachzuvollziehen, neu zu interpretieren und damit den Zuhörern verständlich zu machen. Und selbst die Zuhörer nehmen noch an dieser Arbeit des sorgfältigen Nachvollziehens und Interpretierens teil, und dabei werden ihnen jene Inhalte gegenwärtig, die von den großen Musikern dargestellt worden sind. Wenn man die historische Entwicklung ansieht – und das scheint mir für die Künste und die Wissenschaften in gleicher Weise zuzutreffen –, so muß es in jeder Disziplin lange Zeiten der Ruhe oder einer nur langsamen Entwicklung geben. Auch in diesen Zeiten kommt es auf die gewissenhafte, bis in alle Einzelheiten genaue Arbeit an. Alles, was nicht mit vollem Einsatz gemacht ist, wird sowieso vergessen und verdient nicht, auch nur erwähnt zu werden. Aber dann bringt dieser langsame Prozeß, in dem sich mit dem Wandel der Zeiten auch der Inhalt der betreffenden Disziplin verändert, plötzlich und manchmal ganz unerwartet neue Möglichkeiten, neue Inhalte hervor. Große Begabungen werden von diesem Vorgang, von den Wachstumskräften, die hier spürbar werden, gewissermaßen magisch angezogen, und so kommt es, daß innerhalb weniger Jahrzehnte auf einem engen Raum die bedeutendsten Kunstwerke geschaffen oder wissenschaftliche Entdeckungen größter Wichtigkeit gemacht werden. So ist in der zweiten Hälfte des 18. Jahrhunderts die klassische Musik in Wien entstanden, so im 15. und 16. Jahrhundert die Malerei in den Niederlanden. Die großen Begabungen geben den neuen geistigen Inhalten zwar ihre äußere Darstellung, sie schaffen die gültigen Formen, in denen sich die weitere Entwicklung vollzieht; aber sie bringen die neuen Inhalte doch nicht eigentlich selbst hervor.

Es kann natürlich sein, daß wir jetzt am Anfang einer naturwissenschaftlichen Epoche von großer Fruchtbarkeit stehen, und dann wird man einen jungen Menschen nicht davon abhalten können, an ihr teilnehmen zu wollen. Man kann ja auch nicht verlangen, daß sich zur gleichen Zeit bedeutende Entwicklungen in vielen Künsten und Wissenschaften vollziehen; man muß im Gegenteil dankbar sein, wenn es wenigstens an einer Stelle geschieht, wenn man an einer solchen Entwicklung unmittelbar als Zuschauer oder als aktiv Mitwirkender teilnehmen kann. Mehr kann man nicht erwarten. Daher finde ich auch diese oft erhobenen Vorwürfe gegen die moderne Kunst – sei es moderne Malerei oder moderne Musik – ungerecht. Nach den großen Aufgaben, die der Musik oder den bildenden Künsten im 18. und 19. Jahrhundert gestellt waren und die gelöst worden sind, mußte eine ruhigere Epoche folgen, in der zwar das Alte bewahrt, Neues aber nur unsicher experimentierend versucht werden kann. Der Vergleich dessen, was jetzt in der Musik konstruiert werden kann, mit den Ergebnissen der großen Epoche der klassischen Musik wäre unbillig. Aber vielleicht können wir den Abend damit beschließen, daß ihr noch einmal versucht, den langsamen Satz des Schubertschen B-Dur-Trios so schön zu spielen, wie es euch eben möglich ist.«

So geschah es, und aus der Art, wie Rolf im zweiten Teil dieses Stücks auf seiner Geige die etwas schwermütigen C-Dur-Figuren erklingen ließ, konnten wir seine Trauer darüber ahnen, daß wir die große Epoche der europäischen Musik für endgültig vergangen hielten.

Einige Tage später, als ich den Hörsaal der Universität betrat, in dem Sommerfeld seine Vorlesungen zu halten pflegte, entdeckte ich in der dritten Reihe einen Studenten mit dunklem Haar und einem etwas unbestimmten, hintergründigen Gesicht, der mir nach meinem ersten Gespräch mit Sommerfeld schon im Seminarraum aufgefallen war. Sommerfeld hatte mich mit ihm bekannt gemacht und mir hinterher beim Abschied an der Tür seines Instituts noch gesagt, daß er diesen Studenten für einen seiner begabtesten Schüler halte, von dem ich viel lernen könne. Ich sollte mich ruhig an ihn wenden, wenn ich in der Physik etwas nicht verstünde. Er hieß Wolfgang Pauli, und er hat in der ganzen späteren Zeit, solange er lebte, für mich und für das, was ich wissenschaftlich versuchte, die Rolle des stets willkommenen, wenn auch sehr scharfen Kritikers und Freundes gespielt. Ich setzte mich also neben ihn und bat ihn, mir nach der Vorlesung noch einige Ratschläge für mein Studium zu erteilen. Da betrat Sommerfeld schon den Saal, und während er die ersten Sätze seiner Vorlesung sprach, flüsterte mir Wolfgang noch ins Ohr: »Sieht er nicht aus wie ein alter Husarenoberst?« Als wir nach der Vorlesung in den Seminarraum des Instituts für theoretische Physik zurückgekehrt waren, stellte ich Wolfgang im wesentlichen zwei Fragen. Ich wollte wissen, wieweit man die Kunst des Experimentierens lernen müsse, wenn man doch in der Hauptsache theoretisch arbeiten wolle, und wie wichtig nach seiner Ansicht in der heutigen Physik die Relativitätstheorie im Vergleich zur Atomtheorie sei. Zur ersten Frage meinte Wolfgang:

»Ich weiß, daß Sommerfeld großen Wert darauf legt, daß wir auch etwas Experimentieren lernen, aber ich selbst kann es sicher nicht; mir liegt der Umgang mit Apparaturen überhaupt nicht. Ich bin mir klar darüber, daß alle Physik auf den Ergebnissen von Experimenten beruht; aber wenn diese Ergebnisse einmal vorliegen, so wird die Physik, jedenfalls die heutige Physik, für die meisten Experimentalphysiker zu schwer. Dies liegt offenbar daran, daß wir mit den technischen Mitteln der heutigen Experimentalphysik in Bereiche der Natur vordringen, die mit den Begriffen des täglichen Lebens nicht mehr angemessen beschrieben werden können. Wir sind daher auf eine abstrakte mathematische Sprache angewiesen, mit der man ohne eine gründliche Schulung in moderner Mathematik gar nicht umgehen könnte. Man muß sich also leider einschränken und spezialisieren. Mir fällt die abstrakte mathematische Sprache leicht, und ich hoffe, damit in der Physik etwas ausrichten zu können. Dabei ist eine gewisse Kenntnis der experimentellen Seite natürlich unerläßlich. Der reine Mathematiker, selbst wenn er gut ist, versteht von Physik überhaupt nichts.«

Ich berichtete daraufhin über mein Gespräch mit dem alten Lindemann, über sein schwarzes Schoßhündchen und die Lektüre des Weylschen Buches ›Raum–Zeit–Materie‹. Dieser Bericht machte Wolfgang offenbar den größten Spaß.

»Das stimmt genau mit meinen Erwartungen«, meinte er. »Lindemann ist ein Fanatiker der mathematischen Präzision. Alle Naturwissenschaft, auch die mathematische Physik, ist für ihn unklares Geschwätz. Weyl versteht wirklich etwas von Relativitätstheorie, und damit scheidet er für Lindemann aus der Reihe der ernstzunehmenden Mathematiker selbstverständlich aus.«

Auf meine Frage nach der Bedeutung von Relativitätstheorie und Atomtheorie antwortete Wolfgang ausführlicher: »Die sogenannte spezielle Relativitätstheorie«, sagte er, »ist völlig abgeschlossen, und man muß sie einfach lernen und anwenden so wie jede ältere Disziplin der Physik. Sie ist also auch für einen, der Neues entdecken will, nicht mehr sonderlich interessant. Die allgemeine Relativitätstheorie oder, was ungefähr dasselbe ist, die Einsteinsche Theorie der Gravitation ist noch nicht im gleichen Sinn abgeschlossen. Aber sie ist insofern auch recht unbefriedigend, als in ihr auf hundert Seiten Theorie mit schwierigsten mathematischen Ableitungen nur ein Experiment kommt. Daher weiß man auch noch nicht so sicher, ob sie überhaupt richtig ist. Aber diese Theorie eröffnet neue Denkmöglichkeiten, und daher muß man sie unbedingt ernst nehmen. Ich habe in der letzten Zeit einen größeren Artikel über die allgemeine Relativitätstheorie geschrieben, aber vielleicht finde ich eben deshalb die Atomtheorie im Grunde viel interessanter. In der Atomphysik gibt es eine Fülle von noch unverstandenen experimentellen Ergebnissen: Die Aussagen der Natur an einer Stelle scheinen denen an einer anderen Stelle zu widersprechen, und es ist bisher nicht möglich gewesen, ein auch nur halbwegs widerspruchsfreies Bild der Zusammenhänge zu zeichnen. Es ist zwar dem Dänen Niels Bohr gelungen, die merkwürdige Stabilität der Atome gegenüber äußeren Störungen mit der Planckschen Quantenhypothese in Verbindung zu bringen – die man natürlich auch nicht versteht – und neuerdings soll Bohr sogar das Periodische System der Elemente und die chemischen Eigenschaften einzelner Stoffe qualitativ verständlich machen können. Aber wie er das zuwege bringen will, kann ich nicht recht einsehen, da er ja die genannten Widersprüche offenbar auch nicht beseitigen kann. Also in diesem ganzen Gebiet tappt man noch im dichtesten Nebel herum, und es wird wohl noch eine Reihe von Jahren dauern, bis man sich zurechtgefunden hat. Sommerfeld hofft, daß man auf Grund der Experimente neue Gesetzmäßigkeiten wird erraten können. Er glaubt an Zahlenbeziehungen, beinahe eine Art Zahlenmystik, so wie seinerzeit die Pythagoräer bei den Harmonien schwingender Saiten. Wir nennen diese Seite seiner Wissenschaft daher auch gerne ›Atomystik‹;

aber bisher weiß niemand etwas Besseres. Vielleicht findet man sich sogar leichter zurecht, wenn man die bisherige Physik in ihrer großartigen Geschlossenheit noch nicht gut kennt. Du bist also im Vorteil« – Wolfgang lächelte dabei etwas maliziös – »aber die Unkenntnis ist natürlich keine Garantie für den Erfolg.«

Trotz dieser kleinen Grobheit hatte Wolfgang mir eigentlich alles bestätigt, was ich mir als Begründung für mein Physikstudium zurechtgelegt hatte. Ich war also froh, es nicht mit der reinen Mathematik versucht zu haben, und das schwarze Hündchen in Lindemanns Amtsstube erschien mir in der Erinnerung als ein »Teil von jener Kraft, die stets das Böse will und stets das Gute schafft«.

3
Der Begriff »Verstehen« in der modernen Physik (1920–1922)


Die beiden ersten Jahre meines Studiums in München spielten sich in zwei sehr verschiedenen Welten ab, im Freundeskreis der Jugendbewegung und im abstrakt-rationalen Bereich der theoretischen Physik, und beide Bereiche waren so von intensivem Leben erfüllt, daß ich immer wieder in einem Zustand höchster Spannung war; es wurde mir nicht leicht, aus dem einen Bereich in den anderen überzuwechseln. Im Sommerfeldschen Seminar gehörten die Gespräche mit Wolfgang Pauli zum wichtigsten Teil meines Studiums. Aber Wolfgangs Lebensweise war der meinen fast diametral entgegengesetzt. Während ich den hellen Tag liebte und alle freie Zeit wenn möglich außerhalb der Stadt auf Wanderungen im Gebirge oder badend und kochend am Ufer eines der bayerischen Seen verbrachte, war Wolfgang ein ausgesprochener Nachtmensch. Er bevorzugte die Stadt, ließ sich gern abends durch den Besuch von amüsanten Aufführungen in irgendwelchen Lokalen anregen und arbeitete danach einen großen Teil der Nacht hindurch an seinen physikalischen Problemen mit höchster Intensität und großem Erfolg. Aber natürlich kam er dann, zu Sommerfelds Leidwesen, nur selten in die Morgenvorlesung und erst um die Mittagszeit ins Seminar. Diese Verschiedenheit unseres Lebensstils gab Anlaß zu mancherlei Sticheleien, vermochte aber unsere Freundschaft nicht zu trüben. Unser gemeinsames Interesse an der Physik war so stark, daß es die verschiedenen Interessen auf allen anderen Gebieten leicht überspielte.

Wenn ich an den Sommer 1921 zurückdenke und versuche, die vielen Erinnerungen in einer Vorstellung zusammenzufassen, so erscheint vor meinen Augen das Bild eines Zeltlagers am Waldrand; weiter unten liegt, noch im Grau der Morgendämmerung, der See, in dem wir tags zuvor gebadet hatten, und dahinter in der Ferne der breite Bergrücken der Benediktenwand. Die Kameraden schlafen noch, aber ich verlasse allein vor Sonnenaufgang das Zelt, um auf Fußpfaden in etwa einer Stunde die nächste Bahnstation zu erreichen, von der mich der Morgenzug rechtzeitig nach München bringen soll, damit ich das Sommerfeldsche Kolleg um 9 Uhr nicht versäume. Der Pfad führt zuerst zum See hinunter und durch mooriges Gelände, dann auf einen

Moränenhügel, von dem man im Morgenlicht die Alpenkette von der Benediktenwand bis zur Zugspitze überblicken kann. Auf den blühenden Wiesen tauchen die ersten Mähmaschinen auf, und ich bedaure ein wenig, daß ich nicht mehr wie drei Jahre vorher als Knecht am Großthalerhof in Miesbach mit einem Gespann Ochsen versuchen kann, die Mähmaschine so geradlinig durch die Wiesen zu führen, daß kein Streifen ungeschnittenen Grases – unser Bauer nannte das eine »Sau« – stehenblieb. So gingen in meinen Gedanken der Alltag des bäuerlichen Lebens, der Glanz der Landschaft und das bevorstehende Sommerfeldsche Kolleg bunt durcheinander, und ich war überzeugt, der glücklichste Mensch der Welt zu sein.

Wenn dann ein oder zwei Stunden nach dem Ende der Sommerfeldschen Vorlesung Wolfgang im Seminarraum erschien, so könnte sich unsere Begrüßung etwa in folgender Weise abgespielt haben. Wolfgang: »Guten Morgen, da ist ja unser Naturapostel. Du siehst so aus, als habest du wieder einige Tage nach den Prinzipien eures Schutzheiligen Rousseau gelebt. Ihm wird doch der berühmte Leitsatz zugeschrieben ›Zurück zur Natur; auf die Bäume ihr Affen‹.« »Der zweite Teil stammt nicht von Rousseau«, konnte ich entgegnen, »und vom Baumklettern war keine Rede. Aber du hättest nicht ›Guten Morgen‹, du hättest ›Guten Mittag‹ sagen sollen. Es ist 12 Uhr. Ich betone, es ist 12 Uhr. Aber nächstens mußt du mich mal in eins deiner Nachtlokale mitnehmen, damit ich endlich auch gute physikalische Einfälle bekomme.« »Das würde bei dir bestimmt nichts helfen; aber du könntest mir erzählen, was du über die Arbeit von Kramers herausgebracht hast, über die du nächstens im Seminar referieren sollst.« Damit ging das Gespräch dann schon in die sachliche Diskussion über. An unseren physikalischen Unterhaltungen beteiligte sich auch häufig ein anderer Studienfreund, Otto Laporte, der mit seinem gescheiten und nüchternen Pragmatismus ein guter Vermittler zwischen Wolfgang und mir war. Später hat er mit Sommerfeld zusammen wichtige Arbeiten über die sogenannte Multiplett-Struktur der Spektren veröffentlicht.

Wahrscheinlich war es auch seiner Vermittlung zu danken, daß wir einmal zu dritt, das heißt Wolfgang, Otto und ich, eine Radtour in die Berge unternahmen, die von Benediktbeuern über den Kesselberg hinauf an den Walchensee und von da weiter ins Loisachtal führte. Es war wohl das einzige Mal, daß Wolfgang sich auch in meine Welt wagte. Aber dieser Versuch hat durch lange Gespräche, die wir auf dieser Fahrt und auch später in München zu zweit oder zu dritt führten, noch viele Früchte getragen.

Wir waren also für einige Tage gemeinsam unterwegs. Nachdem wir die Sattelhöhe des Kesselbergs, etwas mühsam unsere Räder schiebend, erklommen hatten, fuhren wir ohne Anstrengung die kühn in den Berghang geschnittene Straße am steilen Westufer des Walchensees entlang – ich ahnte damals nicht, wie wichtig dieses Fleckchen Erde später für mich werden sollte –, und wir passierten die Stelle, an der einst ein alter Harfner und sein Töchterlein in Goethes Postkutsche nach Italien zugestiegen waren, Vorbilder für Mignon und den alten Harfner im ›Wilhelm Meister‹. Über den dunklen See hinweg hatte Goethe, so berichtet sein Tagebuch, zum ersten Mal das beschneite Hochgebirge gesehen. Aber obwohl wir diese Bilder mit Freude in uns aufnahmen, ging unser Gespräch doch auch immer wieder zu den Fragen, die uns im Zusammenhang mit Studium und Wissenschaft beschäftigten.

Wolfgang fragte mich einmal – ich glaube, es war abends im Wirtshaus in Grainau –, ob ich die Einsteinsche Relativitätstheorie verstanden hätte, die im Sommerfeldschen Seminar eine so große Rolle spielte. Ich konnte nur antworten, daß ich das nicht wisse, da mir nicht klar sei, was eigentlich das Wort »Verstehen« in unserer Naturwissenschaft bedeute. Das mathematische Gerüst der Relativitätstheorie mache mir zwar keine Schwierigkeiten; aber damit hätte ich doch wohl noch nicht verstanden, warum ein bewegter Beobachter mit dem Wort »Zeit« etwas anderes meine als ein ruhender Beobachter. Diese Verwirrung des Zeitbegriffs bleibe mir unheimlich und insofern auch noch unverständlich.

»Aber wenn du das mathematische Gerüst kennst«, wandte Wolfgang ein, »so kannst du doch für jedes gegebene Experiment ausrechnen, was der ruhende Beobachter und was der bewegte Beobachter wahrnehmen oder messen wird. Du weißt auch, daß wir allen Grund haben anzunehmen, daß ein wirkliches Experiment genauso ausfallen wird, wie die Rechnung vorhersagt. Was verlangst du dann mehr?«

»Das ist gerade meine Schwierigkeit«, antwortete ich, »daß ich auch nicht weiß, was man mehr verlangen könnte. Aber ich fühle mich von der Logik, mit der dieses mathematische Gerüst arbeitet, gewissermaßen betrogen. Oder, du kannst auch sagen, ich habe die Theorie mit dem Kopf, aber noch nicht mit dem

Herzen verstanden. Was ›Zeit‹ ist, glaube ich zu wissen, auch ohne daß ich Physik gelernt habe, und unser Denken und Handeln setzt diesen naiven Zeitbegriff ja immer schon voraus. Vielleicht kann man auch so formulieren: unser Denken beruht darauf, daß dieser Zeitbegriff funktioniert, daß wir mit ihm Erfolg haben. Wenn wir nun behaupten, dieser Zeitbegriff müßte geändert werden, so wissen wir nicht mehr, ob unsere Sprache und unser Denken noch brauchbare Werkzeuge sind, um uns zurechtzufinden. Ich will mich dabei nicht auf Kant berufen, der Raum und Zeit als Anschauungsformen a priori bezeichnet und damit diesen Grundformen, so wie sie auch in der früheren Physik zu gelten schienen, einen Absolutheitsanspruch einzuräumen wünscht. Ich möchte nur betonen, daß Sprechen und Denken unsicher werden, wenn wir so grundlegende Begriffe ändern, und Unsicherheit ist mit Verständnis nicht vereinbar.«

Otto empfand meine Skrupel als unbegründet. »In der Schulphilosophie sicht es freilich so aus«, meinte er, »als ob solche Begriffe wie ›Raum‹ und ›Zeit‹ schon eine feste, nicht mehr zu ändernde Bedeutung hätten. Aber das zeigt eben nur, daß diese Schulphilosophie falsch ist. Ich kann mit schön formulierten Redensarten über das ›Wesen‹ von Raum und Zeit nichts anfangen. Du hast dich wahrscheinlich schon zuviel mit Philosophie beschäftigt. Aber du solltest auch die beherzigenswerte Definition kennen: ›Philosophie ist der systematische Mißbrauch einer eigens zu diesem Zwecke erfundenen Nomenklatur‹. Jeder Absolutheitsanspruch ist eben von vorneherein abzulehnen. In Wirklichkeit sollte man nur solche Wörter oder Begriffe benutzen, die unmittelbar auf sinnliche Wahrnehmung bezogen werden können, wobei man sinnliche Wahrnehmung natürlich auch durch kompliziertere physikalische Beobachtung ersetzen darf. Solche Begriffe können ohne viel Erklärung verstanden werden. Gerade dieser Rückgriff auf das Beobachtbare war Einsteins großes Verdienst. Einstein ist mit Recht in seiner Relativitätstheorie von der banalen Feststellung ausgegangen: Zeit ist das, was man von der Uhr abliest. Wenn du dich an solche banale Bedeutung der Wörter hältst, so gibt es in der Relativitätstheorie keine Schwierigkeiten. Sobald eine Theorie gestattet, das Ergebnis der Beobachtungen richtig vorherzusagen, so liefert sie damit auch alles, was für ein Verständnis nötig ist.«

Wolfgang machte dazu einige Vorbehalte. »Was du sagst, gilt doch wohl nur unter einigen sehr wichtigen Voraussetzungen, die man nicht unerwähnt lassen darf. Erstens muß man sicher sein, daß die Vorhersagen der Theorie eindeutig und in sich widerspruchsfrei sind. Im Falle der Relativitätstheorie ist dies wohl durch das einfach überschaubare mathematische Gerüst gewährleistet. Zweitens muß aus der begrifflichen Struktur der Theorie hervorgehen, auf welche Phänomene sie angewendet werden kann und auf welche nicht. Wenn es eine solche Grenze nicht gäbe, so wäre jede Theorie sofort zu widerlegen, da sie ja nicht alle Phänomene der Welt vorhersagen kann. Aber selbst wenn diese Voraussetzungen alle erfüllt sind, so bin ich doch noch nicht ganz sicher, ob man automatisch volles Verständnis besitzt, wenn man alle zum Bereich gehörenden Phänomene vorhersagen kann. Ich könnte mir auch umgekehrt denken, daß man einen Erfahrungsbereich vollständig verstanden hat, aber doch die Ergebnisse künftiger Beobachtung nicht genau vorausberechnen kann.«

Ich versuchte nun durch historische Beispiele meine Zweifel an der Gleichsetzung der Fähigkeit zur Vorausberechnung mit Verständnis zu begründen. »Du weißt, daß im alten Griechenland der Astronom Aristarch schon an die Möglichkeit dachte, daß die Sonne im Mittelpunkt unseres Planetensystems steht. Dieser Gedanke ist aber von Hipparch wieder abgelehnt worden und dann in Vergessenheit geraten, und Ptolemäus ist von der in der Mitte ruhenden Erde ausgegangen, er hat die Planetenbahnen als aus mehreren überlagerten Kreisbahnen, aus Zyklen und Epizyklen zusammengesetzt betrachtet. Er konnte mit dieser Auffassung die Sonnen- und Mondfinsternisse sehr genau vorausberechnen, und seine Lehre hat daher auch für anderthalb Jahrtausende als gesicherte Grundlage der Astronomie gegolten. Aber hatte Ptolemäus das Planetensystem wirklich verstanden? Hat nicht erst Newton, der das Trägheitsgesetz kannte und die Kraft als Ursache für die Veränderung der Bewegungsgröße einführte, durch die Gravitation die Planetenbewegung wirklich erklärt? Hat nicht er als erster diese Bewegung verstanden? Das scheint mir eine ganz entscheidende Frage. Oder nehmen wir ein Beispiel aus der neueren Geschichte der Physik. Als man im ausgehenden 18. Jahrhundert die elektrischen Erscheinungen genauer kennengelernt hatte, gab es sehr genaue Berechnungen über die elektrostatischen Kräfte zwischen geladenen Körpern, das habe ich in Sommerfelds Kolleg gelernt; wobei die Körper, ähnlich wie in der Newtonschen Mechanik, als die Träger der Kräfte erschienen. Aber erst als der Engländer Faraday die Frage änderte und nach dem Kraftfeld, das heißt nach der Verteilung der Kräfte in Raum und Zeit fragte, hatte er die Grundlage für ein Verständnis der elektromagnetischen Erscheinungen gefunden, das dann von Maxwell mathematisch formuliert werden konnte.«

Otto fand diese Beispiele nicht besonders überzeugend. Er meinte: »Ich kann da nur einen Gradunterschied sehen, nicht eine grundsätzliche Verschiedenheit. Die Astronomie des Ptolemäus war sehr gut, sonst hätte sie nicht anderthalb Jahrtausende gehalten. Die von Newton war im Anfang auch nicht besser, und erst im Laufe der Zeit stellte sich heraus, daß man mit der Newtonschen Mechanik die Bewegungen der Himmelskörper tatsächlich genauer vorausberechnen kann als mit den Zyklen und Epizyklen des Ptolemäus. Ich kann eigentlich nicht zugeben, daß Newton etwas grundsätzlich Besseres gemacht hätte als Ptolemäus. Er hat nur eine andere mathematische Darstellung der Planetenbewegungen gegeben, und die hat sich dann allerdings im Laufe der Jahrhunderte als die erfolgreichere erwiesen.«

Wolfgang fand diese Auffassung aber dann doch zu einseitig positivistisch. »Ich glaube«, entgegnete er, »daß sich Newtons Astronomie grundsätzlich von der des Ptolemäus unterscheidet. Newton hat nämlich die Fragestellung geändert. Er hat nicht primär nach den Bewegungen, sondern nach der Ursache für die Bewegung gefragt. Er hat sie in den Kräften gefunden und hat dann entdeckt, daß die Kräfte im Planetensystem einfacher sind als die Bewegungen. Er hat sie durch sein Gravitationsgesetz beschrieben. Wenn wir jetzt sagen, daß wir seit Newton die Bewegungen der Planeten verstanden haben, so meinen wir damit, daß wir die bei genauerer Beobachtung sehr komplizierten Bewegungen der Planeten auf etwas sehr Einfaches, nämlich auf die Kräfte der Gravitation zurückführen, sie dadurch erklären können. Bei Ptolemäus konnte man die Komplikationen zwar durch ein Übereinanderlagern von Zyklen und Epizyklen beschreiben, mußte sie aber als empirischen Tatbestand einfach hinnehmen. Außerdem hat Newton gezeigt, daß bei der Bewegung der Planeten grundsätzlich das gleiche geschieht wie bei der Bewegung eines geworfenen Steins, bei der Schwingung eines Pendels, bei dem Tanzen eines Kreisels. Dadurch, daß in der Newtonschen Mechanik alle diese verschiedenen Phänomene auf die gleiche Wurzel, nämlich auf den bekannten Satz ›Masse × Beschleunigung = Kraft‹ zurückgeführt werden, ist diese Erklärung des Planetensystems der des Ptolemäus turmhoch überlegen.«

Otto gab sich aber noch nicht geschlagen. »Das Wort ›Ursache‹, die Kraft als Ursache der Bewegung, das klingt ja sehr schön; aber im Grunde ist man damit doch auch nur einen kleinen Schritt weitergekommen. Denn dann muß man weiterfragen, was ist die Ursache für die Kraft, für die Gravitation? Man wird also nach deiner Philosophie die Planetenbewegung erst ›ganz‹ wirklich verstanden haben, wenn man die Ursache für die Gravitation kennt usw. ad infinitum.«

Dieser Kritik des Begriffs ›Ursache‹ widersprach Wolfgang aber energisch. »Natürlich kann man immer weiter fragen, darauf beruht alle Wissenschaft. Aber das ist hier kein besonders treffendes Argument. Verstehen der Natur bedeutet doch wohl: in ihre Zusammenhänge wirklich hineinschauen; sicher wissen, daß man ihr inneres Getriebe erkannt hat. Ein solches Wissen kann nicht durch die Kenntnis einer einzelnen Erscheinung oder einer einzelnen Gruppe von Erscheinungen erworben werden, selbst wenn man in ihnen gewisse Ordnungen entdeckt hat; sondern erst dadurch, daß man eine große Fülle von Erfahrungstatsachen als zusammenhängend erkannt und auf eine einfache Wurzel zurückgeführt hat. Dann beruht die Sicherheit eben auf dieser Fülle. Die Gefahr des Irrtums wird um so geringer, je reichhaltiger und vielfältiger die Erscheinungen sind und je einfacher das gemeinsame Prinzip ist, auf das sie zurückgeführt werden können. Daß man später vielleicht noch umfassendere Zusammenhänge entdecken kann, ist gar kein Einwand.«

»Und du meinst«, fügte ich ein, »daß wir uns auf die Relativitätstheorie verlassen können, weil sie eben auch eine große Fülle von Erscheinungen, bei der Elektrodynamik bewegter Körper zum Beispiel, einheitlich zusammenfaßt und auf eine gemeinsame Wurzel zurückführt. Da der einheitliche Zusammenhang hier einfach und mathematisch leicht durchschaubar ist, entsteht in uns das Gefühl, ihn ›verstanden‹ zu haben, obwohl wir uns an eine neue, oder sagen wir etwas abgeänderte Bedeutung der Wörter ›Raum‹ und ›Zeit‹ gewöhnen müssen.«

»Ja, so etwa meine ich es. Der entscheidende Schritt bei Newton und bei dem von dir erwähnten Faraday war jeweils die neue Fragestellung und als eine Folge davon die neue klärende Begriffsbildung. ›Verstehen‹ heißt doch wohl ganz allgemein: Vorstellungen, Begriffe besitzen, mit denen man eine große Fülle von Erscheinungen als einheitlich zusammenhängend erkennen, und das heißt: ›begreifen‹, kann. Unser Denken beruhigt sich, wenn wir erkannt haben, daß eine besondere, scheinbar verwirrende Situation nur der Spezialfall von etwas Allgemeinerem ist, das eben als solches auch einfacher formuliert werden kann. Das Zurückführen der bunten Vielfalt auf das Allgemeine und Einfache, oder sagen wir im Sinne deiner Griechen: des ›Vielen‹ auf das ›Eine‹, ist, was wir mit ›Verstehen‹ bezeichnen. Die Fähigkeit zum Vorausberechnen wird oft eine Folge des Verstehens, des Besitzes der richtigen Begriffe sein, aber sie ist nicht einfach identisch mit dem Verstehen.«

Otto murmelte: »Der systematische Mißbrauch einer eigens zu diesem Zwecke erfundenen Nomenklatur. Ich sehe nicht ein, warum man so kompliziert über dies alles reden muß. Wenn man die Sprache so benützt, daß sie sich auf das unmittelbar Wahrgenommene bezieht, so können kaum Mißverständnisse passieren, weil man dann ja bei jedem Wort weiß, was es bedeutet. Und wenn eine Theorie sich an diese Forderungen hält, wird man sie immer auch ohne viel Philosophie verstehen können.«

Aber Wolfgang wollte das nicht ohne weiteres gelten lassen. »Deine Forderung, die ja so plausibel klingt, ist, wie du weißt, vor allem von Mach erhoben worden, und es wird gelegentlich gesagt, Einstein habe die Relativitätstheorie gefunden, weil er sich an die Philosophie von Mach gehalten habe. Aber diese Schlußweise scheint mir eine viel zu grobe Vereinfachung. Es ist bekannt, daß Mach nicht an die Existenz der Atome geglaubt hat, weil er mit Recht einwenden konnte, daß man sie nicht direkt beobachten kann. Aber es gibt eine große Fülle von Erscheinungen in Physik und Chemie, von denen wir erst jetzt hoffen können, sie zu verstehen, nachdem wir die Existenz der Atome wissen. An dieser Stelle ist Mach doch offenbar durch seinen eigenen, von dir so empfohlenen Grundsatz in die Irre geführt worden, und ich möchte dies nicht als reinen Zufall betrachten.«

»Fehler werden von jedem gemacht«, meinte Otto beschwichtigend. »Man soll sie nicht zum Anlaß nehmen, die Dinge komplizierter darzustellen, als sie sind. Die Relativitätstheorie ist so einfach, daß man sie wirklich verstehen kann. Aber in der Atomtheorie, da sieht es allerdings noch düster aus.«

Damit waren wir beim zweiten Hauptthema unserer Diskussionen angekommen. Aber die Gespräche hierüber erstreckten sich weit über unsere Radtour hinaus und fanden im Münchner Seminar, auch oft mit unserem Lehrer Sommerfeld zusammen, viele Fortsetzungen.

Der zentrale Gegenstand dieses Sommerfeldschen Seminars war die Bohrsche Atomtheorie. In ihr wurde – auf Grund entscheidender Experimente von Rutherford in England – das Atom als ein Planetensystem im Kleinen aufgefaßt, in dessen Mittelpunkt der Atomkern steht, der fast die ganze Masse des Atoms trägt, obwohl er sehr viel kleiner als das Atom ist, und der von den erheblich leichteren Elektronen als Planeten umkreist wird. Die Bahnen dieser Elektronen sollten aber nicht, wie man es bei einem Planetensystem erwarten würde, durch die Kräfte und durch die Vorgeschichte bestimmt sein und eventuell durch äußere Störungen auch geändert werden können, sondern sie sollten, um die merkwürdige Stabilität der Materie gegenüber äußeren Einwirkungen zu erklären, durch zusätzliche Forderungen festgelegt werden, die mit Mechanik oder Astronomie im alten Sinne nichts zu tun haben. Seit der berühmten Arbeit von Planck aus dem Jahre 1900 nannte man solche Forderungen Quantenbedingungen. Und diese Bedingungen brachten eben jenes merkwürdige Element von Zahlenmystik in die Atomphysik, von dem vorher schon die Rede war. Gewisse aus der Bahn zu berechnende Größen sollten ganzzahlige Vielfache einer Grundeinheit, nämlich des Planckschen Wirkungsquantums sein. Solche Regeln erinnerten an die Beobachtungen der alten Pythagoreer, nach denen zwei schwingende Saiten dann harmonisch zusammenklingen, wenn bei gleicher Spannung ihre Längen in einem ganzzahligen Verhältnis stehen. Aber was hatten Planetenbahnen der Elektronen mit schwingenden Saiten zu tun! Schlimmer war noch, wie man sich die Ausstrahlung von Licht durch das Atom vorzustellen hatte. Das strahlende Elektron sollte dabei sprunghaft von einer Quantenbahn in die andere überwechseln und die bei diesem Sprung freiwerdende Energie als ganzes Paket, als Lichtquant, in die Strahlung abgeben. Man hätte solche Vorstellungen wohl überhaupt nie ernst genommen, wenn man nicht damit eine ganze Reihe von Experimenten hätte sehr gut und genau erklären können.

Von dieser Mischung aus unverständlicher Zahlenmystik und unbezweifelbarem empirischem Erfolg ging natürlich für uns junge Studenten eine große Faszinationskraft aus. Sommerfeld hatte mir schon kurze Zeit nach dem Beginn meines Studiums die Übungsaufgabe gestellt, aus gewissen Beobachtungen, die er von einem befreundeten Experimentalphysiker erfahren hatte, Schlüsse auf die bei diesen Erscheinungen beteiligten Elektronenbahnen und deren Quantenzahlen zu ziehen. Das war nicht schwierig, aber das Ergebnis äußerst befremdlich gewesen. Ich mußte statt ganzer Zahlen auch halbe Zahlen als Quantenzahlen zulassen, und das widersprach völlig dem Geist der Quantentheorie und der Sommerfeldschen Zahlenmystik. Wolfgang meinte, ich würde wohl auch noch Viertel- und Achtel-Zahlen einführen, und schließlich würde sich die ganze Quantentheorie unter meinen Händen verkrümeln. Aber die Experimente sahen eben doch so aus, als ob die halben Quantenzahlen zu Recht bestünden, und es war nur ein neues Element von Unverständlichkeit zu vielen anderen vorherigen dazugetreten.

Wolfgang hatte sich ein schwierigeres Problem gestellt. Er wollte nachsehen, ob bei einem komplizierteren System, das man nach den Methoden der Astronomie eben noch durchrechnen konnte, die Bohrsche Theorie und die Bohr-Sommerfeldschen Quantenbedingungen zum experimentell richtigen Ergebnis führten. Es waren uns in unseren Münchner Diskussionen nämlich Zweifel gekommen, ob die bisherigen Erfolge der Theorie nicht auf besonders einfache Systeme beschränkt seien, ob nicht schon bei dem von Wolfgang zu studierenden komplizierteren System ein Mißerfolg eintreten würde.

Im Zusammenhang mit dieser Arbeit fragte mich Wolfgang eines Tages: »Glaubst du eigentlich, daß es so etwas wie Bahnen der Elektroden in einem Atom gibt?« Meine Antwort mag etwas gewunden ausgefallen sein: »Zunächst kann man ja doch in einer Nebelkammer die Bahn eines Elektrons direkt sehen. Der beleuchtete Kondensstreifen der Nebeltröpfchen zeigt an, wo das Elektron gelaufen ist. Wenn es aber eine Bahn des Elektrons in der Nebelkammer gibt, so muß es doch wohl auch eine im Atom geben. Aber ich gebe zu, daß mir hier auch schon Zweifel gekommen sind. Denn wir berechnen zwar eine Bahn nach der klassischen Newtonschen Mechanik, dann aber geben wir ihr durch die Quantenbedingungen eine Stabilität, die sie nach eben dieser Newtonschen Mechanik nie besitzen dürfte; und wenn das Elektron bei der Strahlung von einer Bahn in die andere springt – das wird ja behauptet –, so sagen wir lieber gar nichts mehr darüber, ob es hier Weitsprung oder Hochsprung oder sonst irgendetwas Schönes macht. Also irgendwie muß doch die ganze Vorstellung von der Bahn des Elektrons im Atom Unsinn sein. Aber was dann?«

Wolfgang nickte. »Das Ganze ist wirklich ungeheuer mystisch. Wenn es eine Bahn des Elektrons im Atom gibt, so läuft dieses Elektron offensichtlich mit einer bestimmten Frequenz periodisch um. Dann folgt doch nach den Gesetzen der Elektrodynamik, daß von der periodisch bewegten Ladung elektrische

Schwingungen ausgehen, das heißt, daß einfach Licht in dieser Frequenz ausgestrahlt wird. Davon soll aber wieder keine Rede sein; sondern die Schwingungsfrequenz des ausgestrahlten Lichtes liegt irgendwo in der Mitte zwischen der Bahnfrequenz vor dem mysteriösen Sprung und der nach dem Sprung. Das alles ist im Grunde doch heller Wahnsinn.«

»Ist es auch Wahnsinn, hat es doch Methode«, zitierte ich.

»Ja, vielleicht. Niels Bohr behauptet, jetzt für das ganze Periodische System der chemischen Elemente in jedem einzelnen Atom die Elektronenbahnen zu kennen, und wir beide glauben hier, wenn wir ehrlich sind, überhaupt nicht an Elektronenbahnen. Sommerfeld glaubt vielleicht noch dran. Aber eine Elektronenbahn in einer Nebelkammer, die können wir trotzdem alle sehr gut sehen. Wahrscheinlich hat doch Niels Bohr in irgendeinem Sinne recht; aber wir wissen eben noch nicht in welchem Sinn.«

Im Gegensatz zu Wolfgang war ich in solchen Fragen optimistisch und mag etwa folgendes geantwortet haben. »Ich finde diese Bohrsche Physik trotz aller Schwierigkeiten sehr faszinierend. Bohr muß ja auch wissen, daß er von Annahmen ausgeht, die in sich Widersprüche enthalten, die also in dieser Form nicht stimmen können. Aber er hat einen untrüglichen Instinkt dafür, wie man mit diesen unhaltbaren Annahmen zu Bildern vom atomaren Geschehen kommt, die doch einen entscheidenden Teil Wahrheit enthalten. Bohr benützt die klassische Mechanik oder die Quantentheorie eigentlich nur so, wie ein Maler Pinsel und Farbe benützt. Durch Pinsel und Farbe ist das Bild nicht bestimmt, und die Farbe ist nie die Wirklichkeit; aber wenn man das Bild vorher, wie der Künstler, vor dem geistigen Auge hat, so kann man es durch Pinsel und Farbe – vielleicht nur unvollkommen – auch den anderen sichtbar machen. Bohr kennt das Verhalten der Atome bei Leuchterscheinungen, bei chemischen Prozessen und in vielen anderen Vorgängen ganz genau, und dadurch hat er intuitiv eine Vorstellung von der Struktur der verschiedenen Atome gewonnen; ein Bild, das er nun mit dem unvollkommenen Hilfsmittel der Elektronenbahnen und Quantenbedingungen den anderen Physikern verständlich machen will. Es ist also gar nicht so sicher, daß Bohr selbst an die Elektronenbahnen im Atom glaubt. Aber er ist von der Richtigkeit seiner Bilder überzeugt. Daß es für diese Bilder einstweilen noch keinen angemessenen sprachlichen oder mathematischen Ausdruck gibt, ist doch gar kein Unglück. Es ist im Gegenteil eine außerordentlich verlockende Aufgabe.«

Wolfgang blieb skeptisch. »Ich will zunächst einmal herausbringen, ob die Bohr-Sommerfeldschen Annahmen bei meinem Problem zu vernünftigen Resultaten führen. Wenn nicht – und ich vermute beinahe, daß sich das herausstellen wird –, dann weiß man jedenfalls, was nicht geht, und damit ist man schon einen Schritt weiter.« Dann fuhr er nachdenklich fort: »Die Bohrschen Bilder müssen schon irgendwie richtig sein. Aber wie kann man sie verstehen, und welche Gesetze stehen hinter ihnen?«

Einige Zeit später fragte mich Sommerfeld nach einem längeren Gespräch über die Bohrsche Atomtheorie ziemlich unvermittelt: »Würden Sie Niels Bohr gerne persönlich kennenlernen? Bohr soll nächstens in Göttingen eine Reihe von Vorträgen über seine Theorie halten. Ich bin dazu eingeladen, und ich könnte Sie ja mitnehmen.« Ich mußte einen Moment mit der Antwort zögern, da eine Eisenbahnfahrt nach Göttingen und zurück für mich damals ein unlösbares finanzielles Problem dargestellt hätte. Vielleicht hat Sommerfeld diesen Schatten über mein Gesicht huschen sehen. Jedenfalls fügte er hinzu, daß er für meine Reisekosten sorgen könnte, und da war meine Antwort natürlich gegeben.

Der Frühsommer des Jahres 1922 hatte Göttingen, das freundliche Städtchen der Villen und Gärten am Hang des Hainbergs, mit unzähligen blühenden Büschen, Rosen und Blumenbeeten geschmückt, so daß schon der äußere Glanz die Bezeichnung rechtfertigte, die wir diesen Tagen später gegeben haben: Die »Bohr-Festspiele« zu Göttingen. Das Bild der ersten Vorlesung ist mir unauslöschlich im Gedächtnis geblieben. Der Hörsaal war überfüllt. Der dänische Physiker, der schon seiner Statur nach als Skandinavier zu erkennen war, stand mit leicht geneigtem Kopf freundlich und fast etwas verlegen lächelnd auf dem Podium, auf das aus den weit geöffneten Fenstern das volle Licht des Göttinger Sommers einströmte. Bohr sprach ziemlich leise, mit weichem dänischem Akzent, und wenn er die einzelnen Annahmen seiner Theorie erklärte, so setzte er die Worte behutsam, sehr viel vorsichtiger, als wir es sonst von Sommerfeld gewohnt waren, und fast hinter jedem der sorgfältig formulierten Sätze wurden lange Gedankenreihen sichtbar, von denen nur der Anfang ausgesprochen wurde und deren Ende sich im Halbdunkel einer für mich sehr erregenden philosophischen Haltung verlor. Der Inhalt der Vorlesung schien neu und nicht neu zugleich. Wir hatten die Bohrsche Theorie ja bei Sommerfeld gelernt, also wußten wir, worum es sich handelte. Aber was gesagt wurde, klang in Bohrs Mund anders als bei Sommerfeld. Es war ganz unmittelbar zu spüren, daß Bohr seine Resultate nicht durch Berechnungen und Beweise, sondern durch Einfühlen und Erraten gewonnen hatte und daß es ihm jetzt schwerfiel, sie vor der hohen Schule der Mathematik in Göttingen zu verteidigen. Nach jeder Vorlesung wurde diskutiert, und am Ende der dritten Vorlesung wagte ich eine kritische Bemerkung.

Bohr hatte über jene Arbeit von Kramers gesprochen, über die ich im Sommerfeldschen Seminar hatte referieren müssen, und er sagte am Schluß: Obwohl die Grundlagen der Theorie ja noch ganz ungeklärt seien, könne man sich doch wohl darauf verlassen, daß die Ergebnisse von Kramers richtig seien und später vom Experiment bestätigt werden würden. Ich stand also auf und brachte Einwände vor, die sich aus unseren Münchner Gesprächen ergeben hatten und die mich an den Resultaten von Kramers zweifeln ließen. Bohr spürte wohl, daß die Einwände auf einer sorgfältigen Beschäftigung mit seiner Theorie beruhten.

Er antwortete zögernd, so, als sei er durch den Einwand etwas beunruhigt, und nach Abschluß der Diskussion kam er zu mir und fragte mich, ob wir nicht zusammen am Nachmittag einen Spaziergang über den Hainberg machen könnten, um die von mir aufgeworfenen Fragen gründlich zu besprechen.

Dieser Spaziergang hat auf meine spätere wissenschaftliche Entwicklung den stärksten Einfluß ausgeübt, oder man kann vielleicht besser sagen, daß meine eigentliche wissenschaftliche Entwicklung erst mit diesem Spaziergang begonnen hat. Unser Weg führte auf einem der zahlreichen wohlgepflegten Waldpfade an der oft besuchten Kaffeewirtschaft »Zum Rohns« vorbei auf die sonnenbeschienene Höhe, von der man das berühmte Universitätsstädtchen, von den Türmen der alten Johannis- und Jacobikirche beherrscht, und die Hügel auf der anderen Seite des Leinetals überblicken konnte.

Bohr begann das Gespräch, indem er auf die Diskussionen vom Vormittag zurückkam: »Sie haben heute früh einige Bedenken gegen die Arbeit von Kramers geäußert. Ich muß gleich sagen, Ihre Zweifel sind mir durchaus verständlich; und ich glaube, ich sollte Ihnen etwas ausführlicher erklären, wie ich zu diesen ganzen Problemen stehe. Ich bin im Grund nämlich viel mehr einig mit Ihnen, als Sie denken, und ich weiß sehr wohl, wie vorsichtig man bei allen Behauptungen über die Struktur der Atome sein muß. Vielleicht darf ich zuerst etwas über die Geschichte dieser Theorie erzählen. Der Ausgangspunkt war ja nicht der Gedanke, daß das Atom ein Planetensystem im Kleinen sei und daß man hier die Gesetze der Astronomie anwenden könnte. So wörtlich habe ich das alles nie genommen. Sondern für mich war der Ausgangspunkt die Stabilität der Materie, die ja vom Standpunkt der bisherigen Physik aus ein reines Wunder ist.

Ich meine mit dem Wort Stabilität, daß immer wieder die gleichen Stoffe mit den gleichen Eigenschaften auftreten, daß die gleichen Kristalle gebildet werden, die gleichen chemischen Verbindungen entstehen usw. Das muß doch bedeuten, daß auch nach vielen Veränderungen, die durch äußere Wirkungen zustande kommen mögen, ein Eisenatom schließlich wieder ein Eisenatom mit genau den gleichen Eigenschaften ist. Das ist nach der klassischen Mechanik unbegreiflich, besonders dann, wenn ein Atom Ähnlichkeit mit einem Planetensystem hat. In der Natur gibt es also eine Tendenz, bestimmte Formen zu bilden – ich meine das Wort ›Formen‹ jetzt im allgemeinsten Sinne – und diese Formen, auch wenn sie gestört oder zerstört worden sind, immer wieder neu entstehen zu lassen. Man könnte in diesem Zusammenhang sogar an die Biologie denken; denn die Stabilität der lebendigen Organismen, die Bildung kompliziertester Formen, die doch nur jeweils als Ganzheit existenzfähig sind, ist ein Phänomen ähnlicher Art. Aber in der Biologie handelt es sich um ganz komplizierte, zeitlich veränderliche Strukturen, von denen wir jetzt nicht reden wollen. Ich möchte hier nur von den einfachen Formen sprechen, denen wir schon in Physik und Chemie begegnen. Die Existenz einheitlicher Stoffe, das Vorhandensein der festen Körper, alles das beruht auf dieser Stabilität der Atome; ebenso die Tatsache, daß wir zum Beispiel von einer Leuchtröhre, die mit einem bestimmten Gas gefüllt ist, auch immer wieder Licht der gleichen Farbe, ein leuchtendes Spektrum mit genau den gleichen Spektrallinien bekommen. Das alles ist ja keineswegs selbstverständlich, sondern es scheint im Gegenteil unverständlich, wenn man den Grundsatz der Newtonschen Physik, die strenge kausale Determiniertheit des Geschehens, annimmt, wenn der jetzige Zustand jeweils durch den unmittelbar vorhergehenden und nur durch ihn eindeutig bestimmt sein soll. Dieser Widerspruch hat mich sehr früh beunruhigt.

Das Wunder von der Stabilität der Materie wäre vielleicht

noch länger unbeachtet geblieben, wenn es nicht in den vergangenen Jahrzehnten durch einige wichtige Erfahrungen anderer Art neu beleuchtet worden wäre. Planck hat, wie Sie wissen, gefunden, daß die Energie eines atomaren Systems sich unstetig ändert; daß es bei der Ausstrahlung von Energie durch ein solches System sozusagen Haltestellen mit bestimmten Energien gibt, die ich später stationäre Zustände genannt habe. Dann hat Rutherford seine Versuche über die Struktur der Atome angestellt, die für die spätere Entwicklung so entscheidend waren. Dort in Manchester, in Rutherfords Laboratorium, habe ich diese ganze Problematik kennengelernt. Ich war damals fast so jung wie Sie jetzt, und ich habe unendlich viel mit Rutherford über solche Fragen gesprochen. Schließlich sind in dieser Zeit die Leuchterscheinungen genauer untersucht worden, man hat die für die verschiedenen chemischen Elemente charakteristischen Spektrallinien ausgemessen, und die vielfältigen chemischen Erfahrungen enthalten natürlich auch eine Fülle von Auskünften über das Verhalten der Atome. Durch diese ganze Entwicklung, die ich damals unmittelbar miterlebt habe, ist eine Frage gestellt worden, der man in unserer Zeit nicht mehr ausweichen konnte; nämlich die Frage, wie das alles zusammenhängt. Die Theorie, die ich versucht habe, sollte also auch nichts anderes tun, als diesen Zusammenhang herstellen.

Nun ist das aber eigentlich eine ganz hoffnungslose Aufgabe; eine Aufgabe ganz anderer Art, als wir sie sonst in der Wissenschaft vorfinden. Denn in der bisherigen Physik oder in jeder anderen Naturwissenschaft konnte man, wenn man ein neues Phänomen erklären wollte, unter Benützung der vorhandenen Begriffe und Methoden versuchen, das neue Phänomen auf die schon bekannten Erscheinungen oder Gesetze zurückzuführen. In der Atomphysik aber wissen wir ja schon, daß die bisherigen Begriffe dazu sicher nicht ausreichen. Wegen der Stabilität der Materie kann die Newtonsche Physik im Inneren des Atoms nicht richtig sein, sie kann bestenfalls gelegentlich einen Anhaltspunkt geben. Und daher wird es auch keine anschauliche Beschreibung der Struktur des Atoms geben können, da eine solche – eben weil sie anschaulich sein sollte – sich der Begriffe der klassischen Physik bedienen müßte, die aber das Geschehen nicht mehr ergreifen. Sie verstehen, daß man mit einer solchen Theorie eigentlich etwas ganz Unmögliches versucht. Denn wir sollen etwas über die Struktur des Atoms aussagen, aber wir besitzen keine Sprache, mit der wir uns verständlich machen könnten. Wir sind also gewissermaßen in der Lage eines Seefahrers, der in ein fernes Land verschlagen ist, in dem nicht nur die Lebensbedingungen ganz andere sind, als er sie aus seiner Heimat kennt, sondern in dem auch die Sprache der dort lebenden Menschen ihm völlig fremd ist. Er ist auf Verständigung angewiesen, aber er besitzt keinerlei Mittel zur Verständigung. In einer solchen Lage kann eine Theorie überhaupt nicht ›erklären‹ in dem Sinn, wie das sonst in der Wissenschaft üblich ist. Es handelt sich darum, Zusammenhänge aufzuzeigen und sich behutsam voranzutasten. So sind auch die Rechnungen von Kramers gemeint, und vielleicht habe ich mich heute vormittag nicht vorsichtig genug ausgedrückt. Aber mehr wird einstweilen überhaupt nicht möglich sein.«

Aus diesen Äußerungen Bohrs spürte ich unmittelbar, wie sehr alle die Zweifel und Einwände, die wir in München besprochen hatten, auch ihm geläufig waren. Um sicher zu sein, daß ich ihn richtig verstanden hatte, fragte ich zurück: »Was bedeuten aber dann die Bilder von den Atomen, die Sie in den letzten Tagen in Ihren Vorlesungen gezeigt und besprochen haben und für die Sie auch Gründe angegeben haben? Wie sind die gemeint?«

»Diese Bilder«, antwortete Bohr, »sind ja aus Erfahrungen erschlossen, oder, wenn Sie wollen, erraten, nicht aus irgendwelchen theoretischen Berechnungen gewonnen. Ich hoffe, daß diese Bilder die Struktur der Atome so gut beschreiben, aber eben auch *nur* so gut beschreiben, wie dies in der anschaulichen Sprache der klassischen Physik möglich ist. Wir müssen uns klar darüber sein, daß die Sprache hier nur ähnlich gebraucht werden kann wie in der Dichtung, in der es ja auch nicht darum geht, Sachverhalte präzis darzustellen, sondern darum, Bilder im Bewußtsein des Hörers zu erzeugen und gedankliche Verbindungen herzustellen.«

»Aber wie sollen dann eigentlich Fortschritte erzielt werden? Schließlich soll die Physik doch eine exakte Wissenschaft sein.«

»Wir müssen erwarten«, meinte Bohr, »daß die Paradoxien der Quantentheorie, die unverständlichen Züge, die mit der Stabilität der Materie zusammenhängen, mit jeder neuen Erfahrung in ein immer schärferes Licht treten. Wenn dies geschieht, so kann man hoffen, daß sich im Laufe der Zeit neue Begriffe bilden, mit denen wir auch diese unanschaulichen Vorgänge im Atom irgendwie ergreifen können. Aber davon sind wir noch weit entfernt.«

Bohrs Gedankengänge verbanden sich für mich mit der von

Robert auf unserer Wanderung am Starnberger See vertretenen Ansicht, daß die Atome keine Dinge seien. Denn obwohl Bohr so viele Einzelheiten von der inneren Struktur der chemischen Atome zu erkennen glaubte, waren die Elektronen, aus denen ihre Atomhüllen bestanden, offenbar keine Dinge mehr; jedenfalls keine Dinge im Sinne der früheren Physik, die man ohne Vorbehalte mit Begriffen wie Ort, Geschwindigkeit, Energie, Ausdehnung beschreiben könnte. Ich fragte Bohr daher: »Wenn die innere Struktur der Atome einer anschaulichen Beschreibung so wenig zugänglich ist, wie Sie sagen, wenn wir eigentlich keine Sprache besitzen, mit der wir über diese Struktur reden könnten, werden wir dann die Atome überhaupt jemals verstehen?« Bohr zögerte einen Moment und sagte dann: »Doch. Aber wir werden dabei gleichzeitig erst lernen, was das Wort ›verstehen‹ bedeutet.«

Inzwischen waren wir auf unserer kleinen Wanderung auf den höchsten Punkt des Hainberges gelangt, an eine Wirtschaft, die vielleicht deshalb der »Kehr« genannt wird, weil man dort auch vor alten Zeiten schon umzukehren pflegte. Von dort wandten auch wir uns wieder dem Tal zu, diesmal in südlicher Richtung mit dem Blick auf Hügel und Wälder und auf Dörfer im Leinetal, die inzwischen längst in das Stadtgebiet einbezogen worden sind.

»Wir haben nun über so viele schwierige Dinge geredet«, so griff Bohr das Gespräch wieder auf, »und ich habe Ihnen auch davon erzählt, wie ich selbst in diese ganze Wissenschaft hereingekommen bin; aber ich weiß noch gar nichts von Ihnen. Sie sehen noch sehr jung aus. Fast könnte man glauben, daß Sie mit dem Studium der Atomphysik angefangen und erst danach auch die ältere Physik und anderes gelernt hätten. Sommerfeld muß Sie sehr früh in diese abenteuerliche Welt der Atome eingeführt haben. Und wie haben Sie den Krieg miterlebt?«

Ich gestand nun, daß ich mit meinen zwanzig Jahren erst im vierten Semester studierte, also von der eigentlichen Physik noch entsetzlich wenig wüßte, und berichtete von Sommerfelds Seminaren, in denen mich gerade die Verworrenheit, die Unverständlichkeit der Quantentheorie besonders angezogen hätte. Zum Kriegsdienst sei ich zu jung gewesen, von unserer Familie habe nur mein Vater als Reserveoffizier in Frankreich gekämpft; um ihn hätten wir viel Sorge gehabt, aber er sei 1916 verwundet zurückgekommen. Im letzten Kriegsjahr hätte ich dann, um nicht zu sehr hungern zu müssen, als Knecht auf einem Bauernhof im bayerischen Voralpenland gearbeitet. Außerdem hätte ich die

Revolutionskämpfe in München etwas miterlebt. Aber sonst sei ich vom eigentlichen Krieg verschont geblieben.

»Ich würde gerne viel von Ihnen hören«, meinte Bohr, »und dabei über die Zustände in Ihrem Land lernen, das ich noch so wenig kenne. Auch über die Jugendbewegung, von der mir die Göttinger Physiker erzählt haben. Sie müssen uns einmal in Kopenhagen besuchen, vielleicht auch für längere Zeit zu uns kommen, damit wir zusammen Physik treiben können. Dann werde ich Ihnen auch unser kleines Land zeigen und Ihnen von seiner Geschichte erzählen.«

Als wir uns den ersten Häusern der Stadt näherten, ging das Gespräch auf die Göttinger Physiker und Mathematiker über, auf Max Born, James Franck, Richard Courant und David Hilbert, die ich ja erst in diesen Tagen kennengelernt hatte, und wir erörterten kurz die Möglichkeit, daß ich auch einen Teil meiner Studienzeit in Göttingen verbringen könnte. So erschien die Zukunft voller neuer Hoffnungen und Möglichkeiten, die ich mir, nachdem ich Bohr nach Hause begleitet hatte, noch auf dem Heimweg zu meiner Herberge in leuchtenden Farben ausmalte.

# 4
## Belehrung über Politik und Geschichte (1922–1924)

Der Sommer des Jahres 1922 endete für mich noch mit einer recht enttäuschenden Erfahrung. Mein Lehrer Sommerfeld hatte mir vorgeschlagen, die Versammlung der Deutschen Naturforscher und Ärzte in Leipzig zu besuchen, auf der Einstein einen der Hauptvorträge über die allgemeine Relativitätstheorie halten sollte. Mein Vater hatte mir eine Rückfahrkarte von München nach Leipzig geschenkt, und ich freute mich darauf, den Entdecker der Relativitätstheorie nun selbst sprechen zu hören. Nach der Ankunft in Leipzig bezog ich eine der billigsten Herbergen im schlechtesten Viertel der Stadt, da ich mir etwas Besseres nicht leisten konnte. Im Tagungsgebäude traf ich einige jüngere Physiker, die ich in Göttingen während der »Bohr-Festspiele« kennengelernt hatte, und ich erkundigte mich nach dem Einsteinschen Vortrag, der schon in einigen Stunden am Abend des gleichen Tages gehalten werden sollte. Mir fiel dabei eine gewisse Gespanntheit der Atmosphäre auf, deren Grund ich mir zunächst nicht erklären konnte; aber ich spürte, daß hier alles anders war als damals in Göttingen. Die Zeit bis zum Vortrag nutzte ich durch einen Spaziergang zum Völkerschlachtdenkmal aus, unter dem ich mich, mit leerem Magen und übermüdet von der nächtlichen Eisenbahnfahrt, ins Gras legte und alsbald einschlief. Ich wachte davon auf, daß ein junges Mädchen mich mit Pflaumen bewarf, sich aber dann neben mich setzte und mir, zur Besänftigung meines Zorns und zur sehr willkommenen Stillung meines Hungers, aus ihrem Korb so viel von ihren Früchten anbot, wie ich haben wollte.

Der Einsteinsche Vortrag fand in einem großen Saal statt, den man, ähnlich einem Theaterraum, durch viele kleine Türen von allen Seiten betreten konnte. Als ich hineingehen wollte, drückte mir an einer solchen Tür ein junger Mann – wie ich später hörte, ein Assistent oder Schüler eines bekannten Physikprofessors aus einer süddeutschen Universitätsstadt – einen bedruckten roten Zettel in die Hand, auf dem vor Einstein und seiner Relativitätstheorie gewarnt wurde. Es handele sich dabei, so war etwa zu lesen, um ganz ungesicherte Spekulationen, die durch eine dem deutschen Wesen fremde Reklame jüdischer Zeitungen ungebührlich überschätzt worden seien. Im ersten Augenblick dachte ich, der Handzettel sei wohl das Werk eines Verrückten, wie sie hin und wieder auf solchen Tagungen auftauchen. Als mir aber berichtet wurde, daß tatsächlich der wegen seiner bedeutenden experimentellen Arbeiten hochangesehene Physiker, von dem auch Sommerfeld in seinen Vorlesungen oft gesprochen hatte, der Urheber des Zettels sei, brach mir eine meiner wichtigsten Hoffnungen zusammen. Ich war so überzeugt gewesen, daß wenigstens die Wissenschaft vom Streit der politischen Meinungen, den ich ja im Bürgerkrieg in München genugsam kennengelernt hatte, vollständig ferngehalten werden könnte. Nun sah ich, daß auf dem Umweg über charakterlich schwache oder kranke Menschen selbst das wissenschaftliche Leben durch böse politische Leidenschaften infiziert und entstellt werden kann. Was den Inhalt des Handzettels betraf, so bewirkte er natürlich, daß ich alle Vorbehalte gegenüber der allgemeinen Relativitätstheorie, die Wolfgang mir gelegentlich erklärt hatte, zurückstellte und nun von der Richtigkeit der Theorie fest überzeugt war. Denn ich hatte ja längst aus meinen Erfahrungen im Münchner Bürgerkrieg gelernt, daß man eine politische Richtung nie nach den Zielen beurteilen darf, die sie laut verkündet und vielleicht auch wirklich anstrebt, sondern nur nach den Mitteln, die sie zu ihrer Verwirklichung einsetzt. Schlechte Mittel beweisen ja, daß die Urheber an die Überzeugungskraft ihrer These selbst nicht mehr glauben. Die hier von einem Physiker gegen die Relativitätstheorie eingesetzten Mittel waren so schlecht und unsachlich, daß dieser Gegner offenbar nicht mehr darauf vertraute, die Relativitätstheorie durch wissenschaftliche Argumente widerlegen zu können. Nach dieser Enttäuschung konnte ich aber auch bei Einsteins Vortrag nicht mehr recht zuhören, und ich machte nach dem Ende der Sitzung keine Anstrengung, etwa durch Sommerfelds Vermittlung Einstein kennenzulernen. Ich ging bedrückt in meine Herberge zurück; dort mußte ich feststellen, daß hier inzwischen all mein Hab und Gut, Rucksack, Wäsche und ein zweiter Anzug gestohlen worden waren. Zum Glück hatte ich meine Rückfahrkarte noch in der Tasche. Ich ging auf den Bahnhof und stieg in den nächsten Zug nach München. Auf der Fahrt war ich völlig verzweifelt, weil ich wußte, daß ich meinem Vater den großen finanziellen Verlust nicht aufbürden konnte. Als ich dann auch in München meine Eltern zunächst nicht antraf, suchte ich mir Arbeit als Holzfäller im Forstenrieder Park, einem Waldgebiet südlich vor der Stadt.

Dort war im Fichtenwald der Borkenkäfer eingefallen, und viele Bäume mußten geschlagen, ihre Rinde verbrant werden. Erst als ich so viel Geld verdient hatte, daß ich den Verlust einigermaßen ersetzen konnte, kehrte ich wieder zur Physik zurück.

Diese ganze Episode ist berichtet worden, nicht um unerfreuliche Geschehnisse wieder ans Licht zu ziehen, die besser in Vergessenheit gerieten, sondern weil sie später in meinen Gesprächen mit Niels Bohr und in meinem Verhalten in dem gefährlichen Raum zwischen Wissenschaft und Politik eine gewisse Rolle gespielt haben. Zunächst freilich hinterließ das Leipziger Erlebnis eine tiefe Enttäuschung und einen Zweifel am Sinn der Wissenschaft überhaupt. Wenn es selbst hier nicht um Wahrheit, sondern um den Kampf der Interessen ging, lohnte es dann, sich damit zu beschäftigen? Die Erinnerung an den Spaziergang über den Hainberg überwog aber schließlich solche pessimistischen Stimmungen, und ich bewahrte die Hoffnung, daß die so spontan ausgesprochene Einladung Bohrs irgendwann zu einem langen Besuch in Kopenhagen mit vielen Gesprächen führen würde.

Allerdings vergingen bis zum Besuch bei Bohr noch anderthalb Jahre, die mit einem Studiensemester in Göttingen, einer Doktorarbeit über die Stabilität von Flüssigkeitsströmen und dem darauffolgenden Examen in München und einem weiteren Semester als Assistent Borns in Göttingen ausgefüllt waren. In den Osterferien 1924 bestieg ich endlich in Warnemünde das Fährboot, das mich nach Dänemark bringen sollte, und ich freute mich unterwegs an den vielen Segelschiffen, darunter riesigen Veteranen aus der alten Zeit mit vier Masten und voller Takelage, die damals die Ostsee bevölkerten. Der Erste Weltkrieg hatte ja einen erheblichen Teil aller auf der Welt vorhandenen Dampfschiffe auf den Meeresgrund geschickt; die alten Lastensegler mußten hervorgeholt werden, und dem Seefahrer bot sich ein buntes Bild, wie hundert Jahre vorher. Bei der Ankunft gab es kleine Schwierigkeiten mit meinem Gepäck, die ich, der Landessprache unkundig, nur schwer beheben konnte. Als ich aber sagte, daß ich im Institut bei Professor Niels Bohr arbeiten wollte, öffnete dieser Name alle Türen und beseitigte im Nu die Hemmnisse. So fühlte ich mich von der ersten Stunde an geborgen unter dem Schutz einer der stärksten Persönlichkeiten des kleinen freundlichen Landes.

Die ersten Tage im Bohrschen Institut wurden mir trotzdem nicht leicht. Ich sah mich plötzlich einer großen Zahl glänzend begabter junger Menschen aus aller Herren Länder gegenüber, die mir an Sprachkenntnissen und Weltgewandtheit weit überlegen waren und die in unserer Wissenschaft viel gründlicher beschlagen waren als ich. Auch Niels Bohr kam nur selten zu mir, er hatte offenbar viel mit der Institutsverwaltung zu tun, und ich sah ein, daß ich seine Zeit nicht mehr beanspruchen durfte als die anderen Institutsmitglieder. Nach einigen Tagen aber trat er in mein Zimmer und fragte, ob ich bereit sei, ihn für einige Tage auf einer Fußwanderung durch die Insel Själland zu begleiten. Im Institut sei doch zu wenig Gelegenheit zu ausführlichen Gesprächen, und er wolle mich richtig kennenlernen. So zogen wir zu zweit, nur mit Rucksäcken bepackt, aus. Zunächst mit der Straßenbahn an den Nordrand der Stadt, von da zu Fuß durch den sogenannten Tiergarten, ein früheres Jagdgebiet mit dem hübschen Schlößchen Eremitage in der Mitte und riesigen Rudeln von Hirschen und Rehen auf den Lichtungen; dann ging die Wanderung weiter nach Norden. Der Weg führte manchmal an der Küste entlang, manchmal im Land durch Wälder und an Seen vorbei, die in der frühen Jahreszeit noch still zwischen den eben erst grünenden Büschen lagen und an deren Ufern die Sommerhäuser noch mit geschlossenen Fensterläden schliefen. Unser Gespräch wandte sich bald den Verhältnissen in Deutschland zu, und Bohr wollte von meinen Erlebnissen beim Beginn des Ersten Weltkriegs hören, der nun zehn Jahre zurücklag.

»Mir ist oft von diesen Tagen des Kriegsausbruchs erzählt worden«, sagte Bohr. »Freunde von uns mußten in den ersten Augusttagen 1914 durch Deutschland reisen und berichteten von einer großen Welle von Begeisterung, die durch das ganze deutsche Volk gegangen sei und die selbst den Außenstehenden irgendwie ergriffen, aber doch auch mit Schaudern erfüllt habe. Ist es nicht merkwürdig, daß ein Volk in einem Rausch von echter Begeisterung in den Krieg zieht, während man doch wissen mußte, wieviel entsetzliche Opfer bei Freund und Feind der Krieg später fordern, wieviel Unrecht von beiden Seiten dabei geschehen würde? Können Sie mir das erklären?«

»Ich war damals ein Schuljunge von 12 Jahren«, mag ich geantwortet haben, »und ich bildete mir meine Meinung natürlich aus dem, was ich von den Gesprächen zwischen Eltern und Großeltern verstand. Ich finde nicht, daß das Wort ›Begeisterung‹ den Zustand richtig beschreibt, in den wir damals alle versetzt waren. Niemand von denen, die ich kannte, freute sich über das, was bevorstand, und niemand fand es gut, daß es jetzt

Krieg geben würde. Wenn ich beschreiben soll, was geschah, so würde ich sagen: wir spürten alle, daß es auf einmal ernst wurde. Wir empfanden, daß wir bis dahin von viel schönem Schein umgeben waren, der durch die Ermordung des österreichischen Thronfolgers plötzlich verschwunden war, und dahinter kam nun ein harter Kern der Wirklichkeit zum Vorschein, eine Forderung, der unser Land und wir alle nicht mehr ausweichen konnten und die eben bestanden werden mußte. Dazu hat man sich dann, zwar mit tiefster Sorge, aber doch mit ganzem Herzen entschlossen. Natürlich waren wir vom guten Recht der deutschen Sache überzeugt; denn Deutschland und Österreich sahen wir immer als eine zusammengehörige Einheit, und die Ermordung des Erzherzogs Franz Ferdinand und seiner Gattin durch Mitglieder eines serbischen Geheimbundes empfanden wir eindeutig als ein Unrecht, das uns angetan war. So mußte man sich also wehren, und dieser Entschluß ist wohl, wie ich sagte, von fast allen Menschen in unserem Land mit ganzem Herzen gefaßt worden.

Ein solcher gemeinsamer Aufbruch hat etwas Berauschendes, etwas ganz Unheimliches und Irrationales, das ist wohl wahr. Das habe ich selbst an jenem 1. August 1914 erfahren. Ich fuhr damals mit meinen Eltern von München nach Osnabrück, wo mein Vater als Hauptmann der Reserve einrücken mußte. Überall waren die Bahnhöfe mit rufenden, durcheinanderlaufenden, erregt sprechenden Menschen überfüllt, riesige Güterzüge wurden mit Blumen und Zweigen geschmückt und mit Soldaten und Waffen beladen. Bis zuletzt standen junge Frauen und Kinder um die Wägen; es wurde geweint und gesungen, bis der Zug die Halle verließ. Man konnte mit dem fremdesten Menschen so sprechen, als habe man ihn jahrelang gekannt; jeder half jedem anderen, wie es eben möglich war, und alle Gedanken waren auf das eine Schicksal gerichtet, das nun uns allen gemeinsam widerfuhr. Ich möchte diesen Tag sicher nicht aus meinem Leben streichen. Aber – wie ist das – hatte dieser unglaubliche, unvorstellbare Tag, den man nie vergessen kann, wenn man dabei war, etwas mit dem zu tun, was man so gemeinhin Kriegsbegeisterung oder sogar Freude am Kriege nennt? Ich weiß nicht, ich glaube, man hat das später nach dem Ende alles falsch gedeutet.«

»Sie müssen verstehen«, sagte Bohr, »daß wir in unserem kleinen Land natürlich sehr anders über diese schwierigen Fragen denken. Darf ich mit einer historischen Bemerkung anfangen?

Vielleicht ist die Machtausweitung, die Deutschland im letzten Jahrhundert hatte gewinnen können, doch irgendwie zu leicht gegangen. Da war zunächst der Krieg gegen unser Land im Jahr 1864, der bei uns viel Bitterkeit hinterlassen hat, dann der Sieg über Österreich 1866 und über Frankreich 1870. Es muß für die Deutschen so ausgesehen haben, als könne man sozusagen im Handumdrehen ein großes zentraleuropäisches Reich aufbauen. Aber das kann doch nicht so einfach sein. Um Reiche zu gründen, dazu muß man, selbst wenn es nicht ohne Gewalt geht, vor allem die Herzen vieler Menschen für die neue Form des Zusammenschlusses gewinnen. Das ist den Preußen trotz all ihrer Tüchtigkeit offenbar nicht gelungen; vielleicht weil ihre Lebensart zu hart war, vielleicht weil ihr Begriff von Disziplin den Menschen in den anderen Ländern nicht eingeleuchtet hat. Die Deutschen haben wohl zu spät bemerkt, daß sie die anderen nicht mehr überzeugen konnten. So mußte der Überfall auf das kleine Land Belgien doch als ein reiner Gewaltakt erscheinen, der auch durch die Ermordung des österreichischen Thronfolgers in keiner Weise gerechtfertigt werden konnte. Die Belgier hatten doch nichts mit diesem Attentat zu tun, auch waren sie nicht an einem Bündnis gegen Deutschland beteiligt.«

»Sicher haben wir Deutschen in diesem Krieg sehr viel Unrecht getan«, mußte ich einräumen, »ebenso wie wohl auch unsere Gegner. In einem Krieg geschieht eben sehr viel Unrecht. Und ich will auch zugeben, daß das einzige hier zuständige Gericht, die Weltgeschichte, gegen uns entschieden hat. Im übrigen bin ich wohl noch zu jung, um zu beurteilen, welche Politiker an welchen Stellen richtige oder falsche Entscheidungen getroffen haben. Aber es gibt hier zwei Fragen, die mehr die menschliche Seite dieser Politik betreffen und die mich immer wieder beunruhigt haben. Ich würde gerne wissen, wie Sie darüber denken. Wir haben über den Kriegsausbruch gesprochen und auch darüber, daß in den ersten Stunden und Tagen des Krieges die Welt verwandelt war. Die kleinen Sorgen des Alltags, die uns früher bedrängt hatten, waren verschwunden. Die persönlichen Beziehungen, die früher im Mittelpunkt des Lebens gestanden hatten, etwa zu den Eltern und Freunden, wurden unwichtig im Vergleich zu der allgemeinen ganz direkten Beziehung zu allen Menschen, die dem gleichen Schicksal ausgesetzt waren. Die Häuser, die Straßen, die Wälder, alles sah anders aus als früher und, um mit Jacob Burckhardt zu reden, ›selbst der Himmel hatte einen anderen Ton‹. Mein nächster Freund, ein

Vetter aus Osnabrück, der einige Jahre älter war als ich, wurde auch Soldat. Ich weiß nicht mehr, ob er eingezogen wurde oder ob er sich freiwillig gemeldet hat. Diese Frage war ja gar nicht gestellt. Die große Entscheidung war gefallen, jeder, der körperlich tauglich war, wurde Soldat. Mein Freund wäre nie auf den Gedanken gekommen, den Krieg zu wünschen oder sich an Eroberungen für Deutschland beteiligen zu wollen. Das weiß ich aus unseren letzten Gesprächen vor seinem Abmarsch. Daran hat er überhaupt nicht gedacht, wenn er auch vom Sieg überzeugt war. Aber er wußte, daß jetzt der Einsatz seines Lebens gefordert wurde; das galt für ihn wie für alle anderen. Er mag für einen Moment bis ins innerste Herz erschrocken sein, aber dann hat er ›ja‹ gesagt, wie sie alle. Wäre ich einige Jahre älter gewesen, so wäre es mir wohl genauso gegangen. Mein Freund ist dann in Frankreich gefallen. Aber hätte er nach Ihrer Meinung denken sollen, das sei alles Unsinn, Rausch, Suggestion, diese Forderung nach dem Einsatz des Lebens dürfe nicht ernst genommen werden? Welche Instanz hatte denn das Recht dies zu sagen? Der Verstand des jungen Menschen, der doch die Zusammenhänge der Politik gar nicht durchschauen kann, der nur einzelne schwer verständliche Fakten hört, wie ›Mord in Sarajewo‹ oder ›Einmarsch in Belgien‹?«

»Was Sie sagen, macht mich sehr traurig«, antwortete Bohr, »denn ich glaube so gut zu verstehen, was Sie meinen. Vielleicht gehört das, was diese jungen Menschen empfunden haben, die ihrer guten Sache gewiß in den Krieg zogen, zum größten menschlichen Glück, das man erleben kann. Es gibt auch keine Instanz, die zu dem Zeitpunkt, den Sie geschildert haben, noch ›nein‹ sagen könnte. Aber ist das nicht eine schreckliche Wahrheit? Hat der Aufbruch, den Sie erlebt haben, nicht auch eine deutlich sichtbare Verwandtschaft mit dem, was etwa geschieht, wenn im Herbst die Zugvögel sich sammeln und nach Süden ziehen? Keiner der Zugvögel weiß, wer über den Zug nach Süden entscheidet und warum dieser Zug stattfindet. Aber jeder einzelne wird ergriffen von der allgemeinen Erregung, von dem Wunsch dabeizusein, und so ist er glücklich, mitfliegen zu können, auch wenn der Flug für viele ins Verderben führt. Bei den Menschen ist das Wunderbare an diesem Vorgang, daß er einerseits so elementar unfrei ist, wie etwa ein Waldbrand, wie irgendein gesetzmäßig ablaufender Naturvorgang; daß er andererseits in dem Einzelnen, der ihm ausgesetzt ist, das Gefühl äußerster Freiheit erzeugt. Der junge Mensch, der am allgemeinen Aufbruch teilnimmt, hat alle Last der täglichen Sorgen und Kümmernisse abgeworfen. Wo es um Tod oder Leben geht, zählen die kleinen Bedenken nicht mehr, die sonst das Leben eingeengt hatten; da brauchen keine Rücksichten auf untergeordnete Interessen genommen zu werden. Wo nur das eine Ziel, der Sieg, mit dem ganzen Einsatz angestrebt wird, erscheint das Leben so einfach und überschaubar wie nie zuvor. Es gibt wohl keine schönere Schilderung dieser einzigartigen Situation im Leben des jungen Menschen als das Reiterlied in Schillers Wallenstein. Sie kennen ja die Schlußzeilen: ›Und setzet ihr nicht das Leben ein, nie wird euch das Leben gewonnen sein.‹ Das ist wohl einfach wahr. Aber wir müssen trotzdem, nein, eben deshalb, alle Anstrengungen machen, Kriege zu vermeiden; und dazu muß man natürlich versuchen, die Spannungssituationen, aus denen die Kriege entstehen, gar nicht erst aufkommen zu lassen. Dafür kann es zum Beispiel gut sein, daß wir hier in Dänemark zusammen wandern.«

»Ich möchte noch meine zweite Frage stellen«, setzte ich das Gespräch fort. »Sie sprachen von der preußischen Disziplin, die den Menschen in den anderen Ländern nicht eingeleuchtet hat. Ich selbst bin ja in Süddeutschland aufgewachsen und denke daher nach Tradition und Erziehung anders als die Menschen etwa zwischen Magdeburg und Königsberg. Aber diese Richtlinien des preußischen Lebens, Unterordnung des Einzelnen unter die gemeinsame Aufgabe, Bescheidenheit der privaten Lebensführung, Ehrlichkeit und Unbestechlichkeit, Ritterlichkeit, pünktliche Pflichterfüllung, die haben mir doch immer einen großen Eindruck gemacht. Selbst wenn diese Grundsätze von politischen Kräften später vielleicht auch mißbraucht worden sind, ich kann sie nicht so gering achten. Warum empfinden zum Beispiel Ihre Landsleute hier in Dänemark darin anders?«

»Ich glaube«, meinte Bohr, »wir können die Werte dieser preußischen Haltung sehr wohl erkennen. Aber wir wollen dem Einzelnen, seinen Absichten und Plänen, mehr Spielraum lassen als es die preußische Haltung tut. Wir können uns einer Gemeinschaft eigentlich nur dann anschließen, wenn es eine Gemeinschaft von sehr freien Menschen ist, unter denen jeder die Rechte des anderen voll anerkennt. Die Freiheit und Unabhängigkeit des Einzelnen ist uns wichtiger als die Macht, die man durch die Disziplin einer Gemeinschaft gewinnt. Es ist ja so merkwürdig, wie solche Lebensformen oft durch historische Leitbilder bestimmt werden, die eigentlich nur noch als Mythos oder Sage lebendig sind, aber doch noch eine große Kraft entfalten. Die preußische Haltung hat sich, so würde ich glauben, an der Gestalt des Ordensritters gebildet, der die Mönchsgelübde abgelegt hat, Armut, Keuschheit und Gehorsam; der die christliche Lehre im Kampf gegen die Ungläubigen ausbreitet und daher unter dem Schutz Gottes steht. Wir in Dänemark denken statt dessen an die Helden der isländischen Sage, an den Dichter und Kämpfer Egil, Sohn des Skallagrim, der schon als Dreijähriger, gegen den Willen des Vaters, das Pferd aus dem Gehege holte und ihm über viele Meilen nachritt. Oder an den weisen Nial, der rechtskundiger war als alle anderen Männer auf Island und der daher in allen Streitfällen um Rat gefragt wurde. Diese Männer, oder ihre Vorfahren, waren ja nach Island ausgewandert, weil sie sich unter das Joch der mächtiger werdenden norwegischen Könige nicht beugen wollten. Es war ihnen unerträglich, daß ein König von ihnen verlangen könnte, an einem Kriegszug teilzunehmen, den dieser König und nicht sie selber führten. Sie waren tapfere, kriegerische Leute, und ich fürchte, daß sie vor allem von der Seeräuberei lebten. Wenn Sie die Sagen lesen, werden Sie vielleicht entsetzt sein, wieviel da von Kampf und Totschlag die Rede ist. Aber diese Männer wollten vor allem frei sein, und eben deshalb respektierten sie auch das Recht der anderen, ebenso frei zu sein. Gekämpft wurde um Besitz oder Ehre, aber nicht um die Macht über andere. Natürlich weiß man auch nicht mehr so genau, wieviel von diesen Sagen auf historische Begebenheiten zurückgeht. Aber in diesen knappen, chronikartigen Darstellungen dessen, was in Island geschah, steckt eine große dichterische Kraft, und daher ist es nicht so merkwürdig, daß diese Bilder auch heute noch unsere Vorstellung von Freiheit bestimmen. Im übrigen ist wohl auch das Leben in England, in dem die Normannen ja früh eine große Rolle gespielt haben, von diesem Geist der Unabhängigkeit geprägt worden. Die englische Form der Demokratie, die Fairneß und die Rücksicht auf die Vorstellungen und Interessen eines anderen, die hohe Bewertung des Rechtes mögen doch alle auch aus dieser Quelle stammen. Wenn die Engländer ein großes Weltreich aufbauen konnten, so haben dabei diese Wesenszüge sicher eine große Rolle gespielt. Freilich ist im einzelnen auch viel Gewalt geübt worden, wie bei den alten Wikingern.«

Inzwischen war es Nachmittag geworden. Wir wanderten dicht am Strand durch kleine Fischerdörfer und konnten über den Öresund hinweg jetzt gut die von der Abendsonne beschienene schwedische Küste erkennen, die sich hier der dänischen bis auf wenige Kilometer nähert. Als wir Helsingör erreichten, fing es schon an zu dunkeln. Aber wir machten noch einen kurzen Rundgang durch die Außenanlagen des Schlosses Kronborg, das an der engsten Stelle des Öresunds die Durchfahrt beherrscht und auf dessen Wällen noch alte Geschütze stehen, Symbole einer längst vergangenen Macht. Bohr begann, mir über die Geschichte des Schlosses zu erzählen. Friedrich II. von Dänemark hatte es gegen Ende des 16. Jahrhunderts als Festung im niederländischen Renaissancestil erbaut. Die hoch aufgeschütteten Wälle und die weit gegen die Wasser des Öresunds hinausgeschobene Bastion erinnern daran, daß hier noch militärische Macht ausgeübt werden sollte. Die Kasematten sind im 17. Jahrhundert im Schwedenkrieg noch als Aufenthaltsraum für Gefangene verwendet worden. Aber als wir in der Abenddämmerung auf der Bastion neben den alten Kanonen standen und den Blick abwechselnd über die Segelschiffe auf dem Öresund und über den hohen Renaissancebau gleiten ließen, empfanden wir deutlich die Harmonie, die von einer Stelle ausgehen kann, an der der Streit nun bis zu Ende gekämpft ist. Man spürt zwar noch die Kräfte, die einst Menschen gegeneinander getrieben, Schiffe zerstört, Siegesjubel und Verzweiflungsschreie ausgelöst haben, aber man weiß doch gleichzeitig, daß sie nicht mehr gefährlich sind, daß sie nicht mehr das Leben gestalten oder verzerren können. Man empfindet ganz unmittelbar, beinahe körperlich, die Ruhe, die sich über dies alles gebreitet hat.

An das Schloß Kronborg oder richtiger an den Ort, an dem es steht, knüpft sich auch die Sage von Hamlet, dem dänischen Prinzen, der wahnsinnig wurde oder sich so stellte, um der Bedrohung durch seinen mörderischen Onkel zu entgehen. Bohr sprach davon und sagte dann: »Ist es nicht merkwürdig, daß dieses Schloß ein anderes wird, wenn man sich vorstellt, daß Hamlet hier gelebt hat? Von unserer Wissenschaft her würde man doch glauben, das Schloß besteht aus Steinen; wir freuen uns an den Formen, in denen sie der Architekt zusammengefügt hat. Die Steine, das grüne Dach mit seiner Patina, die Holzschnitzereien in der Kirche, das ist wirklich das Schloß. An alledem ändert sich gar nichts, wenn wir erfahren, daß Hamlet hier gelebt hat, und doch ist es dann ein anderes Schloß. Auf einmal sprechen die Mauern und Wälle eine andere Sprache. Der Schloßhof wird zur Welt, ein dunkler Winkel erinnert an die Dunkelheit in der menschlichen Seele, wir vernehmen die Frage

›Sein oder Nichtsein‹. In Wirklichkeit wissen wir fast nichts über Hamlet. Nur eine kurze Notiz in einer Chronik aus dem 13. Jahrhundert soll den Namen ›Hamlet‹ enthalten. Niemand kann beweisen, daß es ihn wirklich gegeben hat, geschweige denn, daß er hier gelebt hat. Aber jeder von uns weiß, welche Fragen Shakespeare mit dieser Gestalt verbunden, in welche Abgründe er dabei hinabgeleuchtet hat, und so mußte die Gestalt auch einen Ort auf dieser Erde bekommen, und sie hat ihn hier in Kronborg gefunden. Aber wenn wir das wissen, so ist Kronborg eben ein anderes Schloß.«

Unter solchen Gesprächen war die Dämmerung schon fast in die Nacht übergegangen, ein kalter Wind blies über den Öresund und zwang uns zum Aufbruch.

Am nächsten Morgen hatte der Wind sich noch verstärkt. Der Himmel war blankgefegt, und über der hellblauen Ostsee war im Norden die schwedische Küste bis zum Vorgebirge Kullen gut zu erkennen. Unser Weg führte am Nordrand der Insel entlang nach Westen. Hier liegt das Land etwa 20 bis 30 m über dem Meeresspiegel und fällt an manchen Stellen klippenartig steil zum Strand ab. Der Blick auf das Vorgebirge Kullen veranlaßte Bohr zu der Bemerkung: »Sie sind in München in unmittelbarer Nachbarschaft des Gebirges aufgewachsen, Sie haben mir ja von Ihren vielen Bergwanderungen erzählt. Ich weiß, daß für Gebirgsbewohner unser Land zu flach ist. Vielleicht werden Sie sich also mit meiner Heimat nicht anfreunden können. Aber für uns ist das Meer so wichtig. Wenn wir über das Meer hinausschauen, so glauben wir, damit einen Teil der Unendlichkeit zu ergreifen.«

»Das kann ich sehr wohl spüren«, erwiderte ich, »und es ist mir schon aufgefallen, zum Beispiel bei dem Gesicht des Fischers, den wir gestern am Strand gesehen haben, daß der Blick der Menschen hier in die Weite gerichtet und ganz ruhig ist. Bei uns im Gebirge ist das anders. Da geht der Blick von den zufälligen Einzelheiten der nächsten Umgebung über recht verzwickte Felsgebilde oder vereiste Spitzen direkt in den Himmel. Vielleicht sind deshalb bei uns die Menschen so lustig.«

»Wir haben nur einen Berg in Dänemark«, fuhr Bohr fort, »der ist 160 m hoch, und weil er so hoch ist, nennen wir ihn ›Himmelberg‹. Es geht die Geschichte von einem unserer Landsleute, der einem norwegischen Freund diesen Berg zeigen wollte, um ihm auch etwas Eindruck mit unserer Landschaft zu machen. Der Gast habe sich aber nur verächtlich umgedreht und gesagt: ›So etwas nennen wir bei uns in Norwegen ein Loch.‹ Ich hoffe, Sie sind nicht so streng mit unserer Landschaft. Aber erzählen Sie mir noch etwas über die Wanderungen, die Sie mit Ihren Freunden zusammen machen. Ich würde gerne wissen, wie es dabei im einzelnen zugeht.«

»Wir sind oft mehrere Wochen zu Fuß unterwegs. Zum Beispiel sind wir im vergangenen Sommer von Würzburg durch die Rhön bis an den Südrand des Harzgebirges gelaufen und von dort über Jena und Weimar wieder zurück durch den Thüringer Wald bis Bamberg. Wir schlafen, wenn es warm genug ist, einfach im Wald unter freiem Himmel, häufiger im Zelt, und wenn das Wetter zu schlecht wird, auch bei Bauern im Heu. Manchmal helfen wir, um uns ein solches Quartier zu verdienen, den Bauern bei der Ernte, und wenn die Arbeit nützlich war, kann es passieren, daß wir dafür herrlich viel zu essen bekommen. Sonst kochen wir uns aber selbst, meist am Lagerfeuer im Wald, und abends werden im Schein des Feuers Geschichten vorgelesen, oder es wird gesungen und musiziert. Von Leuten der Jugendbewegung sind viele alte Volkslieder gesammelt worden, die dann später in mehrstimmigen Sätzen und mit Geigen- und Flötenbegleitung aufgeschrieben worden sind. An solcher Musik haben wir viele Freude, und wir finden, auch wenn dabei mehr schlecht als recht musiziert wird, daß es manchmal sehr schön klingt. Vielleicht träumen wir uns gelegentlich in die Rolle des fahrenden Volkes im ausgehenden Mittelalter, und wir vergleichen die Katastrophe des letzten Krieges und der darauffolgenden inneren Kämpfe mit den hoffnungslosen Wirren des Dreißigjährigen Krieges, aus dessen Elendszeit ja manches dieser herrlichen Volkslieder stammen soll. Das Gefühl für die Verwandtschaft dieser Zeiten scheint die Jugend in vielen Teilen Deutschlands ganz spontan ergriffen zu haben. So bin ich einmal von einem mir unbekannten Jungen auf der Straße angesprochen worden, ich solle ins Altmühltal kommen, dort sammle sich die Jugend auf einer alten Ritterburg. Und wirklich strömten dann von allen Seiten Scharen von jungen Menschen auf dieses Schloß Prunn zu, das an einer sehr malerischen Stelle im Fränkischen Jura von einem fast senkrecht abfallenden Felsen ins Altmühltal hinabschaut. Ich war damals auch wieder eingefangen von den Kräften, die von einer spontan gebildeten Gemeinschaft ausgehen können, ähnlich wie am 1. August 1914, über den wir gestern gesprochen haben. Sonst aber hat diese Jugendbewegung sehr wenig mit politischen Fragen zu tun.«

»Das Leben, das Sie schildern, sieht ja sehr romantisch aus, und man könnte Lust bekommen, selber dabei zu sein. Auch scheint mir an verschiedenen Stellen wieder das Leitbild des Ordensritters wirksam, von dem wir gestern gesprochen haben. Aber bei Ihnen werden doch keine Gelübde verlangt, die man ablegen muß, wenn man in die Gruppe eintreten will, so wie es etwa bei den Freimaurern üblich sein soll?«

»Nein, es gibt keine geschriebenen oder auch nur mündlich überlieferten Regeln, an die man sich zu halten hätte. Gegen solche Formen wären viele von uns sehr skeptisch. Vielleicht muß man aber einschränkend sagen, daß es Regeln gibt, die in Wirklichkeit befolgt werden, obwohl niemand sie verlangt. So wird zum Beispiel nicht geraucht und nur selten Alkohol getrunken, die Kleidung ist nach dem Geschmack unserer Eltern zu einfach und nachlässig, und ich kann mir auch nicht denken, daß irgendeiner von uns sich für Nachtleben und Nachtlokale interessierte, aber es gibt da keinerlei Prinzipien.«

»Was geschieht denn, wenn einer diese so unsichtbaren Regeln doch übertritt?«

»Ich weiß nicht, vielleicht würde er einfach ausgelacht. Aber es geschieht eben nicht.«

»Ist es nicht unheimlich, ja vielleicht auch großartig«, sagte Bohr, »daß die alten Bilder eine solche Kraft besitzen, daß sie noch nach Jahrhunderten das Leben der Menschen gestalten, ohne alle geschriebenen Regeln und allen äußeren Zwang? Die beiden ersten Regeln des Mönchsgelübdes, über die wir gestern gesprochen haben, wird man schon gelten lassen. Sie laufen ja in unserer Zeit einfach auf Bescheidenheit und auf Bereitschaft zu einem etwas härteren, enthaltsameren Leben hinaus. Aber ich hoffe, daß die dritte Regel, der Gehorsam, nicht allzu früh eine Rolle spielen wird; denn dann könnten große politische Gefahren entstehen. Sie wissen, daß ich die Isländer Egil und Nial noch höher schätze als die preußischen Ordensmeister.

Aber Sie haben mir erzählt, daß Sie den Bürgerkrieg in München miterlebt haben. Dann müssen Sie sich doch auch Gedanken über die allgemeinen Fragen der staatlichen Gemeinschaft gemacht haben. Wie verbindet sich Ihre Stellung zu den damals gestellten politischen Problemen mit Ihrem Leben in der Jugendbewegung?«

»Im Bürgerkrieg stand ich«, so antwortete ich, »auf seiten der Regierungstruppen, da mir die Kämpfe sinnlos vorkamen, und ich hoffte, daß sie so schneller zum Ende kämen. Aber ich hatte gerade gegenüber unseren damaligen Gegnern ein sehr schlechtes Gewissen. Die einfachen Menschen, gerade auch in der Arbeiterschaft, hatten ja im Kriege mit dem gleichen vollen Einsatz für den Sieg gekämpft wie alle anderen, sie hatten die gleichen Opfer gebracht wie alle; ihre Kritik an der damaligen Führungsschicht war durchaus berechtigt, denn die Führung hatte dem deutschen Volk offenbar ein unlösbares Problem gestellt. Daher schien es mir wichtig, nach dem Ende des Bürgerkrieges möglichst schnell in freundschaftlichen Kontakt zur Arbeiterschaft und zu den einfachen Menschen zu kommen. Das war ein Gedanke, der auch von weiten Kreisen der Jugendbewegung aufgegriffen wurde. Wir haben zum Beispiel damals vor vier Jahren mitgeholfen, in München Volkshochschulkurse einzurichten, und ich war unverschämt genug, nächtliche Führungen über Astronomie zu veranstalten, bei denen ich einigen hundert Arbeitern mit ihren Frauen unter freiem Himmel die Sternbilder erklärte, über die Bewegungen der Planeten und ihre Entfernung erzählte und sie für die Struktur unseres Milchstraßensystems zu interessieren suchte. Ich habe auch einmal vor einem ähnlichen Kreis mit einer jungen Dame zusammen einen Kurs über die deutsche Oper abgehalten. Sie hat Arien gesungen, und ich habe sie auf dem Klavier begleitet, und sie hat dann etwas über die Geschichte und über den inneren Aufbau der Oper erzählt. Das war natürlich skrupelloser Dilettantismus; aber ich glaube, die Arbeiter haben unseren guten Willen bemerkt und hatten ebensoviel Freude an den Vorträgen wie wir selber. Damals haben sich auch viele junge Menschen in der Jugendbewegung dem Beruf des Volksschullehrers zugewandt, und ich bilde mir ein, daß jetzt unsere Volksschulen oft bessere Lehrer haben als die sogenannten höheren Schulen.

Im ganzen kann ich verstehen, daß man im Ausland die deutsche Jugendbewegung zu romantisch und idealistisch findet und daher Sorge hat, daß eine so große Aktivität auch in falsche politische Kanäle geleitet werden könnte. Aber ich habe da einstweilen keine Angst. Es ist doch mancher gute Anstoß von dieser Bewegung ausgegangen. Ich denke etwa an das neu geweckte Interesse für alte Musik, für Bach und für die Kirchen- und Volksmusik vor seiner Zeit, an die Bemühungen um ein neues schlichteres Kunsthandwerk, dessen Erträge nicht nur den Reichen zukommen sollen, und an die Versuche, durch Laienspielgruppen oder Laienmusikkreise auch im Volk die Freude an echter Kunst zu wecken.«

»Es ist gut, daß Sie so optimistisch sind«, meinte Bohr. »Man liest hin und wieder in den Zeitungen auch über düstere antisemitische Strömungen in Deutschland, die offenbar von Demagogen hochgetrieben werden. Haben Sie davon etwas bemerkt?«

»Ja, in München spielen solche Gruppen eine gewisse Rolle. Sie haben sich mit alten Offizieren verbündet, die die Niederlage im letzten Krieg noch nicht haben verwinden können. Aber wir nehmen diese Gruppen eigentlich nicht ganz ernst. Man kann doch mit dem reinen Ressentiment keine vernünftige Politik machen. Am schlimmsten finde ich, daß es auch gute Wissenschaftler gibt, die solchen Unsinn nachschwätzen.«

Ich erzählte nun mein Erlebnis auf der Naturforscher-Tagung in Leipzig, wo der Kampf gegen die Relativitätstheorie mit politischen Mitteln geführt worden war. Wir ahnten damals beide nicht, welche fürchterlichen Folgen aus den scheinbar unwichtigen politischen Verirrungen später entstehen sollten. Aber davon soll hier noch nicht die Rede sein. Bohrs Antwort bezog sich daher in gleicher Weise auf die unvernünftigen alten Offiziere und auf den Physiker, der sich nicht mit der Relativitätstheorie abfinden konnte. »Sehen Sie, an dieser Stelle empfinde ich wieder deutlich, daß die englische Haltung der preußischen an einigen Punkten überlegen ist. In England gehört es zu den höchsten Tugenden, gut verlieren zu können. Bei den Preußen ist es eine Schande zu unterliegen; bei ihnen ehrt es allerdings den Sieger, dem Unterlegenen gegenüber großmütig zu sein; das ist durchaus zu loben. Aber in England ehrt es den Unterlegenen, dem Sieger gegenüber großmütig zu sein, indem er, der Unterlegene, die Niederlage anerkennt und ohne jede Verbitterung trägt. Das ist wahrscheinlich schwerer als die Großmut des Siegers. Aber der Unterlegene, der sich zu dieser Haltung durchringen kann, erhebt sich damit schon beinahe wieder auf den Rang des Siegers. Er bleibt frei neben anderen Freien. Sie verstehen, daß ich schon wieder von den alten Wikingern rede. Sie finden das vielleicht auch zu romantisch, aber es ist mir mehr ernst, als Sie vielleicht denken.«

»Doch, ich habe durchaus verstanden, daß es ernst ist«, konnte ich nur noch bestätigen.

Mit solchen Gesprächen waren wir bis in die Gegend des Ferienortes Gilleleje gekommen, der an der Nordspitze der Insel Själland liegt, und wir wanderten über den Sandstrand, der im Sommer von Scharen vergnügter Badegäste bevölkert ist. An diesem kalten Tag aber waren wir die einzigen Besucher. Und da es nahe am Wasser hübsche flache Steine gab, übten wir uns darin, die Steine übers Wasser springen zu lassen oder auf alte Spankörbe oder Balken zu werfen, die in einiger Entfernung vom Ufer als Strandgut im Wasser trieben. Bohr erzählte dazu, er sei einmal kurz nach dem Kriege mit Kramers zusammen hier am Strand gewesen. Da hätten sie am Ufer, noch etwas unter Wasser, eine deutsche Mine liegen sehen, die offenbar unversehrt an den Strand getrieben und deren Zünder über der Wasseroberfläche deutlich zu erkennen war. Sie hätten versucht, den Zünder zu treffen, hätten aber nur einige Male die Mine erreicht, bis sie sich klar machten, daß sie ja vom Erfolg des Wurfes nie etwas erfahren würden; denn die Explosion hätte vorher ihrem Leben ein Ende gesetzt. Deshalb seien sie dann zu anderen Zielen übergegangen. Die Versuche, entfernte Gegenstände mit Steinen zu treffen, wurden auch auf unserer weiteren Wanderung gelegentlich fortgesetzt, und dabei ergab sich noch einmal die Gelegenheit, über die Kraft der Bilder zu sprechen. Einmal sah ich neben der Straße vor uns einen Telegraphenmast, der noch so weit entfernt war, daß ich nur mit äußerster Kraft werfend hoffen konnte, ihn überhaupt mit einem Stein zu erreichen. Entgegen allen Regeln der Wahrscheinlichkeit traf ich ihn beim ersten Wurf. Bohr wurde ganz nachdenklich und sagte dann: »Wenn man versuchen würde zu zielen, sich zu überlegen, wie man werfen, wie man den Arm bewegen muß, so hätte man natürlich nicht die geringste Aussicht zu treffen. Aber wenn man sich entgegen aller Vernunft einfach vorstellt, daß man treffen könnte, dann ist das etwas anderes, dann kann es offenbar doch geschehen.« Wir sprachen dann noch lange über die Bedeutung der Bilder und Vorstellungen in der Atomphysik, aber dieser Teil des Gesprächs soll hier nicht aufgezeichnet werden.

Die Nacht verbrachten wir in einem einsamen Wirtshaus am Waldrand im nordwestlichen Teil der Insel, und am nächsten Morgen zeigte mir Bohr noch sein Landhaus in Tisvilde, in dem später so viele Gespräche über Atomphysik geführt wurden. Aber um diese Jahreszeit war es noch nicht zum Besuch eingerichtet. Auf dem Rückweg nach Kopenhagen machten wir kurz in Hilleröd Station, um einen Blick auf das berühmte Schloß Frederiksborg zu werfen, einen festlichen Renaissancebau im niederländischen Stil, der umgeben von See und Park offenbar früher dem Jagdvergnügen des königlichen Hofes gedient hatte. Man konnte deutlich spüren, daß Bohrs Interesse an dem alten

Hamletschloß Kronborg größer war als hier an dem etwas spielerischen Bau einer auf das höfische Leben ausgerichteten Zeit. So wandte sich das Gespräch bald wieder der Atomphysik zu, die in der Folgezeit unser ganzes Denken, vielleicht sogar den wichtigsten Teil unseres Lebens erfüllen sollte.

# 5
# Die Quantenmechanik und ein Gespräch mit Einstein (1925–1926)

Die Entwicklung der Atomphysik erfolgte in jenen kritischen Jahren so, wie Niels Bohr es mir beim Spaziergang auf dem Hainberg vorhergesagt hatte. Die Schwierigkeiten und inneren Widersprüche, die einem Verständnis der Atome und ihrer Stabilität entgegenstanden, konnten nicht etwa gemildert oder beseitigt werden. Im Gegenteil, sie traten immer schärfer hervor. Jeder Versuch, sie mit den begrifflichen Mitteln der früheren Physik zu bewältigen, schien von vornherein zum Scheitern verurteilt.

Da war zum Beispiel die Entdeckung des Amerikaners Compton, nach der Licht (oder genauer: Röntgenstrahlung) bei der Streuung an Elektronen seine Schwingungszahl ändert. Dieses Ergebnis konnte erklärt werden, wenn man annahm, daß das Licht, wie Einstein es vorgeschlagen hatte, aus kleinen Korpuskeln oder Energiepaketen besteht, die sich mit großer Geschwindigkeit durch den Raum bewegen und gelegentlich, eben beim Vorgang der Streuung, mit einem Elektron zusammenstoßen. Andererseits gab es viele Experimente, aus denen hervorging, daß sich Licht von den Radiowellen gar nicht grundsätzlich, sondern nur durch die kürzere Wellenlänge unterscheidet, daß ein Lichtstrahl also ein Wellenvorgang, nicht etwa ein Strom von Teilchen sein muß. Sehr merkwürdig waren auch die Ergebnisse von Messungen, die der Holländer Ornstein vorgenommen hatte. Hier handelte es sich darum, die Intensitätsverhältnisse von Spektrallinien zu bestimmen, die in einem sogenannten Multiplett vereinigt sind. Diese Verhältnisse konnten mit Hilfe der Bohrschen Theorie abgeschätzt werden. Es stellte sich heraus, daß zwar die aus der Bohrschen Theorie gewonnenen Formeln zunächst unrichtig sind, daß man aber durch eine geringfügige Abänderung dieser Beziehungen zu neuen Formeln kommen konnte, die den Erfahrungen offenbar genau entsprachen. So lernte man, sich den Schwierigkeiten allmählich anzupassen. Man gewöhnte sich daran, daß die Begriffe und Bilder, die man aus der früheren Physik in den Bereich der Atome übertragen hatte, dort nur halb richtig und halb falsch sind; daß man für ihre Anwendung also keine allzu strengen

Maßstäbe anlegen darf. Andererseits konnte man unter geschickter Ausnutzung dieser Freiheit gelegentlich die richtige mathematische Formulierung der Einzelheiten einfach erraten.

In den Seminaren, die unter Leitung Max Borns im Sommersemester 1924 in Göttingen stattfanden, wurde daher schon von einer neuen Quantenmechanik gesprochen, die später an die Stelle der alten Newtonschen Mechanik treten sollte und von der einstweilen nur an einzelnen isolierten Stellen die Konturen zu erkennen waren. Auch im darauffolgenden Wintersemester, in dem ich wieder vorübergehend in Kopenhagen arbeitete und mich um den Ausbau einer Theorie bemühte, die Kramers von den sogenannten Dispersionserscheinungen entworfen hatte, konzentrierten sich unsere Anstrengungen darauf, die richtigen mathematischen Beziehungen zwar nicht abzuleiten, wohl aber aus der Ähnlichkeit zu den Formeln der klassischen Theorie zu erraten.

Wenn ich an den Zustand der Atomtheorie in jenen Monaten denke, so werde ich gleichzeitig immer an eine Wanderung erinnert, die ich wohl auch etwa im Spätherbst 1924 zusammen mit einigen Freunden aus der Jugendbewegung in den Bergen zwischen Kreuth und Achensee unternommen habe. Im Tal war damals das Wetter trüb gewesen, die Berge tief von Wolken verhangen; beim Aufstieg hatte sich der Nebel immer dichter um unseren enger werdenden Pfad geschlossen, und nach einiger Zeit waren wir in ein völlig unübersichtliches Gewirr von Felsen und Latschen geraten, in dem wir beim besten Willen keinen Weg mehr erkennen konnten. Wir versuchten trotzdem an Höhe zu gewinnen, allerdings mit etwas bangen Gefühlen, ob wir im Notfall wenigstens den Rückweg noch finden könnten. Aber mit dem weiteren Steigen ergab sich eine merkwürdige Veränderung. Der Nebel wurde stellenweise so dicht, daß wir die anderen aus dem Blickfeld verloren und uns nur noch durch Rufen verständigen konnten. Aber gleichzeitig wurde es über uns heller. Die Helligkeit fing an zu wechseln. Wir waren offenbar in ein Feld ziehender Nebelschwaden gelangt, und mit einem Mal konnten wir zwischen zwei dichteren Schwaden die helle, von der Sonne beleuchtete Kante einer hohen Felswand erkennen, deren Existenz wir nach unserer Karte schon vermutet hatten. Einige wenige Durchblicke dieser Art genügten, um uns ein klares Bild der Berglandschaft zu vermitteln, die wahrscheinlich vor uns und über uns lag; und nach weiteren zehn Minuten scharfen Anstiegs standen wir auf einer Sattelhöhe über dem Nebelmeer in der Sonne. Im Süden waren die Spitzen des Sonnwendgebirgs und dahinter die Schneegipfel der Zentralalpen in voller Klarheit zu erkennen, und über unseren weiteren Aufstiegsweg gab es keinerlei Zweifel.

In der Atomphysik waren wir im Winter 1924/25 offenbar schon in jenen Bereich gelangt, in dem zwar der Nebel oft undurchdringlich dicht war, in dem es aber sozusagen über uns schon heller wurde. Die Unterschiede der Helligkeit kündigten die Möglichkeit entscheidender Durchblicke an.

Als ich im Sommersemester 1925 wieder die Arbeit in Göttingen aufnahm – seit Juli 1924 war ich Privatdozent an der dortigen Universität –, begann ich meine wissenschaftliche Arbeit mit dem Versuch, die richtigen Formeln für die Intensitäten der Linien im Wasserstoffspektrum zu erraten, und zwar nach ähnlichen Methoden, wie sie sich in meiner Arbeit mit Kramers in Kopenhagen bewährt hatten. Dieser Versuch mißlang. Ich geriet in ein undurchdringliches Dickicht von komplizierten mathematischen Formeln, aus dem ich keinen Ausweg fand. Aber bei diesem Versuch befestigte sich in mir die Vorstellung, daß man gar nicht nach den Bahnen der Elektronen im Atom fragen dürfe, sondern daß die Gesamtheit der Schwingungsfrequenzen und der die Intensität der Linien bestimmenden Größen (der sogenannten Amplituden) als ein vollwertiger Ersatz der Bahnen gelten könnte. Jedenfalls konnte man diese Größen ja direkt beobachten. Es war also ganz im Sinne der Philosophie, die unser Freund Otto als Einsteins Standpunkt auf der Radtour an den Walchensee vertreten hatte, nur diese Größen als die Bestimmungsstücke des Atoms zu betrachten. Mein Versuch, einen solchen Plan beim Wasserstoffatom durchzuführen, war an der Kompliziertheit des Problems gescheitert. Daher suchte ich nach einem mathematisch einfacheren mechanischen System, bei dem ich vielleicht mit meinen Rechnungen durchkommen könnte. Als ein solches System bot sich das schwingende Pendel oder allgemeiner der sogenannte anharmonische Oszillator dar, der in der Atomphysik etwa als Modell von Schwingungen in Molekülen vorkommt. Meine Pläne wurden nun durch ein äußeres Hindernis mehr gefördert als gestört.

Ende Mai 1925 erkrankte ich so unangenehm an Heufieber, daß ich Born bitten mußte, mich für 14 Tage von meinen Pflichten zu entbinden. Ich wollte auf die Insel Helgoland reisen, um in der Seeluft, fern von blühenden Büschen und Wiesen, mein Heufieber auszukurieren. Bei der Ankunft in Helgoland muß ich mit meinem verschwollenen Gesicht einen recht kläglichen Eindruck gemacht haben; denn die Hauswirtin, bei der ich ein Zimmer mietete, meinte, ich hätte mich wohl am Abend vorher mit anderen geprügelt, sie wolle mich aber schon wieder in Ordnung bringen. Mein Zimmer lag im zweiten Stock ihres Hauses, das hoch oben am Südrand der Felseninsel einen herrlichen Blick auf die Unterstadt, die dahinter liegende Düne und das Meer gewährte. Wenn ich auf meinem Balkon saß, hatte ich oft Gelegenheit, an Bohrs Bemerkung zu denken, daß man beim Blick über das Meer einen Teil der Unendlichkeit zu ergreifen glaubt.

In Helgoland gab es außer den täglichen Spaziergängen auf dem Oberland und den Badeunternehmungen zur Düne keinen äußeren Anlaß, der mich von der Arbeit an meinem Problem abhalten konnte, und so kam ich schneller voran, als es mir in Göttingen möglich gewesen wäre. Einige Tage genügten, um den am Anfang in solchen Fällen immer auftretenden mathematischen Ballast abzuwerfen und eine einfache mathematische Formulierung meiner Frage zu finden. In einigen weiteren Tagen wurde mir klar, was in einer solchen Physik, in der nur die beobachtbaren Größen eine Rolle spielen sollten, an die Stelle der Bohr-Sommerfeldschen Quantenbedingungen zu treten hätte. Es war auch deutlich zu spüren, daß mit dieser Zusatzbedingung ein zentraler Punkt der Theorie formuliert war, daß von da ab keine weitere Freiheit mehr blieb. Dann aber bemerkte ich, daß es ja keine Gewähr dafür gäbe, daß das so entstehende mathematische Schema überhaupt widerspruchsfrei durchgeführt werden könnte. Insbesondere war es völlig ungewiß, ob in diesem Schema der Erhaltungssatz der Energie noch gelte, und ich durfte mir nicht verheimlichen, daß ohne den Energiesatz das ganze Schema wertlos wäre. Andererseits gab es in meinen Rechnungen inzwischen auch viele Hinweise darauf, daß die mir vorschwebende Mathematik wirklich widerspruchsfrei und konsistent entwickelt werden könnte, wenn man den Energiesatz in ihr nachweisen könnte. So konzentrierte sich meine Arbeit immer mehr auf die Frage nach der Gültigkeit des Energiesatzes, und eines Abends war ich soweit, daß ich daran gehen konnte, die einzelnen Terme in der Energietabelle, oder wie man es heute ausdrückt, in der Energiematrix, durch eine nach heutigen Maßstäben reichlich umständliche Rechnung zu bestimmen. Als sich bei den ersten Termen wirklich der Energiesatz bestätigte, geriet ich in eine gewisse Erregung, so daß ich bei den folgenden Rechnungen immer wieder Rechenfehler machte. Daher wurde es fast drei Uhr nachts, bis das endgültige Ergebnis der Rechnung vor mir lag. Der Energiesatz hatte sich in allen Gliedern als gültig erwiesen, und – da dies ja alles von selbst, sozusagen ohne jeden Zwang herausgekommen war – so konnte ich an der mathematischen Widerspruchsfreiheit und Geschlossenheit der damit angedeuteten Quantenmechanik nicht mehr zweifeln. Im ersten Augenblick war ich zutiefst erschrocken. Ich hatte das Gefühl, durch die Oberfläche der atomaren Erscheinungen hindurch auf einen tief darunter liegenden Grund von merkwürdiger innerer Schönheit zu schauen, und es wurde mir fast schwindlig bei dem Gedanken, daß ich nun dieser Fülle von mathematischen Strukturen nachgehen sollte, die die Natur dort unten vor mir ausgebreitet hatte. Ich war so erregt, daß ich an Schlaf nicht denken konnte. So verließ ich in der schon beginnenden Morgendämmerung das Haus und ging an die Südspitze des Oberlandes, wo ein alleinstehender, ins Meer vorspringender Felsturm mir immer schon die Lust zu Kletterversuchen geweckt hatte. Es gelang mir ohne größere Schwierigkeit, den Turm zu besteigen, und ich erwartete auf seiner Spitze den Sonnenaufgang.

Was ich in der Nacht von Helgoland gesehen hatte, war nun freilich nicht viel mehr als jene sonnenbeschienene Felskante in den Achenseer Bergen. Aber der sonst so kritische Wolfgang Pauli, dem ich von meinen Ergebnissen berichtete, ermutigte mich, in der eingeschlagenen Richtung weiterzugehen. In Göttingen nahmen sich Born und Jordan der neuen Möglichkeit an. Der junge Engländer Dirac in Cambridge entwickelte eigene mathematische Methoden zur Lösung der hier gestellten Probleme, und schon nach wenigen Monaten war durch die konzentrierte Arbeit dieser Physiker ein geschlossenes, zusammenhängendes mathematisches Gebäude errichtet, von dem man hoffen konnte, daß es zu den vielfältigen Erfahrungen in der Atomphysik wirklich paßte. Von der äußerst intensiven Arbeit, die uns in der Folgezeit für eine Reihe von Monaten in Atem hielt, soll hier nicht berichtet werden. Wohl aber von einem Gespräch mit Einstein, das einem Vortrag über die neue Quantenmechanik in Berlin folgte.

Die Universität Berlin galt damals als die Hochburg der Physik in Deutschland. Hier wirkten Planck, Einstein, von Laue und Nernst. Hier hatte Planck die Quantentheorie entdeckt und Rubens sie durch seine Messungen der Wärmestrahlung bestätigt, und hier hatte Einstein im Jahre 1916 die allgemeine Relativitätstheorie und die Theorie der Gravitation formuliert. Im Zentrum des wissenschaftlichen Lebens stand das physikalische Kolloquium, das wohl noch auf eine Tradition aus der Zeit von Helmholtz zurückging und zu dem die Professoren der Physik meist vollzählig erschienen. Im Frühjahr 1926 wurde ich eingeladen, im Rahmen dieses Kolloquiums über die neu entstandene Quantenmechanik zu berichten. Da ich die Träger der berühmten Namen nun zum ersten Mal persönlich kennenlernen konnte, gab ich mir große Mühe, die für die damalige Physik so ungewohnten Begriffe und mathematischen Grundlagen der neuen Theorie möglichst klar darzustellen, und es gelang mir, besonders Einsteins Interesse zu wecken. Einstein bat mich nach dem Kolloquium, ihn in seine Wohnung zu begleiten, damit wir über die neuen Gedanken ausführlich diskutieren könnten.

Auf dem Weg dorthin erkundigte er sich nach meinem Studiengang und meinen bisherigen Interessen in der Physik. Als wir aber in der Wohnung angekommen waren, eröffnete er das Gespräch sofort mit einer Frage, die auf die philosophischen Voraussetzungen meiner Versuche zielte: »Was Sie uns da erzählt haben, klingt ja sehr ungewöhnlich. Sie nehmen an, daß es Elektronen im Atom gibt, und darin werden Sie sicher recht haben. Aber die Bahnen der Elektronen im Atom, die wollen Sie ganz abschaffen, obwohl man doch die Bahnen der Elektronen in einer Nebelkammer unmittelbar sehen kann. Können Sie mir die Gründe für diese merkwürdigen Annahmen etwas genauer erklären.«

»Die Bahnen der Elektronen im Atom kann man nicht beobachten«, habe ich wohl erwidert, »aber aus der Strahlung, die von einem Atom bei einem Entladungsvorgang ausgesandt wird, kann man doch unmittelbar auf die Schwingungsfrequenzen und die zugehörigen Amplituden der Elektronen im Atom schließen. Die Kenntnis der Gesamtheit der Schwingungszahlen und der Amplituden ist doch auch in der bisherigen Physik so etwas wie ein Ersatz für die Kenntnis der Elektronenbahnen. Da es aber doch vernünftig ist, in eine Theorie nur die Größen aufzunehmen, die beobachtet werden können, schien es mir naturgemäß, nur diese Gesamtheiten, sozusagen als Repräsentanten der Elektronenbahnen, einzuführen.«

»Aber Sie glauben doch nicht im Ernst«, entgegnete Einstein, »daß man in eine physikalische Theorie nur beobachtbare Größen aufnehmen kann.«

»Ich dachte«, fragte ich erstaunt, »daß gerade Sie diesen Gedanken zur Grundlage Ihrer Relativitätstheorie gemacht hätten? Sie hatten doch betont, daß man nicht von absoluter Zeit reden dürfe, da man diese absolute Zeit nicht beobachten kann. Nur die Angaben der Uhren, sei es im bewegten oder im ruhenden Bezugssystem, sind für die Bestimmung der Zeit maßgebend.«

»Vielleicht habe ich diese Art von Philosophie benützt«, antwortete Einstein, »aber sie ist trotzdem Unsinn. Oder ich kann vorsichtiger sagen, es mag heuristisch von Wert sein, sich daran zu erinnern, was man wirklich beobachtet. Aber vom prinzipiellen Standpunkt aus ist es ganz falsch, eine Theorie nur auf beobachtbare Größen gründen zu wollen. Denn es ist ja in Wirklichkeit genau umgekehrt. Erst die Theorie entscheidet darüber, was man beobachten kann. Sehen Sie, die Beobachtung ist ja im allgemeinen ein sehr komplizierter Prozeß. Der Vorgang, der beobachtet werden soll, ruft irgendwelche Geschehnisse in unserem Meßapparat hervor. Als Folge davon laufen dann in diesem Apparat weitere Vorgänge ab, die schließlich auf Umwegen den sinnlichen Eindruck und die Fixierung des Ergebnisses in unserem Bewußtsein bewirken. Auf diesem ganzen langen Weg vom Vorgang bis zur Fixierung in unserem Bewußtsein müssen wir wissen, wie die Natur funktioniert, müssen wir die Naturgesetze wenigstens praktisch kennen, wenn wir behaupten wollen, daß wir etwas beobachtet haben. Nur die Theorie, das heißt die Kenntnis der Naturgesetze, erlaubt uns also, aus dem sinnlichen Eindruck auf den zugrunde liegenden Vorgang zu schließen. Wenn man behauptet, daß man etwas beobachten kann, so müßte man also eigentlich genauer so sagen: Obwohl wir uns anschicken, neue Naturgesetze zu formulieren, die nicht mit den bisherigen übereinstimmen, vermuten wir doch, daß die bisherigen Naturgesetze auf dem Weg vom zu beobachtenden Vorgang bis zu unserem Bewußtsein so genau funktionieren, daß wir uns auf sie verlassen und daher von Beobachtungen reden dürfen. In der Relativitätstheorie wird zum Beispiel vorausgesetzt, daß auch im bewegten Bezugssystem die Lichtstrahlen, die von der Uhr zum Auge des Beobachters gehen, hinreichend genau so funktionieren, wie man das auch früher erwartet hätte. Und Sie nehmen mit Ihrer Theorie offenbar an, daß der ganze Mechanismus der Lichtstrahlung vom schwingenden Atom bis zum Spektralapparat oder bis zum Auge genauso funktioniert, wie man das immer schon vorausgesetzt hat, nämlich im wesentlichen nach den Gesetzen von Maxwell. Wenn das nicht mehr der Fall wäre, so könnten Sie die Größen, die Sie als beobachtbar bezeichnen, gar nicht mehr beobachten. Ihre Behauptung, daß Sie nur beobachtbare Größen einführen, ist also in Wirklichkeit eine Vermutung über eine Eigenschaft der Theorie, um deren Formulierung Sie sich bemühen. Sie vermuten, daß Ihre Theorie die bisherige Beschreibung der Strahlungsvorgänge in den Punkten, auf die es Ihnen hier ankommt, unangetastet läßt. Damit können Sie recht haben, aber das ist keineswegs sicher.«

Mir war diese Einstellung Einsteins sehr überraschend, obwohl mir seine Argumente einleuchteten, und ich fragte daher zurück: »Der Gedanke, daß eine Theorie eigentlich nur die Zusammenfassung der Beobachtungen unter dem Prinzip der Denkökonomie sei, soll doch von dem Physiker und Philosophen Mach stammen; und es wird immer wieder behauptet, daß Sie in der Relativitätstheorie eben von diesem Gedanken Machs entscheidend Gebrauch gemacht hätten. Was Sie jetzt eben gesagt haben, scheint mir aber genau in die entgegengesetzte Richtung zu gehen. Was soll ich nun eigentlich glauben, oder richtiger, was glauben denn Sie selbst in diesem Punkt?«

»Das ist eine sehr lange Geschichte, aber wir können ja ausführlich darüber reden. Dieser Begriff der Denkökonomie bei Mach enthält wahrscheinlich schon einen Teil Wahrheit, aber er ist mir etwas zu banal. Ich will zunächst ein paar Argumente für Mach anführen. Unser Umgang mit der Welt vollzieht sich doch offenbar über unsere Sinne. Schon wenn wir als kleine Kinder sprechen und denken lernen, so geschieht das, indem wir die Möglichkeit erkennen, sehr komplizierte, aber irgendwie zusammengehörige Sinneseindrücke durch ein Wort zu bezeichnen, etwa durch das Wort ›Ball‹. Wir lernen es von den Erwachsenen und empfinden dabei die Befriedigung, uns verständigen zu können. Man kann also sagen, daß die Bildung des Wortes und damit des Begriffes ›Ball‹ ein Akt der Denkökonomie sei, indem sie uns erlaubt, recht komplizierte Sinneseindrücke einfach zusammenzufassen. Mach geht dabei gar nicht auf die Frage ein, welche geistigen und körperlichen Voraussetzungen beim Menschen – hier beim kleinen Kinde – gegeben sein müssen, damit der Prozeß der Verständigung eingeleitet werden kann. Bei den Tieren funktioniert er bekanntlich sehr viel schlechter. Aber davon brauchen wir nicht zu sprechen. Mach meint nun weiter, daß die Bildung naturwissenschaftlicher Theorien – eventuell sehr komplizierter Theorien – sich grundsätzlich in ähnlicher Weise vollzieht. Wir versuchen, die Phänomene einheitlich zu ordnen, sie in irgendeiner Weise auf Einfaches zurückzuführen, bis wir mit Hilfe einiger weniger Begriffe eine vielleicht sehr reichhaltige Gruppe von Erscheinungen verstehen können; und ›verstehen‹ heißt dann wohl nichts anderes, als sie eben mit diesen einfachen Begriffen in ihrer Vielfalt ergreifen zu können. Das klingt nun alles recht plausibel, aber man muß doch fragen, wie dieses Prinzip der Denkökonomie hier eigentlich gemeint ist. Handelt es sich um eine psychologische oder um eine logische Ökonomie, oder anders gefragt, handelt es sich um die subjektive oder um die objektive Seite der Erscheinung. Wenn das Kind den Begriff ›Ball‹ bildet, wird damit nur psychologisch eine Vereinfachung erreicht, indem die komplizierten Sinneseindrücke durch diesen Begriff zusammengefaßt werden, oder gibt es den Ball wirklich? Mach würde wahrscheinlich antworten, ›der Satz, es gibt den Ball wirklich, beinhaltet ja gar nicht mehr als die Behauptung der einfach zusammenfaßbaren Sinneseindrücke‹, Aber da hat Mach unrecht. Denn erstens enthält der Satz ›es gibt den Ball wirklich‹ ja auch eine Menge von Aussagen über mögliche Sinneseindrücke, die vielleicht in der Zukunft eintreten werden. Das Mögliche, das zu Erwartende, ist ein wichtiger Bestandteil unserer Wirklichkeit, der nicht neben dem Faktischen einfach vergessen werden darf. Und zweitens muß man bedenken, daß der Schluß von den Sinneseindrücken auf die Vorstellungen und Dinge zu den Grundvoraussetzungen unseres Denkens gehört; daß wir also dann, wenn wir nur von den Sinneseindrücken reden wollten, uns unserer Sprache und unseres Denkens berauben müßten. In anderen Worten, die Tatsache, daß es die Welt wirklich gibt, daß unseren Sinneseindrücken etwas Objektives zugrunde liegt, kommt bei Mach etwas zu kurz. Ich will damit nicht einem naiven Realismus das Wort reden; ich weiß schon, daß es sich hier um sehr schwierige Fragen handelt, aber ich empfinde den Machschen Begriff der Beobachtung eben auch als etwas zu naiv. Mach tut so, als wisse man schon, was das Wort ›beobachten‹ bedeutet; und da er glaubt, sich an dieser Stelle um die Entscheidung ›objektiv oder subjektiv‹ drücken zu können, erhält sein Begriff der Einfachheit einen so verdächtig kommerziellen Charakter: Denkökonomie. Dieser Begriff hat eine viel zu subjektive Färbung. In Wirklichkeit ist die Einfachheit der Naturgesetze auch ein objektives Faktum, und es käme darauf an, in einer richtigen Begriffsbildung die subjektive und die objektive Seite der Einfachheit ins richtige Gleichgewicht zu setzen. Das ist halt sehr schwer. Aber kehren wir lieber wieder zum Gegenstand Ihres Vortrages zurück. Ich habe den Verdacht, daß Sie gerade an der Stelle, von der wir eben gesprochen haben, in Ihrer Theorie später noch Schwierigkeiten bekommen werden. Ich will das genauer begründen. Sie tun so, als könnten Sie auf der Seite der Beobachtung alles so lassen wie bisher, das heißt, als könnten Sie einfach in der bisherigen Sprache über das reden, was die Physiker beobachten. Dann müssen Sie aber auch sagen: In der Nebelkammer beobachten wir die Bahn des Elektrons durch die Kammer. Im Atom aber soll es nach Ihrer Ansicht keine Bahnen des Elektrons mehr geben. Das ist doch offenbar Unsinn. Einfach durch Verkleinerung des Raumes, in dem das Elektron sich bewegt, kann doch der Bahnbegriff nicht außer Kraft gesetzt werden.«

Ich mußte nun versuchen, die neue Quantenmechanik zu verteidigen. »Einstweilen wissen wir noch gar nicht, in welcher Sprache wir über das Geschehen im Atom reden können. Wir haben zwar eine mathematische Sprache, das heißt ein mathematisches Schema, mit Hilfe dessen wir die stationären Zustände des Atoms oder die Übergangswahrscheinlichkeiten von einem Zustand zu einem anderen ausrechnen können. Aber wir wissen noch nicht – wenigstens noch nicht allgemein – wie diese Sprache mit der gewöhnlichen Sprache zusammenhängt. Natürlich braucht man diesen Zusammenhang, um die Theorie überhaupt auf Experimente anwenden zu können. Denn über die Experimente reden wir ja immer in der gewöhnlichen Sprache, das heißt in der bisherigen Sprache der klassischen Physik. Ich kann also nicht behaupten, daß wir die Quantenmechanik schon verstanden hätten. Ich vermute, daß das mathematische Schema schon in Ordnung ist, aber der Zusammenhang mit der gewöhnlichen Sprache ist noch nicht hergestellt. Erst wenn das einmal gelungen ist, wird man hoffen können, auch über die Bahn des Elektrons in der Nebelkammer so zu sprechen, daß keine inneren Widersprüche auftreten. Für eine Auflösung Ihrer Schwierigkeit ist es wohl einfach noch zu früh.«

»Gut, das will ich gelten lassen«, meinte Einstein, »wir werden uns ja in einigen Jahren noch einmal darüber unterhalten können. Aber vielleicht sollte ich im Zusammenhang mit Ihrem Vortrag noch eine andere Frage stellen. Die Quantentheorie hat ja zwei sehr verschiedene Seiten. Einerseits sorgt sie, wie besonders Bohr immer mit Recht betont, für die Stabilität der Atome; sie läßt die gleichen Formen immer wieder neu entstehen. Andererseits beschreibt sie ein merkwürdiges Element von Diskontinuität, von Unstetigkeit in der Natur, das wir zum Beispiel sehr augenfällig erkennen, wenn wir im Dunkeln auf einem Leuchtschirm die Lichtblitze beobachten, die von einem radioaktiven Präparat ausgehen. Diese beiden Seiten hängen natürlich zusammen. In Ihrer Quantenmechanik werden Sie von diesen beiden Seiten reden müssen, wenn Sie zum Beispiel über die Aussendung von Licht durch die Atome sprechen. Sie können die diskreten Energiewerte der stationären Zustände berechnen. Ihre Theorie kann also, so scheint es, Rechenschaft geben von der Stabilität gewisser Formen, die nicht stetig ineinander übergehen können, sondern die eben um endliche Beträge verschieden sind und die offenbar immer wieder gebildet werden können. Was geschieht aber bei der Aussendung von Licht? Sie wissen, daß ich die Vorstellung versucht habe, daß das Atom von einem stationären Energiewert zum anderen gewissermaßen plötzlich herunterfällt, indem es die Energiedifferenz als ein Energiepaket, ein sogenanntes Lichtquant, ausstrahlt. Das wäre ein besonders krasses Beispiel für jenes Element von Unstetigkeit. Glauben Sie, daß diese Vorstellung richtig ist? Können Sie den Übergang von einem stationären Zustand zu einem anderen irgendwie genauer beschreiben?«

In meiner Antwort mußte ich mich auf Bohr zurückziehen. »Ich glaube, von Bohr gelernt zu haben, daß man über einen solchen Übergang in den bisherigen Begriffen überhaupt nicht reden, daß man ihn jedenfalls nicht als einen Vorgang in Raum und Zeit beschreiben kann. Damit ist natürlich sehr wenig gesagt. Eigentlich nur dies, daß man eben nichts weiß. Ob ich die Lichtquanten glauben soll oder nicht, kann ich nicht entscheiden. Die Strahlung enthält ja offenbar dieses Element von Unstetigkeit, das Sie mit Ihren Lichtquanten darstellen. Andererseits aber auch ein deutliches Element von Kontinuität, das in den Interferenzerscheinungen zutage tritt und das man am einfachsten mit der Wellentheorie des Lichtes beschreibt. Aber Sie fragen natürlich mit Recht, ob man aus der neuen Quantenmechanik, die man ja auch noch nicht wirklich verstanden hat, etwas über diese schrecklich schwierigen Fragen lernen kann. Ich glaube, daß man es zum mindesten hoffen sollte. Ich könnte mir vorstellen, daß man zum Beispiel eine interessante Auskunft bekommen würde, wenn man ein Atom betrachtet, das im Energieaustausch mit anderen Atomen in der Umgebung oder mit dem Strahlungsfeld steht. Man könnte dann nach der

Schwankung der Energie im Atom fragen. Wenn sich die Energie unstetig ändert, so wie Sie es nach der Lichtquantenvorstellung erwarten, so wird die Schwankung, oder mathematisch genauer ausgedrückt, das mittlere Schwankungsquadrat größer sein, als wenn sich die Energie stetig ändert. Ich möchte glauben, daß aus der Quantenmechanik der größere Wert herauskommen wird, daß man das Element von Unstetigkeit also unmittelbar sieht. Andererseits müßte doch auch das Element von Stetigkeit zu erkennen sein, das im Interferenzversuch sichtbar wird. Vielleicht muß man sich den Übergang von einem stationären Zustand zu einem anderen so ähnlich vorstellen, wie in manchen Filmen den Übergang von einem Bild zum nächsten. Der Übergang vollzieht sich nicht plötzlich, sondern das eine Bild wird allmählich schwächer, das andere taucht langsam auf und wird stärker, so daß eine Zeitlang beide Bilder durcheinander gehen und man nicht weiß, was eigentlich gemeint ist. Vielleicht gibt es also einen Zwischenzustand, in dem man nicht weiß, ob das Atom im oberen oder im unteren Zustand ist.«

»Jetzt bewegen sich Ihre Gedanken aber in einer sehr gefährlichen Richtung«, warnte Einstein. »Sie sprechen nämlich auf einmal von dem, was man über die Natur weiß, und nicht mehr von dem, was die Natur wirklich tut. In der Naturwissenschaft kann es sich aber nur darum handeln, herauszubringen, was die Natur wirklich tut. Es könnte doch sehr wohl sein, daß Sie und ich über die Natur etwas Verschiedenes wissen. Aber wen soll das schon interessieren? Sie und mich vielleicht. Aber den anderen kann das doch völlig gleichgültig sein. Also, wenn Ihre Theorie richtig sein soll, so werden Sie mir eines Tages sagen müssen, was das Atom tut, wenn es von einem stationären Zustand durch Lichtaussendung zum anderen übergeht.«

»Vielleicht«, antwortete ich zögernd. »Aber es kommt mir so vor, als ob Sie die Sprache etwas zu hart verwendeten. Doch gebe ich zu, daß alles, was ich jetzt antworten könnte, den Charakter einer faulen Ausrede hat. Warten wir also ab, wie sich die Atomtheorie weiter entwickelt.«

Einstein schaute mich nun etwas kritisch an. »Warum glauben Sie eigentlich so fest an Ihre Theorie, wenn doch so viele und zentrale Fragen noch völlig ungeklärt sind?«

Sicher habe ich hier lange gebraucht, bis ich auf diese Frage Einsteins antworten konnte. Aber dann habe ich wohl etwa folgendes gesagt: »Ich glaube ebenso wie Sie, daß die Einfachheit der Naturgesetze einen objektiven Charakter hat, daß es sich nicht nur um Denkökonomie handelt. Wenn man durch die Natur auf mathematische Formen von großer Einfachheit und Schönheit geführt wird – mit Formen meine ich hier: geschlossene Systeme von grundlegenden Annahmen, Axiomen und dergleichen –, auf Formen, die bis dahin noch von niemandem ausgedacht worden sind, so kann man eben nicht umhin zu glauben, daß sie ›wahr‹ sind, das heißt daß sie einen echten Zug der Natur darstellen. Es mag sein, daß diese Formen auch von unserer Beziehung zur Natur handeln, daß es in ihnen auch ein Element von Denkökonomie gibt. Aber da man ja von selbst nie auf diese Formen gekommen wäre, da sie uns durch die Natur erst vorgeführt worden sind, gehören sie auch zur Wirklichkeit selbst, nicht nur zu unseren Gedanken über die Wirklichkeit. Sie können mir vorwerfen, daß ich hier ein ästhetisches Wahrheitskriterium verwende, indem ich von Einfachheit und Schönheit spreche. Aber ich muß zugeben, daß für mich von der Einfachheit und Schönheit des mathematischen Schemas, das uns hier von der Natur suggeriert worden ist, eine ganz große Überzeugungskraft ausgeht. Sie müssen das doch auch erlebt haben, daß man fast erschrickt vor der Einfachheit und Geschlossenheit der Zusammenhänge, die die Natur auf einmal vor einem ausbreitet und auf die man so gar nicht vorbereitet war. Das Gefühl, das einen bei einem solchen Anblick überkommt, ist doch völlig verschieden etwa von der Freude, die man empfindet, wenn man glaubt, ein Stück (physikalischer oder nichtphysikalischer) Handwerksarbeit besonders gut geleistet zu haben. Darum hoffe ich natürlich auch, daß sich die vorher besprochenen Schwierigkeiten noch irgendwie lösen werden. Die Einfachheit des mathematischen Schemas hat außerdem hier zur Folge, daß es möglich sein muß, sich viele Experimente auszudenken, bei denen man das Ergebnis mit großer Genauigkeit nach der Theorie vorausberechnen kann. Wenn die Experimente dann durchgeführt werden und das vorausgesagte Ergebnis liefern, so kann man doch kaum mehr daran zweifeln, daß die Theorie in diesem Gebiet die Natur richtig darstellt.«

»Die Kontrolle durch das Experiment«, meinte Einstein, »ist natürlich die triviale Voraussetzung für die Richtigkeit einer Theorie. Aber man kann ja nie alles nachprüfen. Daher interessiert mich das, was Sie über die Einfachheit gesagt haben, noch mehr. Aber ich würde nie behaupten wollen, daß ich wirklich verstanden hätte, was es mit der Einfachheit der Naturgesetze auf sich hat.«

Nachdem das Gespräch über die Wahrheitskriterien in der Physik noch eine Zeitlang weitergeführt worden war, verabschiedete ich mich und traf Einstein dann erst anderthalb Jahre später auf der Solvay-Konferenz in Brüssel, auf der die erkenntnistheoretischen und philosophischen Grundlagen der Theorie noch einmal den Gegenstand äußerst erregender Diskussionen bildeten.

# 6
## Aufbruch in das neue Land (1926-1927)

Wenn man fragt, worin eigentlich die große Leistung des Christoph Kolumbus bestanden habe, als er Amerika entdeckte, so wird man antworten müssen, daß es nicht die Idee war, die Kugelgestalt der Erde auszunützen, um auf der Westroute nach Indien zu reisen; diese Idee war schon von anderen erwogen worden. Auch nicht die sorgfältige Vorbereitung seiner Expedition, die fachmännische Ausrüstung der Schiffe, die auch von anderen hätte geleistet werden können. Sondern das schwerste an dieser Entdeckungsfahrt war sicher der Entschluß, alles bis dahin bekannte Land zu verlassen und so weit nach Westen zu segeln, daß mit den vorhandenen Vorräten eine Umkehr nicht mehr möglich war.

In ähnlicher Weise kann wirkliches Neuland in einer Wissenschaft wohl nur gewonnen werden, wenn man an einer entscheidenden Stelle bereit ist, den Grund zu verlassen, auf dem die bisherige Wissenschaft ruht, und gewissermaßen ins Leere zu springen. Einstein hatte in seiner Relativitätstheorie jenen Begriff der Gleichzeitigkeit aufgegeben, der zu den festen Grundlagen der früheren Physik gehört hatte, und es war eben dieser Verzicht auf den früheren Begriff der Gleichzeitigkeit, der von vielen, selbst bedeutenden Physikern und Philosophen nicht vollzogen werden konnte, der sie zu erbitterten Gegnern der Relativitätstheorie machte. Man kann vielleicht sagen, daß der Fortschritt der Wissenschaft von den an ihr Mitwirkenden im allgemeinen nur fordert, neue Gedankeninhalte aufzunehmen und zu verarbeiten; dazu sind die in der Wissenschaft Tätigen fast immer bereit. Wenn wirkliches Neuland betreten wird, kann es aber vorkommen, daß nicht nur neue Inhalte aufzunehmen sind, sondern daß sich die Struktur des Denkens ändern muß, wenn man das Neue verstehen will. Dazu sind offenbar viele nicht bereit oder nicht in der Lage. Wie schwer es sein kann, diesen entscheidenden Schritt zu tun, davon hatte ich auf der Naturforschertagung in Leipzig ja einen ersten starken Eindruck bekommen. So mußten wir darauf gefaßt sein, daß uns auch in der Quantentheorie der Atome die eigentliche Schwierigkeit noch bevorstünde.

In den ersten Monaten des Jahres 1926, etwa um die gleiche

Zeit, als ich meinen Vortrag in Berlin zu halten hatte, wurde uns Göttingern eine Arbeit des Wiener Physikers Schrödinger bekannt, der die Probleme der Atomtheorie von einer ganz neuen Seite her anpackte. Schon ein Jahr vorher hatte Louis de Broglie in Frankreich darauf aufmerksam gemacht, daß der merkwürdige Dualismus zwischen Wellenvorstellung und Teilchenvorstellung, der eine rationale Erklärung der Lichterscheinungen einstweilen unmöglich machte, auch bei der Materie, zum Beispiel bei den Elektronen, eine Rolle spielen könnte. Schrödinger entwickelte diesen Gedanken weiter und formulierte in einer Wellengleichung das Gesetz, nach dem sich die Materiewellen unter Einfluß eines elektromagnetischen Kraftfeldes fortpflanzen sollten. Nach dieser Vorstellung konnten die stationären Zustände einer Atomhülle den stehenden Schwingungen eines Systems, zum Beispiel einer schwingenden Saite, verglichen werden; wobei allerdings die Größen, die man sonst als Energien der stationären Zustände betrachtet hatte, hier als Frequenzen der stehenden Schwingungen erschienen. Die Resultate, die Schrödinger auf diese Weise erhielt, paßten sehr gut zu den Ergebnissen der neuen Quantenmechanik, und es gelang Schrödinger auch sehr bald nachzuweisen, daß seine Wellenmechanik mathematisch der Quantenmechanik äquivalent war, daß es sich also um zwei verschiedene mathematische Formulierungen des gleichen Sachverhalts handelte. Insofern waren wir über diese neue Entwicklung sehr glücklich, denn unser Vertrauen in die Richtigkeit des neuen mathematischen Formalismus wurde dadurch erheblich gestärkt; außerdem konnte man nach dem Schrödingerschen Verfahren viele Rechnungen durchführen, die in der Quantenmechanik außerordentlich kompliziert gewesen wären.

Die Schwierigkeiten begannen aber bei der physikalischen Interpretation des mathematischen Schemas. Schrödinger glaubte, daß er mit dieser Wendung von den Teilchen zu den Materiewellen schließlich die Paradoxien würde beseitigen können, die das Verständnis der Quantentheorie lange Zeit so hoffnungslos erschwert hatten. Die Materiewellen sollten also in ähnlichem Sinn anschauliche Vorgänge in Raum und Zeit sein, wie man es etwa von den elektromagnetischen Wellen oder den Schallwellen gewohnt war. Die so schwer verständlichen Unstetigkeiten wie »Quantensprünge« und dergleichen sollten aus der Theorie vollständig verschwinden. Ich konnte diese Deutung nicht glauben, da sie unseren Kopenhagener Vorstellungen total widersprach, und ich war beunruhigt zu sehen, daß viele Physiker gerade diese Deutung Schrödingers als Befreiung empfanden. In den vielen Gesprächen, die ich mit Niels Bohr, Wolfgang Pauli und vielen anderen im Lauf der Jahre geführt hatte, glaubten wir volle Klarheit darüber gewonnen zu haben, daß eine anschauliche raum-zeitliche Beschreibung der Vorgänge im Atom nicht möglich wäre. Denn das Element der Unstetigkeit, das Einstein in Berlin ja auch als einen besonders charakteristischen Zug der atomaren Erscheinungen bezeichnet hatte, konnte eine solche Beschreibung nicht zulassen. Freilich war das zunächst nur eine negative Feststellung, und von einer vollständigen physikalischen Deutung der Quantenmechanik waren wir noch weit entfernt. Aber wir glaubten doch, sicher zu sein, daß man von der Vorstellung objektiver, in Raum und Zeit ablaufender Vorgänge irgendwie loskommen müßte. Im Gegensatz dazu lief die Schrödingersche Deutung nun darauf hinaus – und das war die große Überraschung –, daß man die Existenz dieser Unstetigkeiten einfach leugnete. Es sollte nicht mehr wahr sein, daß das Atom beim Übergang von einem stationären Zustand zu einem anderen seine Energie plötzlich ändert und die abgegebene Energie in Form eines Einsteinschen Lichtquants ausstrahlt. Vielmehr sollte die Ausstrahlung so zustande kommen, daß bei einem solchen Vorgang zwei stehende Materieschwingungen gleichzeitig angeregt sind und die Interferenz dieser beiden Schwingungen zur Aussendung von elektromagnetischen Wellen, zum Beispiel Lichtwellen, Anlaß gibt. Diese Hypothese schien mir zu kühn, um wahr sein zu können, und ich sammelte alle Argumente, die bewiesen, daß die Unstetigkeiten doch ein echter Zug der Wirklichkeit seien. Das nächstliegende Argument war natürlich die Plancksche Strahlungsformel, an deren empirischer Richtigkeit man ja nicht mehr zweifeln konnte und die doch der Ausgangspunkt für Plancks These von den diskreten stationären Energiewerten gewesen war.

Gegen Ende des Sommersemesters 1926 wurde Schrödinger von Sommerfeld eingeladen, im Münchner Seminar über seine Theorie vorzutragen, und dabei ergab sich für mich die erste Gelegenheit zur Diskussion. Ich hatte in diesem Semester wieder in Kopenhagen gearbeitet und mir durch eine Untersuchung über das Heliumatom auch die Schrödingerschen Methoden angeeignet. In einem anschließenden Erholungsurlaub am Mjösasee in Norwegen hatte ich die Arbeit abgeschlossen und war dann, mit dem Manuskript im Rucksack, ganz allein vom

Gudbrandsdal über mehrere Bergketten hinweg auf ungebahnten Pfaden an den Sognefjord gewandert. Nach einem kurzen Zwischenaufenthalt in Kopenhagen war ich schließlich nach München gefahren, um einen Teil der Ferien bei meinen Eltern zu verbringen. So hatte ich Gelegenheit, Schrödingers Vortrag zu hören. Zu dem Seminar war auch der Leiter des Instituts für Experimentalphysik an der Universität München, Wilhelm Wien, erschienen, der sonst gegen die Sommerfeldsche »Atomystik« äußerst skeptisch eingestellt war.

Schrödinger setzte zunächst die mathematischen Prinzipien der Wellenmechanik am Wasserstoffatom auseinander, und wir alle waren begeistert darüber, daß man ein Problem, das Wolfgang Pauli mit den Methoden der Quantenmechanik nur in recht komplizierter Weise hatte lösen können, nun mit konventionellen mathematischen Methoden elegant und einfach erledigen konnte. Am Schluß aber sprach Schrödinger auch über seine Deutung der Wellenmechanik, die ich nicht glauben konnte. In der darauf folgenden Diskussion brachte ich meine Einwände vor; insbesondere wies ich darauf hin, daß man mit Schrödingers Auffassung nicht einmal das Plancksche Strahlungsgesetz würde verstehen können. Mit dieser Kritik hatte ich aber gar kein Glück. Wilhelm Wien antwortete recht scharf, daß er zwar mein Bedauern darüber verstünde, daß es nun mit der Quantenmechanik zu Ende sei und daß man von all dem Unsinn wie Quantensprüngen und dergleichen nicht mehr zu reden brauche; aber die von mir erwähnten Schwierigkeiten würden zweifellos von Schrödinger in kürzester Frist gelöst werden. Schrödinger war nicht ganz so sicher in seiner Antwort, aber auch er blieb überzeugt, daß es nur eine Frage der Zeit sei, wann man die von mir aufgeworfenen Probleme in seinem Sinne bereinigen könnte. Mit meinen Argumenten konnte ich auf niemanden mehr Eindruck machen. Selbst Sommerfeld, der mir wohlwollte, konnte sich der Überzeugungskraft der Schrödingerschen Mathematik nicht entziehen.

So zog ich etwas betrübt nach Hause, und es mag sein, daß ich noch am selben Abend einen Brief an Niels Bohr geschrieben habe, um ihm über den unglücklichen Ausgang der Diskussion zu berichten. Vielleicht war es die Folge dieses Briefs, daß Bohr eine Einladung an Schrödinger schickte, im September für ein bis zwei Wochen nach Kopenhagen zu kommen, um die Deutung der Quanten- oder Wellenmechanik in allen Einzelheiten durchzusprechen. Schrödinger sagte zu, und natürlich fuhr auch ich nach Kopenhagen, um bei diesen wichtigen Auseinandersetzungen dabeizusein.

Die Diskussionen zwischen Bohr und Schrödinger begannen schon auf dem Bahnhof in Kopenhagen und wurden jeden Tag vom frühen Morgen bis spät in die Nacht hinein fortgesetzt. Schrödinger wohnte bei Bohrs im Hause, so daß es schon aus äußeren Gründen kaum eine Unterbrechung der Gespräche geben konnte. Und obwohl Bohr sonst im Umgang mit Menschen besonders rücksichtsvoll und liebenswürdig war, kam er mir hier beinahe wie ein unerbittlicher Fanatiker vor, der nicht bereit war, seinem Gesprächspartner auch nur einen Schritt entgegenzukommen oder auch nur die geringste Unklarheit zuzulassen. Es wird kaum möglich sein wiederzugeben, wie leidenschaftlich die Diskussionen von beiden Seiten geführt wurden, wie tief verwurzelt die Überzeugungen waren, die man gleichermaßen bei Bohr und Schrödinger hinter den ausgesprochenen Sätzen spüren konnte. So kann es sich im Folgenden nur um ein sehr blasses Abbild jener Gespräche handeln, in denen mit äußerster Kraft um die Deutung der neugewonnenen mathematischen Darstellung der Natur gerungen wurde.

Schrödinger: »Sie müssen doch verstehen, Bohr, daß die ganze Vorstellung der Quantensprünge notwendig zu Unsinn führt. Da wird behauptet, daß das Elektron im stationären Zustand eines Atoms zunächst in irgendeiner Bahn periodisch umläuft ohne zu strahlen. Es gibt keine Erklärung dafür, warum es nicht strahlen soll; nach der Maxwellschen Theorie müßte es doch strahlen. Dann soll das Elektron aus dieser Bahn in eine andere springen und dabei strahlen. Soll dieser Übergang allmählich erfolgen oder plötzlich? Wenn er allmählich erfolgt, so muß das Elektron doch allmählich seine Umlaufsfrequenz und seine Energie ändern. Es ist nicht zu verstehen, wie es dabei noch scharfe Frequenzen der Spektrallinien geben soll. Geschieht der Übergang aber plötzlich, sozusagen in einem Sprung, so kann man zwar unter Anwendung der Einsteinschen Vorstellungen von den Lichtquanten zur richtigen Schwingungszahl des Lichtes kommen, aber man muß dann fragen, wie sich das Elektron beim Sprung bewegt. Warum strahlt es dabei nicht ein kontinuierliches Spektrum aus, so wie die Theorie der elektromagnetischen Erscheinungen das fordern würde? Und durch welche Gesetze wird seine Bewegung beim Sprung bestimmt? Also die ganze Vorstellung von den Quantensprüngen muß einfach Unsinn sein.«

Bohr: »Ja, mit dem, was Sie sagen, haben Sie durchaus recht. Aber das beweist doch nicht, daß es keine Quantensprünge gibt. Es beweist nur, daß wir sie uns nicht vorstellen können, das heißt, daß die anschaulichen Begriffe, mit denen wir die Ereignisse des täglichen Lebens und die Experimente der bisherigen Physik beschreiben, nicht ausreichen, um auch die Vorgänge beim Quantensprung darzustellen. Das ist doch gar nicht so merkwürdig, wenn man bedenkt, daß die Vorgänge, um die es sich hier handelt, nicht Gegenstand der unmittelbaren Erfahrung sein können, daß wir sie nicht direkt erleben, also auch unsere Begriffe nicht danach ausrichten.«

Schrödinger: »Ich möchte mich nicht mit Ihnen in eine philosophische Diskussion über Begriffsbildung einlassen, das soll hinterher Sache der Philosophen sein; sondern ich möchte einfach wissen, was im Atom geschieht. Dabei ist es mir völlig gleichgültig, in welcher Sprache man darüber redet. Wenn es Elektronen im Atom gibt, die Teilchen sind, so wie wir uns das bisher vorgestellt haben, so müssen sie sich auch irgendwie bewegen. Es kommt mir im Augenblick nicht darauf an, diese Bewegung genau zu beschreiben; aber schließlich muß es doch einmal möglich sein herauszubringen, wie sie sich im stationären Zustand oder auch beim Übergang von einem Zustand zum anderen verhalten. Aber man sieht doch dem mathematischen Formalismus der Wellen- oder Quantenmechanik schon an, daß es auf diese Fragen keine vernünftige Antwort gibt. In dem Moment jedoch, in dem wir bereit sind, das Bild zu wechseln, also zu sagen, daß es keine Elektronen als Teilchen, wohl aber Elektronenwellen oder Materiewellen gibt, so sieht alles anders aus. Wir wundern uns dann nicht mehr über die scharfen Frequenzen der Schwingungen. Die Ausstrahlung von Licht wird genauso einfach verständlich wie die Aussendung von Radiowellen durch die Antenne des Senders, und die vorher unlösbar scheinenden Widersprüche verschwinden.«

Bohr: »Nein, das ist leider nicht richtig. Die Widersprüche verschwinden nicht, sondern sie werden nur an eine andere Stelle geschoben. Sie sprechen zum Beispiel von der Aussendung von Strahlung durch das Atom, oder allgemeiner, von der Wechselwirkung des Atoms mit dem umgebenden Strahlungsfeld, und Sie meinen, daß durch die Annahme, es gäbe Materiewellen, aber keine Quantensprünge, die Schwierigkeiten beseitigt würden. Aber denken Sie nur an das thermodynamische Gleichgewicht zwischen Atom und Strahlungsfeld, etwa an die

Einsteinsche Ableitung des Planckschen Strahlungsgesetzes. Für die Ableitung dieses Gesetzes ist es entscheidend, daß die Energie des Atoms diskrete Werte annimmt und sich gelegentlich unstetig ändert; diskrete Werte der Frequenzen von Eigenschwingungen helfen gar nichts. Sie können doch nicht im Ernst die ganzen Grundlagen der Quantentheorie in Frage stellen wollen.«

Schrödinger: »Ich behaupte natürlich nicht, daß diese Zusammenhänge schon voll verstanden wären. Aber Sie haben ja auch noch keine befriedigende physikalische Deutung der Quantenmechanik. Ich sehe nicht ein, warum man nicht hoffen darf, daß die Anwendung der Wärmelehre auf die Theorie der Materiewellen schließlich auch zu einer guten Erklärung der Planckschen Formel führen wird – die allerdings dann etwas anders aussehen wird als die bisherigen Erklärungen.«

Bohr: »Nein, das darf man nicht hoffen. Denn man weiß ja schon seit 25 Jahren, was die Plancksche Formel bedeutet. Und außerdem sehen wir doch die Unstetigkeiten, das Sprunghafte in den atomaren Erscheinungen ganz unmittelbar, etwa auf dem Szintillationsschirm oder in einer Nebelkammer. Wir sehen, daß plötzlich ein Lichtblitz auf dem Schirm erscheint oder daß plötzlich ein Elektron durch die Nebelkammer läuft. Sie können diese sprunghaften Ereignisse doch nicht einfach wegschieben und so tun, als ob es sie nicht gäbe.«

Schrödinger: »Wenn es doch bei dieser verdammten Quantenspringerei bleiben soll, so bedaure ich, mich überhaupt jemals mit der Quantentheorie abgegeben zu haben.«

Bohr: »Aber wir anderen sind Ihnen so dankbar dafür, daß Sie es getan haben, denn Ihre Wellenmechanik stellt doch in ihrer mathematischen Klarheit und Einfachheit einen riesigen Fortschritt gegenüber der bisherigen Form der Quantenmechanik dar.«

So ging die Diskussion über viele Stunden des Tages und der Nacht, ohne daß es zu einer Einigung gekommen wäre. Nach einigen Tagen wurde Schrödinger krank, vielleicht als Folge der enormen Anstrengung; er mußte mit einer fiebrigen Erkältung das Bett hüten. Frau Bohr pflegte ihn und brachte Tee und Kuchen, aber Niels Bohr saß auf der Bettkante und sprach auf Schrödinger ein: »Aber Sie müssen doch einsehen, daß ...« Zu einer echten Verständigung konnte es damals nicht kommen, weil ja keine der beiden Seiten eine vollständige, in sich geschlossene Deutung der Quantenmechanik anzubieten hatte.

Aber wir Kopenhagener fühlten uns gegen Ende des Besuchs doch sehr sicher, daß wir auf dem richtigen Weg wären. Wir erkannten allerdings gleichzeitig, wie schwierig es sein würde, auch die besten Physiker davon zu überzeugen, daß man hier auf eine raum-zeitliche Beschreibung der Atomvorgänge wirklich verzichten müsse.

In den folgenden Monaten bildete die physikalische Deutung der Quantenmechanik das zentrale Thema der Gespräche zwischen Bohr und mir. Ich wohnte damals im obersten Stockwerk des Institutsgebäudes in einer hübsch eingerichteten kleinen Dachwohnung mit schrägen Wänden, von der man auf die Bäume am Eingang des Fälledparks hinabschauen konnte. Bohr kam oft noch spät abends in mein Zimmer, und wir erörterten alle möglichen sogenannten Gedankenexperimente, um zu sehen, ob wir die Theorie wirklich schon vollständig verstanden hätten. Dabei stellte sich bald heraus, daß Bohr und ich die Lösung der Schwierigkeiten in etwas verschiedener Richtung suchten. Bohrs Bestrebungen gingen dahin, die beiden anschaulichen Vorstellungen, Teilchenbild und Wellenbild, gleichberechtigt nebeneinander stehen zu lassen, wobei er zu formulieren suchte, daß diese Vorstellungen sich zwar gegenseitig ausschlössen, daß aber doch beide erst zusammen eine vollständige Beschreibung des atomaren Geschehens ermöglichten. Mir war diese Art zu denken nicht angenehm. Ich wollte davon ausgehen, daß die Quantenmechanik in ihrer damals bekannten Form ja schon eine eindeutige physikalische Interpretation für einige in ihr vorkommende Größen vorschrieb – zum Beispiel für die Zeitmittelwerte von Energie, elektrischem Moment, Impuls, für Schwankungsmittelwerte usw. –, daß man also aller Wahrscheinlichkeit nach keinerlei Freiheit hinsichtlich der physikalischen Interpretation mehr hatte. Vielmehr müßte man die richtige allgemeine Interpretation durch sauberes logisches Schließen aus der schon vorliegenden spezielleren Interpretation ermitteln können. Daher war ich auch – sicher zu Unrecht – etwas unglücklich über eine an sich ausgezeichnete Arbeit Borns in Göttingen, in der er Stoßprozesse nach den Schrödingerschen Methoden behandelt und dabei die Hypothese aufgestellt hatte, daß das Quadrat der Schrödingerschen Wellenfunktion ein Maß für die Wahrscheinlichkeit sei, ein Elektron an der betreffenden Stelle zu finden. Ich hielt die Bornsche These zwar durchaus für richtig, aber es mißfiel mir, daß es so aussah, als habe hier noch eine gewisse Freiheit der Deutung bestanden. Ich war überzeugt, daß die Bornsche These bereits zwangsläufig aus der schon festgelegten Interpretation spezieller Größen in der Quantenmechanik folgte. Diese Überzeugung wurde noch bestärkt durch zwei sehr aufschlußreiche mathematische Untersuchungen von Dirac und Jordan.

Zum Glück kamen Bohr und ich bei unseren abendlichen Gesprächen doch meist für ein gegebenes physikalisches Experiment zu den gleichen Schlußfolgerungen, so daß wir hoffen konnten, daß unsere so verschiedenartigen Bestrebungen schließlich zum gleichen Ergebnis führen würden. Freilich konnten wir beide nicht verstehen, wie ein so einfaches Phänomen, wie etwa die Bahn eines Elektrons in der Nebelkammer, mit dem mathematischen Formalismus der Quanten- oder Wellenmechanik in Einklang gebracht werden könnte. In der Quantenmechanik kam der Bahnbegriff gar nicht vor, und in der Wellenmechanik konnte es zwar einen engen gerichteten Materiestrahl geben; der aber mußte sich allmählich über Raumgebiete ausbreiten, die sehr viel größer waren als der Durchmesser eines Elektrons. Die experimentelle Situation sah sicherlich anders aus. Da unsere Gespräche oft bis spät nach Mitternacht ausgedehnt wurden und trotz der über Monate fortgesetzten Anstrengungen nicht zu einem befriedigenden Ergebnis führten, gerieten wir in einen Zustand der Erschöpfung, der in Anbetracht der verschiedenen Denkrichtungen auch manchmal Spannungen hervorrief. Daher entschloß sich Bohr im Februar 1927, zu einem Skiurlaub nach Norwegen zu reisen, und ich war auch ganz froh darüber, nun in Kopenhagen einmal allein über diese hoffnungslos schwierigen Probleme nachdenken zu können. Ich konzentrierte meine Anstrengungen jetzt ganz auf die Frage, wie in der Quantenmechanik die Bahn eines Elektrons in der Nebelkammer mathematisch darzustellen sei. Als ich schon an einem der ersten Abende dabei auf ganz unüberwindliche Schwierigkeiten stieß, dämmerte es mir, daß wir vielleicht die Frage falsch gestellt hatten. Aber was konnte hier falsch sein? Die Bahn des Elektrons in der Nebelkammer gab es, man konnte sie beobachten. Das mathematische Schema der Quantenmechanik gab es auch, und es war viel zu überzeugend, um noch Änderungen zuzulassen. Also mußte man die Verbindung – entgegen allem äußeren Anschein – herstellen können. Es mag an jenem Abend gegen Mitternacht gewesen sein, als ich mich plötzlich auf mein Gespräch mit Einstein besann und mich an seine Äußerung erinnerte: »Erst die Theorie entscheidet darüber, was man beobachten kann.« Es war mir sofort klar, daß der Schlüssel zu der so lange verschlossenen Pforte an dieser Stelle gesucht werden müsse. Daher unternahm ich noch einen nächtlichen Spaziergang durch den Fälledpark, um mir die Konsequenzen der Einsteinschen Äußerung zu überlegen. Wir hatten ja immer leichthin gesagt: die Bahn des Elektrons in der Nebelkammer kann man beobachten. Aber vielleicht war das, was man wirklich beobachtet, weniger. Vielleicht konnte man nur eine diskrete Folge von ungenau bestimmten Orten des Elektrons wahrnehmen. Tatsächlich sieht man ja nur einzelne Wassertröpfchen in der Kammer, die sicher sehr viel ausgedehnter sind als ein Elektron. Die richtige Frage mußte also lauten: Kann man in der Quantenmechanik eine Situation darstellen, in der sich ein Elektron ungefähr – das heißt mit einer gewissen Ungenauigkeit – an einem gegebenen Ort befindet und dabei ungefähr – das heißt wieder mit einer gewissen Ungenauigkeit – eine vorgegebene Geschwindigkeit besitzt, und kann man diese Ungenauigkeiten so gering machen, daß man nicht in Schwierigkeiten mit dem Experiment gerät? Eine kurze Rechnung nach der Rückkehr ins Institut bestätigte, daß man solche Situationen mathematisch darstellen kann und daß für die Ungenauigkeiten jene Beziehungen gelten, die später als Unbestimmtheitsrelationen der Quantenmechanik bezeichnet worden sind. Das Produkt der Unbestimmtheiten für Ort und Bewegungsgröße (unter Bewegungsgröße versteht man das Produkt aus Masse und Geschwindigkeit) kann nicht kleiner als das Plancksche Wirkungsquantum sein. Damit war, so schien mir, die Verbindung zwischen den Beobachtungen in der Nebelkammer und der Mathematik der Quantenmechanik endlich hergestellt. Allerdings mußte man nun nachweisen, daß aus jedem beliebigen Experiment nur Situationen entstehen können, die jenen Unbestimmtheitsrelationen genügen. Aber das schien mir von vornherein plausibel, da ja die Vorgänge beim Experiment, bei der Beobachtung, selbst den Gesetzen der Quantenmechanik genügen müssen. Wenn man sie also hier voraussetzt, können aus dem Experiment kaum Situationen entstehen, die nicht in die Quantenmechanik passen. »Denn erst die Theorie entscheidet, was man beobachten kann.« Ich nahm mir vor, dies in den nächsten Tagen an einfachen Experimenten im einzelnen durchzurechnen.

Auch hier kam mir die Erinnerung an ein Gespräch zu Hilfe, das ich einmal mit einem Studienfreund in Göttingen, Burkhard

Drude, geführt hatte. Bei der Erörterung der Schwierigkeiten, die mit der Vorstellung von Elektronenbahnen im Atom verknüpft sind, hatte Burkhard Drude die prinzipielle Möglichkeit erwogen, ein Mikroskop von außerordentlich hohem Auflösungsvermögen zu konstruieren, in dem man die Bahn des Elektrons direkt sehen könnte. Ein solches Mikroskop könnte dann allerdings nicht mit sichtbarem Licht, aber vielleicht mit harter Gamma-Strahlung arbeiten. Im Prinzip hätte man die Bahn des Elektrons im Atom damit vielleicht photographisch aufnehmen können. Ich mußte also versuchen nachzuweisen, daß auch ein solches Mikroskop nicht gestatten würde, die durch die Unbestimmtheitsrelation gegebenen Grenzen zu überschreiten. Dieser Nachweis gelang und stärkte mein Vertrauen in die Geschlossenheit der neuen Interpretation. Nach einigen weiteren Rechnungen dieser Art faßte ich meine Ergebnisse in einem langen Brief an Wolfgang Pauli zusammen und erhielt von ihm aus Hamburg eine zustimmende Antwort, die mich sehr ermutigte.

Es gab dann noch einmal schwierige Diskussionen, als Niels Bohr von seinem Skiurlaub aus Norwegen zurückkam. Denn auch Bohr hatte seine eigenen Gedanken weiter verfolgt und wie in unseren Gesprächen versucht, den Dualismus zwischen Wellenbild und Teilchenbild zur Grundlage der Deutung zu machen. Im Mittelpunkt seiner Überlegungen stand der von ihm nun neugeprägte Begriff der Komplementarität, der eine Situation beschreiben sollte, in der wir ein und dasselbe Geschehen mit zwei verschiedenen Betrachtungsweisen erfassen können. Diese beiden Betrachtungsweisen schließen sich zwar gegenseitig aus, aber sie ergänzen sich auch, und erst durch das Nebeneinander der beiden widersprechenden Betrachtungsweisen wird der anschauliche Gehalt des Phänomens voll ausgeschöpft. Bohr hatte am Anfang einige Vorbehalte gegen die Unbestimmtheitsrelationen, die er wohl als einen zu speziellen Sonderfall der allgemeinen Situation der Komplementarität empfand. Aber wir erkannten doch bald – hilfreich unterstützt durch den schwedischen Physiker Oskar Klein, der damals auch in Kopenhagen arbeitete –, daß es keinen ernsthaften Unterschied zwischen den beiden Deutungen mehr gäbe, daß es also nur noch darauf ankäme, den voll verstandenen Sachverhalt so darzustellen, daß er trotz seiner Neuartigkeit auch der physikalischen Öffentlichkeit verständlich würde.

Die Auseinandersetzung mit der physikalischen Öffentlichkeit kam dann im Herbst 1927 auf zwei Veranstaltungen, einer allgemeinen Physikertagung in Como, auf der Bohr einen zusammenfassenden Vortrag über die neue Situation hielt, und dem sogenannten Solvay-Kongreß in Brüssel, zu dem nach den Gepflogenheiten der Solvay-Stiftung nur eine kleine Gruppe von Spezialisten eingeladen wurde, die über die Probleme der Quantentheorie eingehend diskutieren sollten. Wir wohnten alle im gleichen Hotel, und die schärfsten Diskussionen wurden nicht im Konferenzraum, sondern während der Mahlzeiten im Hotel geführt. Bohr und Einstein trugen die Hauptlast dieses Kampfes um die neue Deutung der Quantentheorie. Einstein war nicht bereit, den grundsätzlich statistischen Charakter der neuen Quantentheorie zu akzeptieren. Er hatte natürlich nichts dagegen, Wahrscheinlichkeitsaussagen dort zu machen, wo man das betreffende System nicht in allen Bestimmungsstücken genau kennt. Auf solchen Aussagen beruhte ja die frühere statistische Mechanik und die Wärmelehre. Einstein wollte aber nicht zulassen, daß es grundsätzlich unmöglich sein sollte, alle für eine vollständige Determinierung der Vorgänge notwendigen Bestimmungsstücke zu kennen. »Der liebe Gott würfelt nicht«, das war eine Wendung, die man in diesen Diskussionen oft von ihm hören konnte. Daher konnte Einstein sich nicht mit den Unbestimmtheitsrelationen abfinden, und er versuchte sich Experimente auszudenken, in denen diese Relationen nicht mehr gelten. Die Auseinandersetzungen begannen meist schon am frühen Morgen damit, daß Einstein uns zum Frühstück ein neues Gedankenexperiment erklärte, das nach seiner Ansicht die Unbestimmtheitsrelationen widerlegte. Wir begannen natürlich sofort mit der Analyse, und auf dem Weg zum Konferenzraum, auf dem ich Bohr und Einstein meist begleitete, wurde eine erste Klärung der Fragestellung und der Behauptung erreicht. Es wurden dann im Laufe des Tages viele Gespräche darüber geführt, und in der Regel war es am Abend so weit, daß Niels Bohr bei der gemeinsamen Mahlzeit Einstein beweisen konnte, daß auch das von ihm vorgeschlagene Experiment nicht zu einer Umgehung der Unbestimmtheitsrelationen führen könnte. Einstein war dann etwas beunruhigt, aber schon am nächsten Morgen hatte er beim Frühstück ein neues Gedankenexperiment bereit, komplizierter als das Vorhergehende, das nun die Ungültigkeit der Unbestimmtheitsrelationen wirklich demonstrieren sollte. Diesem Versuch ging es freilich am Abend nicht besser als dem ersten, und nachdem dieses Spiel einige Tage fortgesetzt worden war, sagte Einsteins Freund Paul

Ehrenfest, Physiker aus Leyden in Holland: »Einstein, ich schäme mich für dich; denn du argumentierst gegen die neue Quantentheorie jetzt genauso, wie deine Gegner gegen die Relativitätstheorie.« Aber auch diese freundschaftliche Mahnung konnte Einstein nicht überzeugen.

Wieder wurde mir klar, wie unendlich schwer es ist, die Vorstellungen aufzugeben, die bisher für uns die Grundlage des Denkens und der wissenschaftlichen Arbeit gebildet haben. Einstein hatte seine Lebensarbeit daran gesetzt, jene objektive Welt der physikalischen Vorgänge zu erforschen, die dort draußen in Raum und Zeit, unabhängig von uns, nach festen Gesetzen abläuft. Die mathematischen Symbole der theoretischen Physik sollten diese objektive Welt abbilden und damit Voraussagen über ihr zukünftiges Verhalten ermöglichen. Nun wurde behauptet, daß es, wenn man bis zu den Atomen hinabsteigt, eine solche objektive Welt in Raum und Zeit gar nicht gibt und daß die mathematischen Symbole der theoretischen Physik nur das Mögliche, nicht das Faktische, abbilden. Einstein war nicht bereit, sich – wie er es empfand – den Boden unter den Füßen wegziehen zu lassen. Auch später im Leben, als die Quantentheorie längst zu einem festen Bestandteil der Physik geworden war, hat Einstein seinen Standpunkt nicht ändern können. Er wollte die Quantentheorie zwar als eine vorübergehende, aber nicht als endgültige Klärung der atomaren Erscheinungen gelten lassen. »Gott würfelt nicht«, das war ein Grundsatz, der für Einstein unerschütterlich feststand, an dem er nicht rütteln lassen wollte. Bohr konnte darauf nur antworten: »Aber es kann doch nicht unsere Aufgabe sein, Gott vorzuschreiben, wie Er die Welt regieren soll.«

# 7
## Erste Gespräche über das Verhältnis von Naturwissenschaft und Religion (1927)

An einem der Abende, die wir anläßlich der Solvay-Konferenz gemeinsam im Hotel in Brüssel verbrachten, saßen noch einige der jüngeren Mitglieder des Kongresses zusammen in der Halle, darunter Wolfgang Pauli und ich. Etwas später kam auch Paul Dirac dazu. Einer hatte die Frage gestellt: »Einstein spricht so viel über den lieben Gott, was hat das zu bedeuten? Man kann sich doch eigentlich nicht vorstellen, daß ein Naturwissenschaftler wie Einstein eine starke Bindung an eine religiöse Tradition besitzt.« »Einstein wohl nicht, aber vielleicht Max Planck«, wurde geantwortet. »Es gibt doch Äußerungen von Planck über das Verhältnis von Religion und Naturwissenschaft, in denen er die Ansicht vertritt, daß es keinen Widerspruch zwischen beiden gebe, daß Religion und Naturwissenschaft sehr wohl miteinander vereinbar seien.« Ich wurde gefragt, was ich über Plancks Ansichten auf diesem Gebiet wisse und was ich darüber dächte. Ich hatte zwar erst ein paar Mal mit Planck selbst gesprochen, meist über Physik und nicht über allgemeinere Fragen, aber ich kannte verschiedene gute Freunde Plancks, die mir viel über ihn erzählt hatten; so glaubte ich mir ein Bild von seinen Auffassungen machen zu können.

»Ich vermute«, so mag ich geantwortet haben, »daß für Planck Religion und Naturwissenschaft deswegen vereinbar sind, weil sie, wie er voraussetzt, sich auf ganz verschiedene Bereiche der Wirklichkeit beziehen. Die Naturwissenschaft handelt von der objektiven materiellen Welt. Sie stellt uns vor die Aufgabe, richtige Aussagen über diese objektive Wirklichkeit zu machen und ihre Zusammenhänge zu verstehen. Die Religion aber handelt von der Welt der Werte. Hier wird von dem gesprochen, was sein soll, was wir tun sollen, nicht von dem was ist. In der Naturwissenschaft geht es um richtig oder falsch; in der Religion um gut oder böse, um wertvoll oder wertlos. Die Naturwissenschaft ist die Grundlage des technisch zweckmäßigen Handelns, die Religion die Grundlage der Ethik. Der Konflikt zwischen beiden Bereichen seit dem 18. Jahrhundert scheint dann nur auf dem Mißverständnis zu beruhen, das entsteht, wenn man die Bilder und Gleichnisse der Religion als naturwissenschaftliche

Behauptungen interpretiert, was natürlich unsinnig ist. Bei dieser Auffassung, die ich aus meinem Elternhaus gut kenne, werden die beiden Bereiche getrennt der objektiven und der subjektiven Seite der Welt zugeordnet. Die Naturwissenschaft ist gewissermaßen die Art, wie wir der objektiven Seite der Wirklichkeit gegenübertreten, wie wir uns mit ihr auseinandersetzen. Der religiöse Glaube ist umgekehrt der Ausdruck einer subjektiven Entscheidung, mit der wir für uns die Werte setzen, nach denen wir unser Handeln im Leben richten. Wir treffen diese Entscheidung zwar in der Regel in Übereinstimmung mit einer Gemeinschaft, zu der wir gehören, sei es Familie, Volk oder Kulturkreis. Die Entscheidung ist aufs stärkste durch Erziehung und Umwelt beeinflußt. Aber letzten Endes ist sie subjektiv und daher dem Kriterium ›richtig oder falsch‹ nicht ausgesetzt. Max Planck hat, wenn ich ihn recht verstehe, diese Freiheit ausgenützt und sich eindeutig für die christliche Tradition entschieden. Sein Denken und Handeln, gerade auch in den menschlichen Beziehungen, vollzieht sich ohne Vorbehalt im Rahmen dieser Tradition, und niemand wird ihm dabei den Respekt versagen können. So erscheinen die beiden Bereiche, die objektive und die subjektive Seite der Welt, bei ihm fein säuberlich getrennt – aber ich muß gestehen, daß mir bei dieser Trennung nicht wohl ist. Ich bezweifle, ob menschliche Gemeinschaften auf die Dauer mit dieser scharfen Spaltung zwischen Wissen und Glauben leben können.«

Wolfgang pflichtete dieser Sorge bei. »Nein«, meinte er, »das wird kaum gutgehen können. Zu der Zeit, in der die Religionen entstanden sind, hat natürlich das ganze Wissen, das der betreffenden Gemeinschaft zur Verfügung stand, auch in die geistige Form gepaßt, deren wichtigster Inhalt dann die Werte und die Ideen der betreffenden Religion waren. Diese geistige Form mußte, das war die Forderung, auch dem einfachsten Mann der Gemeinschaft irgendwie verständlich sein; selbst wenn die Gleichnisse und Bilder ihm nur ein unbestimmtes Gefühl dafür vermittelten, was mit den Werten und Ideen eigentlich gemeint sei. Der einfache Mann muß überzeugt sein, daß die geistige Form für das ganze Wissen der Gemeinschaft ausreicht, wenn er die Entscheidungen seines eigenen Lebens nach ihren Werten richten soll. Denn Glauben bedeutet für ihn ja nicht ›Für-richtig-Halten‹, sondern ›sich der Führung durch diese Werte anvertrauen‹. Daher entstehen große Gefahren, wenn das neue Wissen, das im Verlauf der Geschichte erworben wird, die alte geistige

Form zu sprengen droht. Die vollständige Trennung zwischen Wissen und Glauben ist sicher nur ein Notbehelf für sehr begrenzte Zeit. Im westlichen Kulturkreis zum Beispiel könnte in nicht zu ferner Zukunft der Zeitpunkt kommen, zu dem die Gleichnisse und Bilder der bisherigen Religion auch für das einfache Volk keine Überzeugungskraft mehr besitzen; dann wird, so fürchte ich, auch die bisherige Ethik in kürzester Frist zusammenbrechen, und es werden Dinge geschehen von einer Schrecklichkeit, von der wir uns jetzt noch gar keine Vorstellung machen können. Also mit der Planckschen Philosophie kann ich nicht viel anfangen, auch wenn sie logisch in Ordnung ist und auch, wenn ich die menschliche Haltung, die aus ihr hervorgeht, respektiere. Einsteins Auffassung liegt mir näher. Der liebe Gott, auf den er sich so gern beruft, hat irgendwie mit den unabänderlichen Naturgesetzen zu tun. Einstein hat ein Gefühl für die zentrale Ordnung der Dinge. Er spürt diese Ordnung in der Einfachheit der Naturgesetze. Man kann annehmen, daß er diese Einfachheit bei der Entdeckung der Relativitätstheorie stark und unmittelbar erlebt hat. Freilich ist von hier noch ein weiter Weg zu den Inhalten der Religion. Einstein ist wohl kaum an eine religiöse Tradition gebunden, und ich würde glauben, daß die Vorstellung eines persönlichen Gottes ihm ganz fremd ist. Aber es gibt für ihn keine Trennung zwischen Wissenschaft und Religion. Die zentrale Ordnung gehört für ihn zum subjektiven ebenso wie zum objektiven Bereich, und das scheint mir ein besserer Ausgangspunkt.«

»Ein Ausgangspunkt wofür?« wandte ich fragend ein. »Wenn man die Stellung zum großen Zusammenhang sozusagen als eine reine Privatsache ansieht, so wird man Einsteins Haltung zwar sehr gut verstehen können, aber dann geht von dieser Haltung doch gar nichts aus.«

Wolfgang: »Vielleicht doch. Die Entfaltung der Naturwissenschaft in den letzten zwei Jahrhunderten hat doch sicher das Denken der Menschen im ganzen verändert, auch über den christlichen Kulturkreis hinaus. So unwichtig ist es also nicht, was die Physiker denken. Und es war gerade die Enge dieses Ideals einer objektiven in Raum und Zeit nach dem Kausalgesetz ablaufenden Welt, die den Konflikt mit den geistigen Formen der verschiedenen Religionen heraufbeschworen hat. Wenn die Naturwissenschaft selbst diesen engen Rahmen sprengt – und sie hat das in der Relativitätstheorie getan und dürfte es in der Quantentheorie, über die wir jetzt so heftig diskutieren, noch viel mehr tun –, so sieht das Verhältnis zwischen der Naturwissenschaft und dem Inhalt, den die Religionen in ihren geistigen Formen zu ergreifen suchen, doch wieder anders aus. Vielleicht haben wir durch die Zusammenhänge, die wir in den letzten dreißig Jahren in der Naturwissenschaft dazugelernt haben, eine größere Weite des Denkens gewonnen. Der Begriff der Komplementarität zum Beispiel, den Niels Bohr jetzt bei der Deutung der Quantentheorie so sehr in den Vordergrund stellt, war ja in den Geisteswissenschaften, in der Philosophie keineswegs unbekannt, selbst wenn er nicht so ausdrücklich formuliert worden ist. Daß er in der exakten Naturwissenschaft auftritt, bedeutet aber doch eine entscheidende Veränderung. Denn erst durch ihn kann man verständlich machen, daß die Vorstellung eines materiellen Objektes, das von der Art, wie es beobachtet wird, ganz unabhängig ist, nur eine abstrakte Extrapolation darstellt, der nichts Wirkliches genau entspricht. In der asiatischen Philosophie und in den dortigen Religionen gibt es die dazu komplementäre Vorstellung vom reinen Subjekt des Erkennens, dem kein Objekt mehr gegenübersteht. Auch diese Vorstellung wird sich als eine abstrakte Extrapolation erweisen, der keine seelische oder geistige Wirklichkeit genau entspricht. Wir werden, wenn wir über die großen Zusammenhänge nachdenken, in Zukunft gezwungen sein, die – etwa durch Bohrs Komplementarität vorgezeichnete – Mitte einzuhalten. Eine Wissenschaft, die sich auf diese Art des Denkens eingestellt hat, wird nicht nur toleranter gegenüber den verschiedenen Formen der Religion sein, sie wird vielleicht, da sie das Ganze besser überschaut, zu der Welt der Werte mit beitragen können.«

Inzwischen hatte sich Paul Dirac zu uns gesetzt, der – damals kaum 25 Jahre alt – für Toleranz noch nicht viel übrig hatte. »Ich weiß nicht, warum wir hier über Religion reden«, warf er ein. »Wenn man ehrlich ist – und das muß man als Naturwissenschaftler doch vor allem sein –, muß man zugeben, daß in der Religion lauter falsche Behauptungen ausgesprochen werden, für die es in der Wirklichkeit keinerlei Rechtfertigung gibt. Schon der Begriff ›Gott‹ ist doch ein Produkt der menschlichen Phantasie. Man kann verstehen, daß primitive Völker, die der Übermacht der Naturkräfte mehr ausgesetzt waren als wir jetzt, aus Angst diese Kräfte personifiziert haben und so auf den Begriff der Gottheit gekommen sind. Aber in unserer Welt, in der wir die Naturzusammenhänge durchschauen, haben wir solche

Vorstellungen doch nicht mehr nötig. Ich kann nicht erkennen, daß die Annahme der Existenz eines allmächtigen Gottes uns irgendwie weiterhilft. Wohl aber kann ich einsehen, daß diese Annahme zu unsinnigen Fragestellungen führt, zum Beispiel zu der Frage, warum Gott Unglück und Ungerechtigkeit in unserer Welt, die Unterdrückung der Armen durch die Reichen und all das andere Schreckliche zugelassen hat, das er doch verhindern könnte. Wenn in unserer Zeit noch Religion gelehrt wird, so hat das doch offenbar nicht den Grund, daß diese Vorstellungen uns noch überzeugten, sondern es steckt der Wunsch dahinter, das Volk, die einfachen Menschen zu beschwichtigen. Ruhige Menschen sind einfacher zu regieren als unruhige und unzufriedene. Sie sind auch leichter auszunützen oder auszubeuten. Die Religion ist eine Art Opium, das man dem Volk gewährt, um es in glückliche Wunschträume zu wiegen und damit über die Ungerechtigkeit zu trösten, die ihm widerfährt. Daher kommt auch das Bündnis der beiden großen politischen Mächte Staat und Kirche so leicht zustande. Beide brauchen die Illusion, daß ein gütiger Gott, wenn nicht auf Erden, so doch im Himmel die belohnt, die sich nicht gegen die Ungerechtigkeit aufgelehnt, die ruhig und geduldig ihre Pflicht getan haben. Ehrlich zu sagen, daß dieser Gott nur ein Produkt der menschlichen Phantasie ist, muß natürlich als schlimmste Todsünde gelten.«

»Damit beurteilst du die Religion von ihrem politischen Mißbrauch her«, wandte ich ein, »und da man fast alles auf dieser Welt mißbrauchen kann – sicher auch die kommunistische Ideologie, von der du neulich gesprochen hast –, wird man mit einer solchen Beurteilung der Sache nicht gerecht. Schließlich wird es immer menschliche Gemeinschaften geben, und solche Gemeinschaften müssen auch eine gemeinsame Sprache finden, in der über Tod und Leben und über den großen Zusammenhang, unter dem sich das Leben der Gemeinschaft abspielt, gesprochen werden kann. Die geistigen Formen, die sich in der Geschichte bei diesem Suchen nach einer gemeinsamen Sprache entwickelt haben, müssen doch eine große Überzeugungskraft besessen haben, wenn so viele Menschen Jahrhunderte hindurch ihr Leben nach diesen Formen ausgerichtet haben. So leicht, wie du es jetzt sagst, läßt sich die Religion nicht abtun. Aber vielleicht besitzt für dich eine andere, etwa die alte chinesische Religion, eine größere Überzeugungskraft als eine, in der die Vorstellung eines persönlichen Gottes vorkommt.«

»Ich kann mit den religiösen Mythen grundsätzlich nichts anfangen«, antwortete Paul Dirac, »schon weil sich die Mythen der verschiedenen Religionen widersprechen. Es ist doch reiner Zufall, daß ich hier in Europa und nicht in Asien geboren bin, und davon kann doch nicht abhängen, was wahr ist, also auch nicht, was ich glauben soll. Ich kann doch nur glauben, was wahr ist. Wie ich handeln soll, kann ich rein mit der Vernunft aus der Situation erschließen, daß ich in einer Gemeinschaft mit anderen zusammenlebe, denen ich grundsätzlich die gleichen Rechte zu leben zubilligen muß, wie ich sie beanspruche. Ich muß mich also um einen fairen Ausgleich der Interessen bemühen, mehr wird nicht nötig sein; und all das Reden über Gottes Wille, über Sünde und Buße, über eine jenseitige Welt, an der wir unser Handeln orientieren müssen, dient doch nur zur Verschleierung der rauhen und nüchternen Wirklichkeit. Der Glaube an die Existenz eines Gottes begünstigt auch die Vorstellung, daß es ›gottgewollt‹ sei, sich unter die Macht eines Höheren zu beugen, und damit sollen wieder die gesellschaftlichen Strukturen verewigt werden, die in der Vergangenheit vielleicht naturgemäß waren, die aber nicht mehr in unsere heutige Welt passen. Schon das Reden von einem großen Zusammenhang und dergleichen ist mir im Grunde zuwider. Es ist doch im Leben wie in unserer Wissenschaft: Wir werden vor Schwierigkeiten gestellt, und wir müssen versuchen sie zu lösen. Und wir können immer nur eine Schwierigkeit, nie mehrere auf einmal lösen; von Zusammenhang zu reden ist also nachträglicher gedanklicher Überbau.«

So ging die Diskussion noch eine Zeitlang hin und her, und wir wunderten uns, daß Wolfgang sich nicht weiter beteiligte. Er hörte zu, manchmal mit etwas unzufriedenem Gesicht, manchmal auch maliziös lächelnd, aber er sagte nichts. Schließlich wurde er gefragt, was er dächte. Er schaute beinahe erstaunt auf und meinte dann: »Ja, ja, unser Freund Dirac hat eine Religion; und der Leitsatz dieser Religion lautet: ›Es gibt keinen Gott, und Dirac ist sein Prophet‹.« Wir alle lachten, auch Dirac, und damit war unser abendliches Gespräch in der Hotelhalle abgeschlossen.

Einige Zeit später, es mag wohl erst in Kopenhagen gewesen sein, erzählte ich Niels von unserem Gespräch. Niels nahm sofort das jüngste Mitglied unseres Kreises in Schutz. »Ich finde es wunderbar«, sagte er, »wie kompromißlos Paul Dirac zu dem steht, was sich klar in logischer Sprache ausdrücken läßt. Was sich überhaupt sagen läßt, so meint er, läßt sich auch klar sagen, und – um mit Wittgenstein zu reden – worüber man nicht sprechen kann, darüber muß man schweigen. Wenn Dirac mir eine neue Arbeit vorlegt, so ist das Manuskript so klar und ohne Korrekturen mit der Hand geschrieben, daß schon der Anblick ein ästhetischer Genuß ist; und wenn ich ihm dann doch vorschlage, diese oder jene Formulierung zu ändern, so ist er ganz unglücklich, und in den meisten Fällen ändert er nichts. Die Arbeit ist ja auch so oder so ganz ausgezeichnet. Neulich war ich mit Dirac in einer kleinen Kunstausstellung, in der eine italienische Landschaft von Manet hing, eine Szenerie am Meer in herrlichen graublauen Tönen. Im Vordergrund war ein Boot zu sehen, daneben im Wasser ein dunkelgrauer Punkt, dessen Begründung nicht leicht zu verstehen war. Dirac sagte dazu: ›Dieser Punkt ist nicht zulässig.‹ Das ist natürlich eine merkwürdige Art der Kunstbetrachtung. Aber er hat wohl recht. In einem guten Kunstwerk wie in einer guten wissenschaftlichen Arbeit muß jede Einzelheit eindeutig festgelegt sein, es kann nichts Zufälliges geben.

Trotzdem: Über Religion kann man wohl nicht so reden. Mir geht es zwar so wie Dirac, daß mir die Vorstellung eines persönlichen Gottes fremd ist. Aber man muß sich doch vor allem darüber klar sein, daß in der Religion die Sprache in einer ganz anderen Weise gebraucht wird als in der Wissenschaft. Die Sprache der Religion ist mit der Sprache der Dichtung näher verwandt als mit der Sprache der Wissenschaft. Man ist zwar zunächst geneigt zu denken, in der Wissenschaft handele es sich um Informationen über objektive Sachverhalte, in der Dichtung um das Erwecken subjektiver Gefühle. In der Religion ist objektive Wahrheit gemeint, also sollte sie den Wahrheitskriterien der Wissenschaft unterworfen sein. Aber mir scheint die ganze Einteilung in die objektive und die subjektive Seite der Welt hier viel zu gewaltsam. Wenn in den Religionen aller Zeiten in Bildern und Gleichnissen und Paradoxien gesprochen wird, so kann das kaum etwas anderes bedeuten, als daß es eben keine anderen Möglichkeiten gibt, die Wirklichkeit, die hier gemeint ist, zu ergreifen. Aber es heißt nicht, daß sie keine echte Wirklichkeit sei. Mit der Zerlegung dieser Wirklichkeit in eine objektive und eine subjektive Seite wird man nicht viel anfangen können.

Daher empfinde ich es als eine Befreiung unseres Denkens, daß wir aus der Entwicklung der Physik in den letzten Jahrzehnten gelernt haben, wie problematisch die Begriffe ›objektiv‹

und ›subjektiv‹ sind. Das hat ja schon mit der Relativitätstheorie angefangen. Früher galt die Aussage, daß zwei Ereignisse gleichzeitig seien, als eine objektive Feststellung, die durch die Sprache eindeutig weitergegeben werden könne und damit auch der Kontrolle durch jeden beliebigen Beobachter offen stehe. Heute wissen wir, daß der Begriff ›gleichzeitig‹ ein subjektives Element enthält, insofern, als zwei Ereignisse, die für einen ruhenden Beobachter als gleichzeitig gelten müssen, für einen bewegten Beobachter nicht notwendig gleichzeitig sind. Die relativistische Beschreibung ist aber doch insofern objektiv, als ja jeder Beobachter durch Umrechnung ermitteln kann, was der andere Beobachter wahrnehmen wird oder wahrgenommen hat. Immerhin, vom Ideal einer objektiven Beschreibung im Sinne der alten klassischen Physik hat man sich doch schon ein Stück weit entfernt.

In der Quantenmechanik wird die Abkehr von diesem Ideal noch viel radikaler vollzogen. Was wir mit einer objektivierenden Sprache im Sinne der früheren Physik übertragen können, das sind nur noch Aussagen über das Faktische. Etwa: Hier ist die photographische Platte geschwärzt, oder: Hier haben sich Nebeltröpfchen gebildet. Über die Atome wird dabei nicht geredet. Aber was sich aus dieser Feststellung für die Zukunft schließen läßt, hängt ab von der experimentellen Fragestellung, über die der Beobachter frei entscheidet. Es ist natürlich auch hier gleichgültig, ob der Beobachter ein Mensch, ein Tier oder ein Apparat ist. Aber die Prognose über das zukünftige Geschehen kann nicht ohne Bezugnahme auf den Beobachter oder das Beobachtungsmittel ausgesprochen werden. Insofern enthält in der heutigen Naturwissenschaft jeder physikalische Sachverhalt objektive und subjektive Züge. Die objektive Welt der Naturwissenschaft des vorigen Jahrhunderts war, wie wir jetzt wissen, ein idealer Grenzbegriff, aber nicht die Wirklichkeit. Es wird zwar bei jeder Auseinandersetzung mit der Wirklichkeit auch in Zukunft notwendig sein, die objektive und die subjektive Seite zu unterscheiden, einen Schnitt zwischen beiden Seiten zu machen. Aber die Lage des Schnittes kann von der Betrachtungsweise abhängen, sie kann bis zu einem gewissen Grad willkürlich gewählt werden. Daher scheint es mir auch durchaus begreiflich, daß über den Inhalt der Religion nicht in einer objektivierenden Sprache gesprochen werden kann. Die Tatsache, daß verschiedene Religionen diesen Inhalt in sehr verschiedenen geistigen Formen zu gestalten suchen, bedeutet dann keinen Einwand gegen den wirklichen Kern der Religion. Vielleicht wird man diese verschiedenen Formen als komplementäre Beschreibungsweisen auffassen sollen, die sich zwar gegenseitig ausschließen, die aber erst in ihrer Gesamtheit einen Eindruck von dem Reichtum vermitteln, der von der Beziehung der Menschen zu dem großen Zusammenhang ausgeht.«

»Wenn du die Sprache der Religion so ausdrücklich unterscheidest von der Sprache der Wissenschaft und der Sprache der Kunst«, setzte ich das Gespräch fort, »was bedeuten dann die oft so apodiktisch ausgesprochenen Sätze wie ›es gibt einen lebendigen Gott‹, oder ›es gibt eine unsterbliche Seele‹? Was heißt das Wort ›es gibt‹ in dieser Sprache? Wir wissen ja, daß sich die Kritik der Wissenschaft, auch Diracs Kritik, gerade gegen solche Formulierungen richtet. Würdest du, um zunächst nur die erkenntnistheoretische Seite des Problems zu betrachten, folgenden Vergleich zulassen:

In der Mathematik rechnen wir bekanntlich mit der imaginären Einheit, mit der Quadratwurzel aus $\sqrt{-1}$, geschrieben $\sqrt{-1}$, für die wir den Buchstaben $i$ einführen. Wir wissen, daß es diese Zahl $i$ unter den natürlichen Zahlen nicht gibt. Trotzdem beruhen wichtige Zweige der Mathematik, zum Beispiel die ganze analytische Funktionstheorie auf der Einführung dieser imaginären Einheit, das heißt darauf, daß es $\sqrt{-1}$ nachträglich doch gibt. Würdest du wohl zustimmen, wenn ich sage, der Satz ›es gibt $\sqrt{-1}$‹ bedeutet nichts anderes als ›es gibt wichtige mathematische Zusammenhänge, die man am einfachsten durch die Einführung des Begriffs $\sqrt{-1}$ darstellen kann‹. Die Zusammenhänge bestehen aber auch ohne diese Einführung. Daher kann man diese Art von Mathematik ja auch sehr gut in Naturwissenschaft und Technik praktisch anwenden. Entscheidend ist zum Beispiel in der Funktionentheorie die Existenz wichtiger mathematischer Gesetzmäßigkeiten, die sich auf Paare von kontinuierlich veränderlichen Variabeln beziehen. Diese Zusammenhänge werden leichter verständlich, wenn man den abstrakten Begriff $\sqrt{-1}$ bildet, obwohl er zum Verständnis nicht grundsätzlich nötig ist und obwohl es zu ihm unter den natürlichen Zahlen kein Korrelat gibt. Ein ähnlich abstrakter Begriff ist der des Unendlichen, der in der modernen Mathematik ja auch eine bedeutende Rolle spielt, obwohl ihm nichts entspricht und obwohl man sich durch seine Einführung in große Schwierigkeiten stürzt. Man begibt sich also in der Mathematik immer wieder auf eine höhere Abstraktionsstufe und gewinnt dafür das einheitliche Verständnis größerer Bereiche. Könnte man, um auf unsere Ausgangsfrage zurückzukommen, das Wort ›es gibt‹ in der Religion auch als ein Aufsteigen zu einer höheren Abstraktionsstufe auffassen? Dieses Aufsteigen soll es uns leichter machen, die Zusammenhänge der Welt zu verstehen, mehr nicht. Die Zusammenhänge aber sind immer wirklich, gleichgültig mit welchen geistigen Formen wir sie zu ergreifen suchen.«

»Sofern es sich um die erkenntnistheoretische Seite des Problems handelt, mag dieser Vergleich wohl hingehen«, antwortete Bohr. »Aber in anderer Hinsicht ist er doch ungenügend. In der Mathematik können wir uns vom Inhalt der Behauptungen innerlich distanzieren. Letzten Endes bleibt es da bei einem Spiel der Gedanken, an dem wir teilnehmen oder von dem wir uns ausschließen können. In der Religion aber handelt es sich um uns selbst, um unser Leben und unseren Tod, da gehören die Glaubenssätze zu den Grundlagen unseres Handelns und so zumindest indirekt zu den Grundlagen unserer Existenz. Wir können also nicht unbeteiligt von außen zusehen. Auch läßt sich unsere Haltung zu den Fragen der Religion gar nicht trennen von unserer Stellung in der menschlichen Gemeinschaft. Wenn Religion entstanden ist als die geistige Struktur einer menschlichen Gemeinschaft, so mag dahingestellt bleiben, ob im Lauf der Geschichte die Religion als stärkste gemeinschaftsbildende Kraft angesehen werden muß oder ob die schon bestehende Gemeinschaft ihre geistige Struktur entwickelt und weiterbildet und ihrem jeweiligen Wissen anpaßt. Der Einzelne scheint in unserer Zeit weitgehend frei wählen zu können, in welche geistige Struktur er sich mit seinem Denken und Handeln einfügt, und in dieser Freiheit spiegelt sich die Tatsache, daß die Grenzen zwischen den verschiedenen Kulturkreisen und menschlichen Gemeinschaften an Starrheit verlieren und zu verfließen beginnen. Aber selbst wenn dieser Einzelne sich um äußerste Unabhängigkeit bemüht, er wird bewußt oder unbewußt viel von den schon vorhandenen geistigen Strukturen übernehmen müssen. Denn er muß ja auch mit den anderen Mitgliedern der Gemeinschaft, in der zu leben er sich entschlossen hat, über Leben und Tod und über die allgemeinen Zusammenhänge sprechen können; er muß seine Kinder nach den Leitbildern der Gemeinschaft erziehen, er muß sich in das ganze Leben der Gemeinschaft einfügen. Daher helfen hier erkenntnistheoretische Spitzfindigkeiten nichts. Wir müssen uns auch hier darüber klar sein, daß ein komplementäres Verhältnis besteht zwischen dem kritischen Nachdenken über die Glaubensinhalte einer Religion und einem Handeln, das die Entscheidung für die geistige Struktur dieser Religion zur Voraussetzung hat. Von der bewußt vollzogenen Entscheidung geht für den Einzelnen eine Kraft aus, die ihn in seinem Handeln leitet, ihm über Unsicherheiten hinweghilft und ihm, wenn er leiden muß, den Trost spendet, den das Geborgensein in dem großen Zusammenhang gewähren kann. So trägt die Religion zur Harmonisierung des Lebens in der Gemeinschaft bei, und es gehört zu ihren wichtigsten Aufgaben, in ihrer Sprache der Bilder und Gleichnisse an den großen Zusammenhang zu erinnern.«

»Du sprichst hier oft über die freie Entscheidung des Einzelnen«, fuhr ich mit meinen Fragen fort, »und du setzt sie, wenn wir mit der Atomphysik vergleichen, in Analogie zu der Freiheit des Beobachters, sein Experiment so oder so anzustellen. In der früheren Physik wäre für einen solchen Vergleich kein Platz gewesen. Aber wärest du bereit, die besonderen Züge der heutigen Physik noch unmittelbarer mit dem Problem der Willensfreiheit in Verbindung zu bringen? Du weißt, daß die nicht vollständige Determiniertheit des Geschehens in der Atomphysik gelegentlich als Argument dafür verwendet wird, daß jetzt wieder Raum für den freien Willen des Einzelnen und auch Raum für das Eingreifen Gottes geschaffen sei.«

Bohr: »Ich bin überzeugt, daß es sich hier einfach um ein Mißverständnis handelt. Man darf die verschiedenen Fragestellungen nicht durcheinanderbringen, die, wie ich glaube, zu verschiedenen, zu einander komplementären Betrachtungsweisen gehören. Wenn wir vom freien Willen reden, so sprechen wir von der Situation, in der wir Entscheidungen zu treffen haben. Diese Situation steht in einem ausschließenden Verhältnis zu der anderen, in der wir die Motive für unser Handeln analysieren, oder auch zu der, in der wir die physiologischen Vorgänge, etwa die elektrochemischen Prozesse im Gehirn studieren. Hier handelt es sich also um typisch komplementäre Situationen, und daher hat die Frage, ob die Naturgesetze das Geschehen vollständig oder nur statistisch determinieren, nicht unmittelbar mit der Frage des freien Willens zu tun. Natürlich müssen die verschiedenen Betrachtungsweisen schließlich zusammenpassen, das heißt sie müssen ohne Widersprüche als zu der gleichen Wirklichkeit gehörig erkannt werden können; aber wie das im einzelnen geschieht, wissen wir einstweilen noch nicht. Wenn schließlich vom Eingreifen Gottes die Rede ist, so wird offenbar nicht von der naturwissenschaftlichen Bedingtheit des Ereignisses gesprochen, sondern von dem Sinnzusammenhang, der das Ereignis mit anderen oder mit dem Denken der Menschen verbindet. Auch dieser Sinnzusammenhang gehört zur Wirklichkeit, ebenso wie die naturwissenschaftliche Bedingtheit, und es wäre wohl eine viel zu grobe Vereinfachung, wenn man ihn ausschließlich der subjektiven Seite der Wirklichkeit zurechnen wollte. Aber auch hier kann man von analogen Situationen in der Naturwissenschaft lernen. Es gibt bekanntlich biologische Zusammenhänge, die wir ihrem Wesen nach nicht kausal, sondern finalistisch, das heißt in bezug auf ihr Ziel, beschreiben. Man kann zum Beispiel an die Heilungsprozesse nach Verletzungen eines Organismus denken. Die finalistische Interpretation steht in einem typisch komplementären Verhältnis zu der Beschreibung nach den bekannten physikalisch-chemischen oder atomphysikalischen Gesetzen; das heißt im einen Fall fragen wir, ob der Prozeß zu dem gewünschten Ziel, der Wiederherstellung normaler Verhältnisse im Organismus führt, im anderen nach dem kausalen Ablauf der molekularen Vorgänge. Die beiden Beschreibungsweisen schließen einander aus, aber sie stehen nicht notwendig in Widerspruch. Wir haben allen Grund anzunehmen, daß eine Nachprüfung der quantenmechanischen Gesetze in einem lebendigen Organismus diese Gesetze dort genauso bestätigen würde wie in der toten Materie. Trotzdem ist auch die finalistische Beschreibung durchaus richtig. Ich glaube, die Entwicklung der Atomphysik hat uns einfach gelehrt, daß wir subtiler denken müssen als bisher.«

»Wir kommen immer zu leicht wieder auf die erkenntnistheoretische Seite der Religion zurück«, warf ich ein. »Aber Diracs Plädoyer gegen die Religion betraf ja eigentlich die ethische Seite. Dirac wollte vor allem die Unehrlichkeit kritisieren oder die Selbsttäuschung, die sich zu leicht mit allem religiösen Denken verbindet und die er mit Recht unerträglich findet. Aber er wurde dabei zu einem Fanatiker des Rationalismus, und ich habe das Gefühl, daß der Rationalismus hier nicht ausreichen kann.«

»Ich glaube, es war sehr gut«, meinte Niels, »daß Dirac so energisch auf die Gefahr der Selbsttäuschung und der inneren Widersprüche hingewiesen hat; aber es war dann wohl auch dringend notwendig, daß Wolfgang mit seiner witzigen Schlußbemerkung ihn darauf aufmerksam machte, wie außerordentlich schwer es ist, dieser Gefahr ganz zu entgehen.« Niels schloß das

Gespräch ab mit einer jener Geschichten, die er bei solchen Gelegenheiten gern erzählte: »In der Nähe unseres Ferienhauses in Tisvilde wohnt ein Mann, der hat über der Eingangstür seines Hauses ein Hufeisen angebracht, das nach einem alten Volksglauben Glück bringen soll. Als ein Bekannter ihn fragte: ›Aber bist du denn so abergläubisch? Glaubst du wirklich, daß das Hufeisen dir Glück bringt?‹, antwortete er: ›Natürlich nicht; aber man sagt doch, daß es auch dann hilft, wenn man nicht daran glaubt.‹«

# 8
## Atomphysik und pragmatische Denkweise (1929)

Die fünf Jahre nach der Solvay-Konferenz in Brüssel sind den jungen Menschen, die an der Entwicklung der Atomtheorie mitgearbeitet haben, später in so hellem Glanz erschienen, daß wir oft von ihnen als dem »goldenen Zeitalter der Atomphysik« gesprochen haben. Die großen Schwierigkeiten, die in den Jahren vorher alle unsere Kräfte in Anspruch genommen hatten, waren beseitigt. Die Tore zu dem neu erschlossenen Gebiet der Quantenmechanik der Atomhülle standen weit offen; und dem, der hier forschen und mitarbeiten, der von den Früchten des Gartens pflücken wollte, boten sich unzählige Probleme, die, früher unlösbar, mit den neuen Methoden behandelt und entschieden werden konnten. An vielen Stellen, wo früher rein empirische Regeln, unbestimmte Vorstellungen oder unklare Ahnungen das wirkliche Verständnis hatten ersetzen müssen – so etwa in der Physik der festen Körper, des Ferromagnetismus, der chemischen Bindung –, konnte man mit den neuen Methoden vollständige Klarheit gewinnen. Dazu kam das Gefühl, daß die neue Physik auch in philosophischer Hinsicht der früheren an entscheidenden Stellen überlegen, daß sie – in noch näher zu bestimmender Weise – weiter und großzügiger sei.

Als ich im Spätherbst 1927 von den Universitäten in Leipzig und Zürich Angebote erhalten hatte, dort eine Professur zu übernehmen, entschied ich mich für Leipzig, wo mir die Zusammenarbeit mit dem ausgezeichneten Experimentalphysiker Peter Debye besonders verlockend erschien. Zwar hatte ich in meinem ersten Seminar über Atomtheorie dann nur einen einzigen Hörer, aber ich war überzeugt, daß es mir schließlich gelingen müßte, viele junge Menschen für die neue Atomphysik zu gewinnen.

Ich hatte mir ausbedungen, daß ich, bevor ich in Leipzig die volle Verantwortung übernähme, noch für ein Jahr nach den Vereinigten Staaten reisen dürfte, um dort über die neue Quantenmechanik vorzutragen. So bestieg ich im Februar 1929 bei schärfster Kälte in Bremerhaven das Schiff, das mich nach New York bringen sollte. Schon die Ausfahrt aus dem Hafen erwies sich als schwierig. Sie dauerte zwei Tage, da die Fahrrinne zum Meer durch dicke Eisbarrieren blockiert war, und unterwegs gerieten wir in die schwersten Stürme, die ich jemals auf Seereisen miterlebt habe, so daß erst nach 15 Tagen recht rauher Seefahrt die Küste von Long Island und schließlich im Abendlicht die berühmte »Himmelslinie«, die Skyline von New York, vor mir auftauchten.

Die neue Welt schlug mich fast vom ersten Tag an in ihren Bann. Die freie, unbekümmerte Aktivität der jungen Menschen, ihre unkomplizierte Gastlichkeit und Hilfsbereitschaft, der fröhliche Optimismus, der von ihnen ausging, all das erweckte in mir ein Gefühl, als seien Lasten von meinen Schultern genommen. Das Interesse für die neue Atomtheorie war groß. Ich konnte viele Universitäten zu Vorträgen besuchen und so das Land in den verschiedensten Aspekten gut kennenlernen. Wo ich länger blieb, entspannen sich menschliche Beziehungen, die über gemeinsame Tennisspiele, Bootsfahrten oder Segelpartien hinausgingen und die gelegentlich zu eingehenderen Gesprächen über die neuen Entwicklungen in unserer Wissenschaft führten. Ich erinnere mich besonders an ein Gespräch mit meinem Tennispartner Barton, einem jungen Experimentalphysiker in Chicago, der mich einmal für einige Tage zum Fischen in entlegenere Seengebiete in den Norden des Landes eingeladen hatte.

Die Rede kam auf eine Beobachtung, die ich bei meinen verschiedenen Vorträgen in Amerika immer wieder gemacht hatte und die mich verwunderte. Während in Europa die unanschaulichen Züge der neuen Atomtheorie, der Dualismus zwischen Teilchen und Wellenvorstellung, der nur statistische Charakter der Naturgesetze, in der Regel zu heftigen Diskussionen, manchmal zu erbitterter Ablehnung der neuen Gedanken führten, schienen die meisten amerikanischen Physiker bereit, die neue Betrachtungsweise ohne jede Hemmung zu akzeptieren. Ihnen machte sie offenbar keine Schwierigkeiten. Ich fragte Barton, wie er sich diesen Unterschied erklärte, und erhielt etwa folgende Auskunft.

»Ihr Europäer, und besonders ihr Deutschen, neigt dazu, solche Erkenntnisse so schrecklich prinzipiell zu nehmen. Wir sehen das viel einfacher. Früher war die Newtonsche Physik eine hinreichend genaue Beschreibung der beobachteten Tatsachen. Dann hat man die elektromagnetischen Erscheinungen kennengelernt und herausgebracht, daß die Newtonsche Mechanik dafür nicht genügt, daß aber die Maxwellschen Gleichungen für die Beschreibung dieser Phänomene einstweilen ausreichen. Schließlich hat das Studium der Atomvorgänge gezeigt, daß man mit der Anwendung der klassischen Mechanik und der

Elektrodynamik nicht zu den beobachteten Ergebnissen kommt. Also war man genötigt, die früheren Gesetze oder Gleichungen zu verbessern, und so ist die Quantenmechanik entstanden. Im Grunde verhält sich der Physiker, auch der Theoretiker, doch hier einfach wie der Ingenieur, der etwa eine Brücke konstruieren soll. Nehmen wir an, er bemerkt dabei, daß die statischen Formeln, die man bisher benützt hatte, für seine neue Konstruktion noch nicht ganz ausreichen. Er muß etwa für den Winddruck, für die Alterung des Materials, für Temperaturschwankungen und dergleichen noch Korrekturen anbringen, die er durch Zusätze in die bisherigen Formeln einbauen kann. Damit kommt er zu besseren Formeln, zu verläßlicheren Konstruktionsvorschriften, und jeder wird sich über den Fortschritt freuen. Aber grundsätzlich ist damit doch eigentlich nichts geändert. So scheint es mir auch in der Physik. Vielleicht macht ihr den Fehler, die Naturgesetze für absolut zu erklären, und ihr wundert euch dann, wenn sie geändert werden müssen. Schon die Bezeichnung ›Naturgesetz‹ stellt, so scheint mir, eine bedenkliche Glorifizierung oder Heiligung einer Formulierung dar, die im Grunde doch auch nur eine praktische Vorschrift für den Umgang mit der Natur in dem betreffenden Gebiet sein kann. Also würde ich folgern, man muß jeden Absolutheitsanspruch vollständig aufgeben; dann gibt es keine Schwierigkeiten.«

»Es wundert dich also gar nicht«, wandte ich ein, »daß ein Elektron einmal als Teilchen, ein anderes Mal als Welle erscheint. Du empfindest das nur als eine – vielleicht in dieser Form nicht erwartete – Erweiterung der früheren Physik.«

»Doch, darüber wundere ich mich schon; aber ich sehe ja, was in der Natur geschieht, und damit muß ich mich abfinden. Wenn es Gebilde gibt, die einmal wie eine Welle, ein anderes Mal wie ein Partikel aussehen, so muß man offenbar neue Begriffe bilden. Vielleicht sollte man solche Gebilde ›Wellikel‹ nennen, und die Quantenmechanik ist dann eine mathematische Beschreibung des Verhaltens dieser ›Wellikel‹.«

»Nein, diese Antwort ist mir doch zu einfach. Es handelt sich ja gar nicht um eine besondere Eigenschaft der Elektronen, sondern um eine Eigenschaft aller Materie und aller Strahlung. Ob du nun Elektronen oder Lichtquellen oder Benzolmoleküle oder Steine nimmst, immer gibt es die beiden Züge, die partikelartigen oder wellenartigen, und daher kann man auch grundsätzlich den statistischen Charakter der Naturgesetze überall wahrnehmen. Nur treten eben die quantenmechanischen Züge bei atomaren Gebilden sehr viel auffallender in Erscheinung als bei Dingen der täglichen Erfahrung.«

»Nun gut, dann habt ihr eben die Newtonschen und die Maxwellschen Gesetze etwas abgeändert, und für den Beobachter zeigen sich die Änderungen bei den atomaren Erscheinungen sehr deutlich, während sie im Bereich der täglichen Erfahrung kaum zu sehen sind. So oder so handelt es sich um mehr oder weniger wirksame Verbesserungen, und sicher wird auch die Quantenmechanik in Zukunft noch verbessert werden, um andere Erscheinungen, die man noch nicht so gut kennt, richtig beschreiben zu können. Einstweilen erscheint aber die Quantenmechanik als eine für alle Experimente im atomaren Bereich brauchbare Handlungsvorschrift, die sich offenbar vorzüglich bewährt.«

Diese ganze Betrachtungsweise Bartons leuchtete mir gar nicht ein. Aber ich merkte, daß ich schon etwas präziser formulieren mußte, um mich verständlich zu machen. Ich antwortete also etwas pointiert: »Ich glaube, daß man die Newtonsche Mechanik überhaupt nicht verbessern kann; und damit meine ich folgendes: Sofern man irgendwelche Erscheinungen mit den Begriffen der Newtonschen Physik, nämlich Ort, Geschwindigkeit, Beschleunigung, Masse, Kraft usw. beschreiben kann, so gelten auch die Newtonschen Gesetze in aller Strenge, und daran wird sich auch in den nächsten hunderttausend Jahren nichts geändert haben. Präziser müßte ich vielleicht sagen: Mit dem Grad von Genauigkeit, mit dem sich Erscheinungen mit den Newtonschen Begriffen beschreiben lassen, gelten auch die Newtonschen Gesetze. Daß dieser Genauigkeitsgrad beschränkt ist, das hat man natürlich auch in der früheren Physik gewußt; denn niemand hat je beliebig genau messen können. Daß der Meßgenauigkeit eine prinzipielle Grenze gesetzt ist, so wie es in der Unbestimmtheitsrelation formuliert wird, das ist allerdings eine neue Erfahrung, die man erst im atomaren Bereich gemacht hat. Aber für den Augenblick brauchen wir darüber gar nicht zu reden. Es genügt festzustellen, daß innerhalb der Meßgenauigkeit die Newtonsche Mechanik wirklich gilt und auch in Zukunft gelten wird.«

»Das verstehe ich nicht«, erwiderte Barton. »Ist denn nicht die Mechanik der Relativitätstheorie eine Verbesserung gegenüber der Newtonschen Mechanik? Und dabei ist doch von Unbestimmtheitsrelation überhaupt nicht die Rede.«

»Von den Unbestimmtheitsrelationen nicht«, versuchte ich

weiter zu erklären, »aber von einer anderen Raum-Zeit-Struktur, insbesondere von einer Beziehung zwischen Raum und Zeit. Solange wir von einer scheinbar absoluten Zeit reden können, die vom Ort und vom Bewegungszustand des Beobachters unabhängig ist, solange wir es mit starren oder praktisch starren Körpern bestimmter Ausdehnung zu tun haben, so gelten auch die Newtonschen Gesetze. Aber wenn es sich um Vorgänge mit sehr hohen Geschwindigkeiten handelt, und wir dann sehr genau messen, so bemerken wir, daß die Begriffe der Newtonschen Mechanik nicht mehr recht auf die Erfahrung passen. Daß also zum Beispiel die Uhr eines bewegten Beobachters langsamer zu laufen scheint, als die eines ruhenden usw., und dann müssen wir zur relativistischen Mechanik übergehen.«

»Warum bist du dann nicht bereit, die relativistische Mechanik als eine Verbesserung der Newtonschen zu bezeichnen?«

»Mit meinem Widerspruch gegen das Wort ›Verbesserung‹ an dieser Stelle wollte ich nur einem Mißverständnis vorbeugen, und wenn diese Gefahr beseitigt ist, kann man auch ruhig von Verbesserung reden. Das Mißverständnis, das ich meine, bezieht sich gerade auf deinen Vergleich mit den Verbesserungen, die der Ingenieur bei seinen praktischen Anwendungen der Physik vornehmen muß. Es wäre völlig falsch, die grundsätzlichen Änderungen, die beim Übergang von der Newtonschen Mechanik zur relativistischen oder zur Quantenmechanik auftreten, mit den Verbesserungen des Ingenieurs auf eine Stufe zu stellen. Denn der Ingenieur braucht ja, wenn er verbessert, an seinen bisherigen Begriffen nichts zu ändern. Alle Wörter behalten die Bedeutung, die sie vorher hatten, nur werden in den Formeln Korrekturen angebracht für Einflüsse, die man vorher vernachlässigt hatte. Änderungen solcher Art aber hätten in der Newtonschen Mechanik gar keinen Sinn. Es gibt keine Experimente, die sie nahelegten. Darin besteht eben der immer noch gültige Absolutheitsanspruch der Newtonschen Physik, daß sie in ihrem Anwendungsbereich nicht durch kleine Abänderungen verbessert werden kann, daß sie hier längst ihre endgültige Form gefunden hat. Es gibt aber Erfahrungsbereiche, in denen wir mit dem Begriffssystem der Newtonschen Mechanik nicht mehr durchkommen. Für solche Erfahrungsbereiche brauchen wir ganz neue begriffliche Strukturen, und die werden zum Beispiel durch die Relativitätstheorie und Quantenmechanik geliefert. Die Newtonsche Physik hat, darauf kommt es mir an, einen Grad von Abgeschlossenheit, den das physikalische Rüstzeug des

Ingenieurs niemals besitzt. Die Abgeschlossenheit bewirkt, daß es keine kleinen Verbesserungen geben kann. Aber der Übergang zu einem ganz neuen Begriffssystem mag möglich sein, wobei das alte System dann wohl als Grenzfall in dem Neuen enthalten sein muß.«

»Woher weiß man denn«, fragte Barton zurück, »daß ein Gebiet der Physik in dem Sinn abgeschlossen ist, wie du es gerade von der Newtonschen Mechanik behauptet hast? Welche Kriterien zeichnen die abgeschlossenen Gebiete vor den noch offenen aus, und welche in diesem Sinne abgeschlossenen Gebiete gibt es nach deiner Ansicht in der bisherigen Physik?«

»Das wichtigste Kriterium für ein abgeschlossenes Gebiet ist wohl das Vorhandensein einer präzis formulierten, in sich widerspruchsfreien Axiomatik, die zugleich mit den Begriffen auch die gesetzmäßigen Beziehungen innerhalb des Systems festlegt. Wie weit ein solches Axiomensystem auf die Wirklichkeit paßt, kann natürlich immer nur empirisch entschieden werden, und man wird von einer Theorie nur dann reden, wenn große Erfahrungsbereiche durch sie dargestellt werden.

Wenn man dieses Kriterium gelten läßt, so würde ich in der bisherigen Physik vier abgeschlossene Bereiche unterscheiden: Die Newtonsche Mechanik, die statistische Theorie der Wärme, die spezielle Relativitätstheorie zusammen mit der Maxwellschen Elektrodynamik und schließlich die neuentstandene Quantenmechanik. Für jeden dieser Bereiche gibt es ein präzis formuliertes System von Begriffen und Axiomen, dessen Aussagen offenbar in Strenge gültig sind, solange wir in den Erfahrungsbereichen bleiben, die mit diesen Begriffen beschrieben werden können. Die allgemeine Relativitätstheorie kann wohl noch nicht zu den abgeschlossenen Gebieten gerechnet werden, da ihre Axiomatik noch unklar ist und ihre Anwendung auf Fragen der Kosmologie noch viele Lösungen zuzulassen scheint. Man wird sie also einstweilen zu den offenen Theorien rechnen sollen, in denen es noch mancherlei Unbestimmtheiten gibt.«

Barton gab sich mit dieser Antwort halbwegs zufrieden, aber er wollte noch mehr über die Motive für diese Lehre von den abgeschlossenen Systemen wissen. »Warum legst du eigentlich so großen Wert auf die Feststellung, daß der Übergang von einem Bereich zum anderen, etwa von der Newtonschen Physik zur Quantentheorie, nicht kontinuierlich, sondern gewissermaßen unstetig erfolgt? Gewiß, du hast recht, es werden neue Begriffe eingeführt, und die Fragestellungen sehen im neuen

Gebiet anders aus. Aber warum ist das so wichtig? Schließlich kommt es auf den Fortschritt der Wissenschaft an, darauf, daß wir immer weitere Gebiete der Natur verstehen. Aber ob dieser Fortschritt kontinuierlich erfolgt oder unstetig in einzelnen Schritten, das scheint mir doch ziemlich gleichgültig.«

»Nein, das ist gar nicht gleichgültig. Deine Vorstellung vom kontinuierlichen Fortschritt im Sinne des Ingenieurs würde unserer Wissenschaft jede Kraft, oder sagen wir, jede Härte nehmen, und ich wüßte nicht, in welchem Sinne man dann noch von einer exakten Wissenschaft sprechen könnte. Wenn man die Physik in dieser rein pragmatischen Weise betreiben wollte, so griffe man jeweils irgendwelche Teilbereiche heraus, die gerade experimentell gut zugänglich sind, und versuchte, die Erscheinungen dort durch Näherungsformeln darzustellen. Wenn die Darstellung zu ungenau ist, könnte man ja Korrekturterme zufügen und sie damit genauer machen. Aber es bestünde gar kein Grund mehr, nach den Zusammenhängen im Großen zu fragen, und man hätte kaum Aussicht bis zu den ganz einfachen Zusammenhängen vorzustoßen, die – um ein Beispiel zu nennen – die Newtonsche Mechanik vor der Astronomie des Ptolemäus auszeichnen. Also das wichtigste Wahrheitskriterium unserer Wissenschaft, die am Schluß stets aufleuchtende Einfachheit der Naturgesetze, ginge verloren. Du kannst natürlich wieder sagen, daß in dieser Forderung nach Einfachheit der Zusammenhänge ein Absolutheitsanspruch stecke, für den es keine logische Rechtfertigung gäbe. Warum sollen die Naturgesetze einfach sein, warum sollen sich große Erfahrungsbereiche einfach darstellen lassen? Aber da muß ich mich auf die bisherige Geschichte der Physik berufen. Du wirst zugeben, daß die vier abgeschlossenen Gebiete, die ich genannt habe, eine jeweils sehr einfache Axiomatik besitzen und daß ganz weite Zusammenhänge durch sie dargestellt werden. Erst bei einer solchen Axiomatik ist der Begriff ›Naturgesetz‹ wirklich berechtigt, und wenn es sie nicht gäbe, hätte die Physik wohl nie den Ruhm gewonnen, eine exakte Wissenschaft zu sein.

Diese Einfachheit hat noch eine andere Seite, die unser Verhältnis zu den Naturgesetzen betrifft. Aber ich weiß nicht, ob ich mich hier richtig und verständlich ausdrücken kann. Wenn man, wie man es in der theoretischen Physik ja zunächst immer tun muß, die Ergebnisse von Experimenten in Formeln zusammenfaßt und so zu einer phänomenologischen Beschreibung der Vorgänge kommt, so hat man das Gefühl, daß man diese Formeln selbst erfunden hat, mit mehr oder weniger befriedigendem Erfolg erfunden hat. Wenn man aber auf diese ganz einfachen großen Zusammenhänge stößt, die schließlich in der Axiomatik fixiert werden, so sieht das ganz anders aus. Da erscheint vor unserem geistigen Auge auf einmal ein Zusammenhang, der auch ohne uns immer schon dagewesen und der ganz offensichtlich nicht von Menschen gemacht ist. Solche Zusammenhänge sind doch wohl der eigentliche Inhalt unserer Wissenschaft. Nur wenn man die Existenz solcher Zusammenhänge ganz in sich aufgenommen hat, kann man unsere Wissenschaft wirklich verstehen.«

Barton schwieg nachdenklich. Er widersprach nicht, aber ich hatte doch den Eindruck, daß ihm meine Art des Denkens etwas fremd blieb.

Zum Glück war unser Wochenende nicht nur mit solch schwierigen Gesprächen angefüllt. Die erste Nacht hatten wir in einer kleinen Hütte am Ufer eines einsamen Sees verbracht, inmitten eines scheinbar endlosen Gebiets von Seen und Wäldern. Am Morgen vertrauten wir uns der Führung eines Indianers an, mit dem wir zum Fischen auf den See hinaussegelten, um unseren Proviant mit Beute aus dem See aufzufrischen. Tatsächlich konnten wir an der Stelle, an die uns der Indianer gebracht hatte, binnen einer Stunde acht ungewöhnlich große Hechte fangen, was nicht nur für uns, sondern auch für die Familie des Indianers ein reichliches Abendessen ergab. Nach diesem Erfolg wollten wir am nächsten Morgen den Fischzug wiederholen, diesmal ohne die Führung durch den Indianer. Wetter und Wind waren ungefähr die gleichen wie am Tag vorher, und wir segelten auch an die gleiche Stelle im See. Aber trotz aller Bemühungen wollte den ganzen Tag über nicht ein einziger Fisch anbeißen. Schließlich kam Barton auf unser Gespräch vom vorigen Tage zurück und meinte: »Wahrscheinlich ist es mit der Welt der Atome ähnlich wie mit den Fischen und dem See hier in dieser Einsamkeit. Wenn man sich mit den Atomen nicht so gut vertraut gemacht hat, bewußt oder unbewußt, wie diese Indianer mit Wind und Wetter und den Lebensgewohnheiten der Fische, so hat man wenig Aussicht etwas davon zu verstehen.«

Gegen Ende meines Amerika-Aufenthaltes verabredete ich mich mit Paul Dirac für die allerdings auf großen Umwegen geplante gemeinsame Heimreise. Wir wollten uns im Yellowstonepark treffen, dort noch etwas wandern, dann zusammen über den Stillen Ozean nach Japan reisen und über Asien nach

Europa zurückkehren. Als Treffpunkt war das Hotel vor dem bekannten Geysir »Old Faithful« ausersehen. Da ich schon den Tag vor dem verabredeten Zeitpunkt im Yellowstonepark eingetroffen war, unternahm ich noch allein eine Bergbesteigung. Erst unterwegs lernte ich, daß die Berge dort im Gegensatz zu den Alpen völlig einsame, von Menschen kaum betretene Naturgebilde sind. Es gab weder Wege noch Fußpfade, weder Wegweiser noch Markierungen, und im Falle von Schwierigkeiten hätte man nicht auf irgendwelche Hilfe rechnen können. Beim Aufstieg hatte ich durch Umwege viel Zeit verloren, und beim Abstieg wurde ich so müde, daß ich mich zunächst einmal an irgendeiner geeigneten Stelle ins Gras legte und sofort einschlief. Ich erwachte davon, daß mir ein Bär übers Gesicht leckte. Ich war doch etwas erschrocken und fand dann in der nun hereinbrechenden Dunkelheit nur mit größter Mühe meinen Weg zurück zum Hotel.

In dem zur Verabredung an Paul geschriebenen Brief hatte ich erwähnt, daß wir vielleicht zu einigen der in der Umgebung gelegenen Geysire wandern könnten, wobei es natürlich günstig wäre, wenn man sie gerade in Tätigkeit sehen könnte. Es war charakteristisch für Pauls sorgfältige und systematische Art, daß er, als wir uns trafen, bereits einen genauen Fahrplan aller in Betracht kommenden Geysire ausgearbeitet hatte, in dem nicht nur die Tätigkeitszeiten dieser natürlichen Springbrunnen verzeichnet waren, sondern in dem auch eine Route ausgeklügelt war, nach der wir von einem zum anderen Geysir wandernd gerade immer rechtzeitig zu Beginn der Tätigkeit dieses neuen Geysirs kamen, so daß wir im Lauf des Nachmittags eine große Anzahl dieser Naturfontänen bewundern konnten.

Zu Gesprächen über unsere Wissenschaft gab vor allem die lange Seereise von San Francisco über Hawai nach Yokohama Gelegenheit. Zwar beteiligte ich mich gern an den an Bord des japanischen Dampfers üblichen Spielen wie Tischtennis oder Shuffle-Board, aber es blieben immer noch viele Stunden, in denen man vom Liegestuhl aus die Delphine beobachtete, die sich um das Schiff herumtummelten, oder sich an den Schwärmen fliegender Fische freute, die von unserem Dampfer aufgescheucht wurden. Da Paul meist den Liegestuhl neben meinem einnahm, konnten wir ausführlich über unsere Erfahrungen in Amerika und unsere Zukunftspläne in der Atomphysik sprechen. Die Bereitwilligkeit der amerikanischen Physiker, auch die unanschaulichen Züge der neuen Atomphysik zu akzeptieren, verwunderte Paul weniger als mich. Auch er empfand wohl die Entwicklung unserer Wissenschaft als einen mehr oder weniger kontinuierlichen Vorgang, bei dem es nicht so sehr darauf ankomme, nach der begrifflichen Struktur zu fragen, die sich im jeweiligen Stadium der Entwicklung eingestellt habe, als nach der Methode, die für einen möglichst sicheren und raschen Fortschritt der Wissenschaft anzuwenden sei. Denn wenn man von der pragmatischen Denkweise ausgeht, so erscheint der Fortschritt der Wissenschaft doch als ein stets weiterlaufender Anpassungsprozeß unseres Denkens an die stetig erweiterte experimentelle Erfahrung, bei dem es keinen Abschluß gibt. Daher darf auch der vorübergehende Abschluß nicht zu prinzipiell genommen werden, wohl aber die Methode der Anpassung selbst.

Daß bei diesem Prozeß letzten Endes einfache Naturgesetze entstehen oder, wie ich lieber sagen würde, ans Licht gebracht werden, davon war auch Paul fest überzeugt. Aber methodisch war für ihn die einzelne Schwierigkeit der Ausgangspunkt, nicht der große Zusammenhang. Wenn er mir seine Methode schilderte, so hatte ich oft das Gefühl, daß für ihn die physikalische Forschung aussehe etwa wie eine schwierige Felskletterei für manche Alpinisten. Es scheint nur darauf anzukommen, die nächsten drei Meter noch zu überwinden. Wenn dies immer wieder gelingt, so wird man schließlich den Gipfel schon erreichen. Aber sich die ganze Kletterroute mit allen Schwierigkeiten vorzustellen, führt nur zur Entmutigung. Außerdem erkennt man ja die wirklichen Probleme erst, wenn man an die schwierigen Stellen kommt. Für mich wäre ein solcher Vergleich ganz unzutreffend gewesen. Ich konnte nur damit anfangen – um bei dem Bild zu bleiben –, eine Entscheidung über die ganze Kletterroute zu treffen. Denn ich war überzeugt, daß dann, wenn man die richtige Route gefunden hätte, und auch nur dann, die einzelnen Schwierigkeiten überwunden werden könnten. Der Fehler in dem Vergleich bestand für mich darin, daß man bei einem Felsturm ja keineswegs sicher sein kann, daß er so gebildet ist, daß man hinaufsteigen kann. Bei der Natur aber glaubte ich fest daran, daß ihre Zusammenhänge letzten Endes einfach seien; die Natur ist, das war meine Überzeugung, so gemacht, daß sie verstanden werden kann. Oder vielleicht sollte ich richtiger umgekehrt sagen, unser Denkvermögen ist so gemacht, daß es die Natur verstehen kann. Die Begründung für diese Überzeugung war wohl schon von Robert in unserem Gespräch am Starnberger See ausgesprochen worden. Es sind die gleichen ordnenden Kräfte, die die Natur in allen ihren Formen gebildet haben und die für die Struktur unserer Seele, also auch unseres Denkvermögens verantwortlich sind.

Paul und ich sprachen viel über diese methodische Frage und über unsere Hoffnungen hinsichtlich der zukünftigen Entwicklung. Wenn wir unsere an dieser Stelle verschiedenen Auffassungen etwas pointiert ausdrücken wollten, so sagte Paul: »Man kann nie mehr als eine einzige Schwierigkeit auf einmal lösen.« Während ich genau umgekehrt formulierte: »Man kann nie nur eine einzige Schwierigkeit lösen, man wird immer gezwungen sein, mehrere auf einmal zu lösen.« Paul wollte mit seiner Formulierung wohl vor allem ausdrücken, daß er es für vermessen halte, mehrere Schwierigkeiten auf einmal lösen zu wollen. Denn er wußte genau, wie hart in einem von der täglichen Erfahrung so weit entfernten Gebiet wie der Atomphysik um jeden Fortschritt gerungen werden muß. Andererseits wollte ich nur darauf hinweisen, daß die echte Lösung einer Schwierigkeit wohl immer darin besteht, daß man an dieser Stelle auf die einfachen großen Zusammenhänge gestoßen ist. Und dabei werden dann von selbst andere Schwierigkeiten beseitigt, an die man zunächst gar nicht gedacht hatte. So enthielten also wohl beide Formulierungen einen erheblichen Teil Wahrheit, und wir konnten uns über den scheinbaren Widerspruch nur trösten, indem wir an eine Äußerung Niels Bohrs dachten, die wir oft von ihm gehört hatten. Niels pflegte zu sagen: »Das Gegenteil einer richtigen Behauptung ist eine falsche Behauptung. Aber das Gegenteil einer tiefen Wahrheit kann wieder eine tiefe Wahrheit sein.«

# 9
Gespräche über das Verhältnis zwischen Biologie, Physik und Chemie (1930–1932)

Nach der Rückkehr aus Amerika und Japan war ich in Leipzig in einen großen Pflichtenkreis eingespannt. Ich mußte Vorlesungen und Übungen abhalten, an Fakultätssitzungen und Prüfungen teilnehmen, das sehr kleine Institut für theoretische Physik modernisieren und in einem Seminar über Atomphysik junge Physiker in die Quantentheorie einführen. Eine so umfangreiche Tätigkeit war mir neu und machte mir Freude. Aber die Verbindung mit dem Kopenhagener Kreis um Niels Bohr war mir im Laufe der Jahre so unentbehrlich geworden, daß ich fast jede Ferienzeit dazu ausnützte, für einige Wochen nach Kopenhagen zu fahren, um mit Niels und den anderen Freunden über die Entwicklung unserer Wissenschaft zu beraten. Viele wichtige Gespräche spielten sich dann allerdings nicht im Bohrschen Institut ab, sondern in seinem Landhaus in Tisvilde oder auf dem Segelboot, das Niels zusammen mit einigen Freunden im Kopenhagener Hafen an der Langelinie liegen hatte, und mit dem man die Ostsee auch auf weiten Strecken befahren konnte.

Das Landhaus lag im Norden der Insel Själland einige Kilometer vom Strand entfernt am Rand eines großen Waldgebiets. Ich kannte es schon von unserer ersten gemeinsamen Fußwanderung her. Zum oft besuchten Badeplatz gelangten wir über breite sandige Waldwege, aus deren Geradlinigkeit zu vermuten war, daß der ganze Wald zum Schutz gegen Stürme und Dünenwanderung künstlich angelegt worden war. Niels besaß, als seine Kinder noch klein waren, auch ein Pferd und einen ländlichen Wagen, und ich empfand es immer als eine besondere Ehre, wenn mir erlaubt wurde, mit einem der Kinder allein durch den Wald zu kutschieren.

Am Abend saßen wir dann oft um das offene Kaminfeuer. Dessen Betrieb machte allerdings einige Schwierigkeiten. Wenn die Türen des Wohnzimmers verschlossen waren, so rauchte der Kamin stark. Wir waren also gezwungen, wenigstens eine Türe offen zu halten. Dann entwickelte sich ein kräftiger Zug und ein prasselndes Feuer. Aber die von außen einströmende kalte Luft kühlte das Zimmer ab. Niels, der die paradoxen Formulierungen liebte, behauptete also, der Kamin sei zum Kühlen des Zimmers eingerichtet. Trotzdem war der Raum um den Kamin sehr beliebt und gemütlich, und besonders wenn noch andere Physiker aus Kopenhagen zu Besuch gekommen waren, entwickelten sich hier bald lebhafte Gespräche über die Probleme, die uns gemeinsam interessierten. Ein Abend ist mir besonders im Gedächtnis geblieben, an dem, wenn ich mich recht erinnere, Kramers und Oskar Klein unsere Gesprächspartner waren. Wie schon oft kreisten unsere Gedanken und Reden um die alten Diskussionen mit Einstein und um die Tatsache, daß es uns nicht gelungen war, Einstein mit dem statistischen Charakter der neuen Quantenmechanik zu versöhnen.

»Ist es nicht merkwürdig«, begann Oskar Klein, »daß Einstein so große Schwierigkeiten hat, die Rolle des Zufälligen in der Atomphysik zu akzeptieren? Er kennt doch die statistische Wärmelehre besser als die meisten anderen Physiker, und er hat selbst eine überzeugende statistische Ableitung des Planckschen Gesetzes der Wärmestrahlung gegeben. Fremd können ihm solche Gedanken also sicher nicht sein. Warum fühlt er sich dann gezwungen, die Quantenmechanik abzulehnen, nur weil das Zufällige in ihr eine grundsätzliche Bedeutung gewinnt?«

»Es ist natürlich gerade dieses Grundsätzliche, was ihn stört«, versuchte ich zu antworten. »Daß man etwa bei einem Topf voll Wasser nicht weiß, wie alle einzelnen Wassermoleküle sich bewegen, ist selbstverständlich. Daher kann sich niemand darüber wundern, daß wir Physiker hier Statistik treiben müssen, so wie etwa eine Lebensversicherungsgesellschaft über die Lebenserwartung ihrer vielen Versicherten statistische Rechnungen anstellen muß. Aber grundsätzlich hätte man in der klassischen Physik angenommen, daß man wenigstens im Prinzip die Bewegung jedes einzelnen Moleküls verfolgen und nach den Gesetzen der Newtonschen Mechanik bestimmen kann. Es gab also scheinbar in jedem Augenblick einen objektiven Zustand der Natur, aus dem man auf den Zustand im nächsten Augenblick schließen konnte. Das ist aber in der Quantenmechanik wirklich anders. Wir können nicht beobachten, ohne das zu beobachtende Phänomen zu stören, und die Quanteneffekte, die sich am Beobachtungsmittel auswirken, führen von selbst zu einer Unbestimmtheit in dem zu beobachtenden Phänomen. Damit aber will sich Einstein eben nicht abfinden, obwohl er die Tatsachen ja gut kennt. Er meint, daß es sich bei unserer Interpretation nicht um eine vollständige Analyse der Phänomene handeln könne; daß also in Zukunft noch irgendwelche anderen, neuen Bestimmungsstücke des Geschehens aufgefunden werden müßten, mit deren Hilfe man dann das Phänomen objektiv und vollständig festlegen kann. Aber das ist doch sicher falsch.«

»Mit dem was du sagst«, warf Niels ein, »bin ich noch nicht so ganz einverstanden. Der grundsätzliche Unterschied zwischen den Verhältnissen in der alten statistischen Wärmelehre und denen in der Quantenmechanik ist zwar vorhanden, aber du hast seine Bedeutung stark übertrieben. Außerdem finde ich solche Formulierungen wie ›die Beobachtung stört das Phänomen‹ ungenau und irreführend. In Wirklichkeit haben wir doch bei den atomaren Erscheinungen von der Natur die Belehrung empfangen, daß man das Wort ›Phänomen‹ gar nicht verwenden kann, ohne gleichzeitig genau zu sagen, an welche Versuchsanordnung oder welches Beobachtungsmittel dabei gedacht werden soll. Wenn eine bestimmte Versuchsanordnung beschrieben ist und wenn dann ein bestimmtes Beobachtungsergebnis vorliegt, so kann man schon von Phänomen reden, aber nicht von einer Störung des Phänomens durch die Beobachtung. Es ist zwar wahr, daß man die Ergebnisse verschiedener Beobachtungen nicht mehr so einfach aufeinander beziehen kann, wie das in der früheren Physik möglich war. Aber man sollte das nicht als Störung des Phänomens durch die Beobachtung auffassen; sondern sollte eher von der Unmöglichkeit sprechen, das Ergebnis der Beobachtung so zu objektivieren, wie das in der klassischen Physik oder in der täglichen Erfahrung geschieht. Verschiedene Beobachtungssituationen – und damit meine ich die Gesamtheit von Versuchsanordnung, Ablesung der Instrumente usw. – sind eben häufig komplementär zueinander; das heißt sie schließen einander aus, können nicht gleichzeitig verwirklicht werden, und die Ergebnisse der einen können nicht eindeutig mit denen der anderen verglichen werden. Daher kann ich auch keinen so prinzipiellen Unterschied zwischen den Verhältnissen in der Quantenmechanik und denen in der Wärmelehre sehen. Eine Beobachtungssituation, in der eine Temperaturmessung oder Temperaturangabe vorkommt, steht ja auch in einem ausschließenden Verhältnis zu einer anderen, in der die Koordinaten und Geschwindigkeiten aller beteiligten Teilchen bestimmt werden können. Denn der Begriff der Temperatur ist ja geradezu definiert durch jenen Grad von Unkenntnis über die mikroskopischen Bestimmungsstücke des Systems, der die sogenannte kanonische Verteilung charakterisiert. Oder, um es weniger gelehrt auszudrücken: Wenn ein System, das aus vielen

Teilchen besteht, mit der Umgebung oder mit anderen großen Systemen in ständigem Energieaustausch steht, so schwankt zwar die Energie des einzelnen Teilchens ständig, auch die des ganzen Systems. Aber die Mittelwerte über viele Teilchen und längere Zeiten entsprechen sehr genau den Mittelwerten über diese Normalverteilung oder ›kanonische‹ Verteilung. Das steht ja schon alles bei Gibbs. Und eine Temperatur kann man eben nur durch Energieaustausch definieren. Eine genaue Kenntnis der Temperatur ist also nicht vereinbar mit einer genauen Kenntnis der Orte und Geschwindigkeiten der Moleküle.«

»Aber heißt das nicht«, fragte ich zurück, »daß die Temperatur gar keine objektive Eigenschaft ist? Bisher waren wir doch gewohnt zu denken, daß die Behauptung ›der Tee in dieser Kanne hat eine Temperatur von 70°‹ etwas Objektives aussagt. Das heißt, daß jeder, der die Temperatur in der Teekanne mißt, eben 70° feststellen wird, unabhängig davon, wie er die Messung vornimmt. Wenn aber der Begriff Temperatur eigentlich eine Aussage über unseren Grad der Kenntnis oder Unkenntnis der Molekülbewegungen in der Teeflüssigkeit bedeutet, dann könnte doch die Temperatur für verschiedene Beobachter ganz verschieden sein, auch wenn der wahre Zustand des Systems der gleiche ist; denn die verschiedenen Beobachter könnten doch verschieden viel wissen.«

»Nein, das ist nicht richtig«, unterbrach mich Niels. »Schon das Wort ›Temperatur‹ bezieht sich ja auf eine Beobachtungssituation, bei der ein Energieaustausch stattfindet zwischen dem Tee und dem Thermometer, was auch immer die Eigenschaften des Thermometers sonst sein mögen. Ein Thermometer ist also nur dann wirklich ein Thermometer, wenn in dem zu messenden System, hier dem Tee, und dem Thermometer die Molekülbewegungen mit dem geforderten Grad von Genauigkeit der ›kanonischen‹ Verteilung entsprechen. Unter diesen Voraussetzungen geben aber auch alle Thermometer das gleiche Resultat, und insofern ist die Temperatur eine objektive Eigenschaft. Du siehst daraus wieder, wie problematisch die Begriffe ›objektiv‹ und ›subjektiv‹ sind, die wir bisher so leichtsinnig verwendet haben.«

Kramers hatte bei dieser Interpretation der Temperatur doch noch einige Hemmungen und wollte daher genauer von Niels hören, in welchem Sinne er von der Temperatur eines Systems sprechen wolle.

»Du beschreibst die Verhältnisse in der Teekanne beinahe so«, sagte er, »als wolltest du eine Art Unbestimmtheitsrelation zwischen der Temperatur und der Energie der Teekanne behaupten. Das kann aber zumindest in der alten Physik wohl kaum deine Meinung sein?«

»Bis zu einem gewissen Grad doch«, entgegnete Niels. »Das siehst du am besten, wenn du etwa nach den Eigenschaften eines einzelnen Wasserstoffatoms im Tee fragst. Die Temperatur dieses Wasserstoffatoms, wenn man überhaupt davon reden will, ist doch sicher genauso hoch wie die des Tees, also zum Beispiel 70°, da es ja im vollen Wärmeaustausch mit den anderen Molekülen im Tee steht. Seine Energie aber schwankt eben wegen dieses Energieaustausches. Man kann also nur eine Wahrscheinlichkeitsverteilung für die Energie angeben. Wenn man umgekehrt die Energie des Wasserstoffatoms gemessen hätte und nicht die Temperatur des Tees, so könnte man aus dieser Energie keine bestimmten Schlüsse auf die Temperatur des Tees ziehen, sondern auch wieder nur eine Wahrscheinlichkeitsverteilung für die Temperatur angeben. Die relative Breite dieser Wahrscheinlichkeitsverteilung, also die Ungenauigkeit der Werte für Temperatur oder Energie, ist bei einem so kleinen Objekt wie dem Wasserstoffatom verhältnismäßig groß, daher fällt sie hier auf. Sie wäre bei einem größeren Objekt, zum Beispiel einer kleinen Teemenge innerhalb der ganzen Teeflüssigkeit sehr viel geringer und könnte vernachlässigt werden.«

»In der alten Wärmelehre«, fragte Kramers weiter, »so wie wir sie in der Vorlesung dozieren, wird einem Objekt doch immer Energie und Temperatur gleichzeitig zugeschrieben. Von einer Ungenauigkeit oder einer Unbestimmtheitsrelation zwischen diesen Größen ist doch keine Rede. Wie ist das mit deinen Ansichten vereinbar?«

»Diese alte Wärmelehre«, antwortete Niels, »verhält sich zur statistischen Wärmetheorie ähnlich wie die klassische Mechanik zur Quantenmechanik. Bei großen Objekten macht man keinen nennenswerten Fehler, wenn man der Temperatur und der Energie gleichzeitig bestimmte Werte gibt, so wie man auch bei großen Objekten ihrem Ort und ihrer Geschwindigkeit gleichzeitig bestimmte Werte geben kann. Bei sehr kleinen Objekten aber wird das in beiden Fällen falsch. Bei diesen kleinen Objekten hat man bisher in der Wärmelehre oft gesagt, daß sie zwar eine Energie, aber keine Temperatur besäßen. Aber das scheint mir keine gute Redeweise, schon weil man nicht weiß, wo man die Grenze zwischen kleinen und großen Objekten ziehen sollte.«

Wir konnten nun gut verstehen, warum für Niels der grundsätzliche Unterschied zwischen den statistischen Gesetzen der Wärmelehre und denen der Quantenmechanik viel weniger bedeutsam war als für Einstein. Niels empfand die Komplementarität als einen zentralen Zug der Naturbeschreibung, der in der alten statistischen Wärmelehre, insbesondere in der ihr durch Gibbs gegebenen Fassung, schon immer vorhanden, aber nicht genügend beachtet worden war; während Einstein immer noch von der Vorstellungswelt der Newtonschen Mechanik oder der Maxwellschen Feldtheorie ausging und die komplementären Züge in der statistischen Thermodynamik gar nicht bemerkt hatte.

Die Diskussion wandte sich dann weiteren Anwendungen des Komplementaritätsbegriffs zu, und Niels sprach davon, daß dieser Begriff auch für die Abgrenzung des biologischen Geschehens von den physikalisch-chemischen Gesetzmäßigkeiten wichtig werden könne. Aber dieses Thema wurde noch ausführlicher auf einer unserer großen Segelpartien abgehandelt, so daß es richtig erscheint, jetzt noch von dem einen langen nächtlichen Gespräch auf dem Segelboot zu berichten.

Der Kapitän des Segelboots war der Physiko-Chemiker an der Universität Kopenhagen, Bjerrum, der mit dem trockenen Humor des alten Seefahrers auch eine gründliche Ausbildung in Fragen der Navigation verband. Schon bei meinem ersten Besuch auf dem Boot hatte seine anziehende Persönlichkeit mir so viel Vertrauen eingeflößt, daß ich bereit gewesen wäre, in jeder Lage seinen Anordnungen blindlings zu folgen. Zur Mannschaft gehörte außer Niels noch der Chirurg Chievitz, der das Geschehen an Bord gern mit ironischen Bemerkungen kommentierte und daher unseren Kapitän oft als Zielscheibe seines freundlichen Spottes aufs Korn nahm. Bjerrum vermochte sich solcher Angriffe aber sehr gut zu erwehren, und es war ein Genuß, diesem Geplänkel zuzuhören. Außer mir gehörten bei dieser Reise dann noch zwei weitere Mitglieder zur Mannschaft, an deren Namen ich mich aber nicht mehr erinnern kann.

Am Ende jedes Sommers mußte die Yacht Chita von Kopenhagen nach Svendborg auf der Insel Fyn gebracht werden, wo sie den Winter über blieb, damit die nötigen Ausbesserungsarbeiten vorgenommen würden. Die Reise nach Svendborg konnte selbst bei günstigem Wind nicht in einem Tag bewältigt werden; wir richteten uns also auf eine mehrtägige Unternehmung ein. In aller Frühe brachen wir von Kopenhagen auf, bei recht frischem

Wind aus Nordwest und hellem Himmel. Wir konnten schon bald das Südende der Insel Amager passieren und fuhren in die offene Kjögebucht nach Südwesten hinaus. Nach einigen weiteren Stunden kam die hohe Klippe Stevns-Klint in Sicht. Aber nachdem wir auch hier vorbeigesegelt waren, hörte der Wind auf. Wir lagen fast bewegungslos im ruhigen Wasser, und nach ein oder zwei Stunden fingen wir an ungeduldig zu werden. Da wir kurz vorher über unglückliche Nordpolexpeditionen gesprochen hatten, bemerkte Chievitz zu Bjerrum: »Wenn das so weitergeht mit dem Wind, wird unser Proviant bald zu Ende sein, und wir müssen darum losen, wer zuerst von den anderen aufgegessen wird.« Bjerrum reichte Chievitz eine Flasche Bier und meinte: »Ich wußte nicht, daß du schon so bald eine Seelenstärkung nötig hättest, aber die Flasche sollte noch für eine Stunde Flaute reichen.« Der Umschwung kam dann aber schneller, als wir vorgesehen hatten. Der Wind hatte vollständig gedreht und wehte jetzt von Südosten, der Himmel bezog sich, und mit der immer stärker werdenden Brise fielen die ersten Regentropfen. Wir mußten unser Ölzeug anziehen. Beim Einlaufen in die enge Durchfahrt zwischen den Inseln Själland und Möen hatten wir schon mit einem scharfen Südwind und dichten Regenschauern zu kämpfen. In der schmalen Fahrrinne mußten wir so oft kreuzen und wenden, daß wir nach ein oder zwei Stunden der Erschöpfung nahe waren. Meine Hände schmerzten, sie waren angeschwollen von der ungewohnten Arbeit mit den Tauen, und Chievitz meinte: »Ja, eine schmalere Fahrrinne hat unser Kapitän leider nicht finden können. Aber wir segeln ja auch zum Vergnügen, da darf man so etwas nicht zu genau nehmen.« Niels hielt immer tapfer mit bei allen Manövern, und ich bewunderte, wieviel Körperkräfte er noch in Reserve hatte.

Endlich mit einbrechender Dunkelheit erreichten wir den Storström, eine breite Wasserstraße zwischen den Inseln Själland und Falster, und da unser Kurs jetzt nach Nordwesten gerichtet war und der Regen aufgehört hatte, wurde es ein ruhiges Segeln, fast vor dem Wind. Wir konnten uns ausruhen und wurden gesprächig. Wir mußten jetzt bei völliger Dunkelheit nach dem Kompaß segeln, nur gelegentlich konnten wir uns an fernen Leuchtfeuern orientieren. Einige der Mannschaft hatten sich unten in die Koje gelegt, um von der harten Arbeit auszuruhen und zu schlafen. Chievitz saß am Steuer, Niels neben ihm mit einem Blick auf den Kompaß, und ich mußte ganz vorne Ausguck halten nach Positionslichtern von Schiffen, die uns gefährlich werden konnten. Chievitz meditierte: »Ja, mit den Positionslichtern der Schiffe geht's ja ganz gut, da werden wir wohl nicht zusammenstoßen. Aber wenn sich in diese Gegend zum Beispiel ein Walfisch verirrt hätte, die haben keine Positionslichter, weder backbord rot, noch steuerbord grün, da könnte doch leicht ein Zusammenstoß passieren. Heisenberg, sehen Sie Walfische?«

»Ich sehe fast nur Walfische«, antwortete ich, »aber ich vermute doch, daß die meisten von ihnen große Wellen sind.«

»Das müssen wir hoffen. Aber was würde eigentlich passieren, wenn wir mit einem Walfisch zusammenstießen? Unser Boot und der Walfisch, beide würden wohl ein Loch bekommen. Aber das ist eben der Unterschied zwischen lebendiger und toter Materie. Das Loch beim Walfisch würde von selbst zuheilen, unser Boot würde wohl kaputt bleiben. Besonders, wenn wir damit auf dem Meeresgrund lägen. Aber sonst müßten wir es eben wieder reparieren lassen.«

Niels mischte sich nun ins Gespräch. »Mit dem Unterschied zwischen lebendiger und toter Materie ist es wohl nicht ganz so einfach. Es ist wahr, im Walfisch wirkt, wenn man es so ausdrücken will, eine gestaltende Kraft, die dafür sorgt, daß auch nach der Verletzung sich wieder ein ganzer Walfisch bildet. Natürlich weiß der Walfisch von dieser gestaltenden Kraft nichts. Sie steckt wohl in einer noch nicht bekannten Weise in seinem biologischen Erbgut. Aber das Schiff ist ja in Wirklichkeit auch kein ganz toter Gegenstand. Es verhält sich zum Menschen so, wie das Netz zur Spinne oder das Nest zum Vogel. Die gestaltende Kraft geht hier vom Menschen aus, und die Reparatur des Bootes entspricht also doch in gewissem Sinne der Heilung beim Walfisch. Denn wenn nicht ein lebendiges Wesen, in diesem Falle der Mensch, die Gestaltung des Bootes bestimmte, würde es natürlich auch nie repariert werden. Daß beim Menschen diese gestaltende Kraft durch das Bewußtsein geht, ist allerdings ein wichtiger Unterschied.«

»Wenn du so von gestaltender Kraft sprichst«, fragte ich zurück, »meinst du damit etwas ganz außerhalb der bisherigen Physik und Chemie, außerhalb der heutigen Atomphysik, oder meinst du, daß sich diese gestaltende Kraft irgendwie in der Lagerung von Atomen, in ihrer Wechselwirkung oder irgendwelchen Resonanzeffekten und dergleichen ausdrücken kann?«

»Zunächst wird man ja wohl feststellen müssen«, antwortete Niels, »daß ein Organismus einen Charakter von Ganzheit hat, wie ihn ein nach der klassischen Physik zu beurteilendes System aus vielen atomaren Bausteinen niemals haben könnte.

Aber es handelt sich ja jetzt nicht mehr um die alte Physik, sondern um die Quantenmechanik. Natürlich ist man versucht, einen Vergleich zu ziehen zwischen den ganzheitlichen Strukturen, die wir in der Quantentheorie mathematisch darstellen können, etwa den stationären Zuständen von Atomen und Molekülen, mit jenen, die als Folge biologischer Prozesse auftreten. Aber es gibt da doch auch sehr charakteristische Unterschiede. Die ganzheitlichen Strukturen der Atomphysik, Atome, Moleküle, Kristalle, sind ja statische Gebilde. Sie bestehen aus einer bestimmten Anzahl von Elementarbausteinen, Atomkernen und Elektronen, und sie zeigen keinerlei Veränderung in der Zeit, es sei denn, daß sie von außen gestört werden. Wenn eine solche äußere Störung eintritt, so reagieren sie zwar auf die Störung, aber wenn diese nicht zu groß war, kehren sie nach dem Abklingen der Störung wieder in ihren Ausgangszustand zurück. Die Organismen aber sind keine statischen Gebilde. Der uralte Vergleich eines Lebewesens mit einer Flamme macht deutlich, daß die lebendigen Organismen, wie die Flamme, eine Form sind, durch die die Materie gewissermaßen hindurchströmt. Es wird sicher nicht möglich sein, etwa durch Messungen zu bestimmen, welche Atome zu einem Lebewesen dazugehören und welche nicht. Die Frage muß also wohl so lauten: Kann die Tendenz, solche Gestalten zu bilden, durch die eine Materie mit sehr bestimmten komplizierten chemischen Eigenschaften für eine begrenzte Zeit ›hindurchströmt‹, aus der Quantenmechanik verstanden werden?«

»Der Mediziner«, warf Chievitz ein, »braucht sich um die Beantwortung dieser Frage natürlich gar nicht zu kümmern. Er nimmt an, daß der Organismus die Tendenz hat, normale Verhältnisse wiederherzustellen, wenn sie gestört waren, und wenn man dem Organismus die Möglichkeit dazu gibt; und der Mediziner ist gleichzeitig überzeugt, daß die Vorgänge kausal ablaufen, das heißt, daß zum Beispiel auf einen mechanischen oder chemischen Eingriff hin genau das erfolgt, was nach Physik und Chemie erfolgen sollte. Daß diese beiden Betrachtungsweisen eigentlich gar nicht zusammenpassen, wird den meisten Medizinern nicht bewußt.«

»Das ist doch der typische Fall zweier komplementärer Betrachtungsweisen«, meinte Niels. »Wir können entweder über den Organismus mit den Begriffen sprechen, die sich im Laufe der menschlichen Geschichte aus dem Umgang mit lebendigen Wesen gebildet haben. Dann reden wir von ›lebendig‹, ›Funktion eines Organs‹, ›Stoffwechsel‹, ›Atmung‹, ›Heilungsprozeß‹ usw. Oder wir können nach dem kausalen Ablauf fragen. Dann benützen wir die Sprache von Physik und Chemie, studieren chemische oder elektrische Vorgänge, zum Beispiel bei der Nervenleitung, und nehmen dabei an, offensichtlich mit großem Erfolg, daß die physikalisch-chemischen Gesetze, oder allgemeiner, die Gesetze der Quantentheorie im Organismus uneingeschränkt gelten. Die beiden Betrachtungsweisen widersprechen einander. Denn im einen Fall setzen wir voraus, daß das Geschehen durch den Zweck bestimmt ist, dem es dient, durch das Ziel, auf das es gerichtet ist; im anderen glauben wir, daß es durch das unmittelbar vorhergehende Geschehen, die unmittelbar vorhergehende Situation festgelegt sei. Daß beide Forderungen sozusagen zufällig das gleiche ergeben, erscheint doch als äußerst unwahrscheinlich. Aber die beiden Betrachtungsweisen ergänzen einander auch; denn in Wirklichkeit wissen wir ja längst, daß beide richtig sind, eben weil es Leben gibt. Die Frage, die sich für die Biologie stellt, lautet also nicht, welche der beiden Betrachtungsweisen richtiger sei, sondern nur, wie die Natur es zuwege gebracht hat, daß sie zusammenpassen.«

»Du würdest also nicht glauben«, fügte ich ein, »daß es neben den aus der heutigen Atomphysik bekannten Kräften und Wechselwirkungen noch irgendeine besondere Lebenskraft gibt – so wie es etwa der Vitalismus früher angenommen hat –, die für das besondere Verhalten der lebendigen Organismen, hier also für das Zuheilen der Wunde beim Walfisch, verantwortlich ist. Vielmehr wird nach deiner Ansicht der Platz für die typisch biologischen Gesetzmäßigkeiten, für die es in der anorganischen Materie kein Analogon gibt, durch die von dir eben als komplementär beschriebene Situation geschaffen.«

»Ja, damit bin ich einverstanden«, meinte Niels. »Man kann wohl auch sagen, daß die beiden Betrachtungsweisen, von denen wir gesprochen haben, sich auf komplementäre Beobachtungssituationen beziehen. Im Prinzip könnten wir wahrscheinlich die Stellung jedes Atoms in einer Zelle ausmessen. Aber man kann sich nicht denken, daß eine solche Messung möglich wäre, ohne die lebendige Zelle dabei zu töten. Was wir am Schluß wüßten, wäre also die Anordnung der Atome in einer getöteten Zelle, nicht in einer lebendigen. Wenn wir dann nach der Quantenmechanik ausrechnen, was mit der aus der Beobachtung entnommenen Anordnung von Atomen weiter geschieht, so wird die Antwort lauten, daß die Zelle zerfällt, in Verwesung übergeht oder wie man das nennen will. Wenn wir umgekehrt die Zelle am Leben erhalten wollen und daher nur sehr begrenzte Beobachtungen der atomaren Struktur zulassen, so werden die aus diesen begrenzten Ergebnissen gewonnenen Aussagen auch noch richtig bleiben, sie werden aber keine Entscheidung darüber zulassen, ob die Zelle am Leben bleibt oder zerfällt.«

»Diese Abgrenzung der biologischen Gesetzmäßigkeiten von den physikalisch-chemischen durch die Komplementarität finde ich einleuchtend«, setzte ich das Gespräch fort. »Aber das, was du gesagt hast, läßt noch die Wahl offen zwischen zwei Interpretationen, die nach Ansicht vieler Naturwissenschaftler radikal verschieden sind. Träumen wir uns für einen Moment in einen zukünftigen Zustand der Naturwissenschaft, in dem die Biologie ebenso vollständig mit Physik und Chemie verschmolzen sein wird, wie in der heutigen Quantenmechanik Physik und Chemie miteinander verschmolzen sind. Glaubst du, daß die Naturgesetze in dieser gesamten Wissenschaft dann einfach die Gesetze der Quantenmechanik sein werden, denen man noch biologische Begriffe zugeordnet hat, so wie man den Gesetzen der Newtonschen Mechanik noch statistische Begriffe wie Temperatur und Entropie zuordnen kann; oder meinst du, in dieser einheitlichen Naturwissenschaft gelten dann umfassendere Naturgesetze, von denen aus die Quantenmechanik nur als ein spezieller Grenzfall erscheint, so wie die Newtonsche Mechanik als Grenzfall der Quantenmechanik betrachtet werden kann? Für die erste Behauptung spräche, daß man ja den quantenmechanischen Gesetzen jedenfalls noch den Begriff der erdgeschichtlichen Entwicklung, der Selektion hinzufügen muß, um die Fülle der Organismen zu erklären. Man kann keinen Grund einsehen, warum die Hinzufügung dieses historischen Elements prinzipielle Schwierigkeiten machen sollte. Die Organismen wären also Formen, die die Natur im Laufe einiger Milliarden Jahre auf der Erde im Rahmen der quantenmechanischen Gesetze eingeübt hat. Aber es gibt wohl auch Argumente für die zweite Auffassung. Zum Beispiel kann man sagen, daß in der Quantentheorie bisher nichts von einer Tendenz zur Bildung von solchen ganzheitlichen Formen zu erkennen sei, die durch immer wechselnde Materie mit sehr bestimmten chemischen Eigenschaften für eine begrenzte Zeit aufrechterhalten werden. Ich weiß nicht, welches Gewicht die

Argumente für die beiden Auffassungen haben. Aber was meinst du dazu, Niels?«

»Zunächst kann ich nicht einsehen«, antwortete Niels, »daß die Entscheidung zwischen den beiden Möglichkeiten im jetzigen Stadium der Wissenschaft so besonders wichtig sein soll. Es kommt doch vor allem darauf an, daß wir gegenüber der beherrschenden Rolle der physikalischen und chemischen Gesetzmäßigkeiten im Naturgeschehen einen angemessenen Platz für die Biologie finden. Dazu reicht aber die Überlegung über die Komplementarität der Beobachtungssituationen, die wir vorhin angestellt haben, offensichtlich aus. Eine Ergänzung der Quantenmechanik durch biologische Begriffe wird daher so oder so stattfinden. Ob aber zugleich mit der Ergänzung auch eine Erweiterung der Quantenmechanik notwendig sein wird, läßt sich im Augenblick noch nicht übersehen. Vielleicht ist der Reichtum an mathematischen Formen, der in der Quantentheorie steckt, längst groß genug, um auch die biologischen Formen darzustellen. Solange die biologische Forschung selbst keinen Grund für eine Erweiterung der quantentheoretischen Physik sieht, soll man natürlich auch nicht nach solchen Erweiterungen suchen. Es ist in der Naturwissenschaft immer eine gute Politik, so konservativ wie möglich zu sein und nur unter dem Zwang sonst unerklärbarer Beobachtungen Erweiterungen vorzunehmen.«

»Es gibt ja Biologen, die glauben, daß dieser Zwang vorliege«, setzte ich das Gespräch fort, »die meinen, daß die Darwinsche Theorie in ihrer heutigen Form: ›zufällige Mutationen und Auswahl durch den Selektionsprozeß‹ nicht ausreiche, um die verschiedenen organischen Formen auf der Erde zu erklären. Aber dem Laien leuchtet es ja durchaus ein, wenn er von den Biologen lernt, daß zufällige Mutationen eintreten können, daß sich also das Erbgut der betreffenden Art gelegentlich ändert, einmal in dieser, einmal in jener Richtung, und daß durch die Umweltbedingungen einige dieser abgeänderten Arten in der Fortpflanzung bevorzugt, andere gehemmt werden. Wenn dann Darwin erklärt, daß es sich hier um einen Ausleseprozeß handelt, daß eben nur ›der Kräftigste überlebt‹, so wird man das gern glauben, aber man wird vielleicht fragen, ob es sich bei diesem Satz um eine Aussage oder um eine Definition des Wortes ›kräftig‹ handelt. Wir nennen eben jene Arten ›kräftig‹ oder ›geeignet‹ oder ›lebenstüchtig‹, die unter den gegebenen Umständen besonders gut gedeihen. Aber selbst wenn wir einsehen, daß durch diesen Ausleseprozeß Arten entstehen, die besonders geeignet oder lebenstüchtig sind, so ist es doch immer noch schwer zu glauben, daß so komplizierte Organe wie etwa das menschliche Auge nur durch solche zufälligen Änderungen allmählich entstanden sind. Viele Biologen sind ja offenbar der Ansicht, daß so etwas möglich sei, und sie sind wohl auch in der Lage anzugeben, welche einzelnen Schritte im Lauf der Erdgeschichte zu dem Endprodukt, dem Auge, geführt haben könnten. Aber andere scheinen skeptisch.

Mir wurde von einem Gespräch erzählt, das der Mathematiker und Quantentheoretiker von Neumann einmal mit einem Biologen über diese Frage geführt hat. Der Biologe war ein überzeugter Anhänger des modernen Darwinismus, von Neumann war skeptisch. Der Mathematiker führte den Biologen ans Fenster seines Studierzimmers und sagte: ›Sehen Sie dort drüben auf dem Hügel das hübsche weiße Landhaus? Das ist durch Zufall entstanden. Im Lauf der Millionen Jahre ist der Hügel durch geologische Prozesse gebildet worden, die Bäume sind gewachsen, morsch geworden, zerfallen und wieder gewachsen, und dann hat der Wind gelegentlich die Spitze des Hügels mit Sand bedeckt, Steine sind vielleicht durch einen vulkanischen Prozeß dorthin geschleudert worden und durch Zufall auch einmal geordnet aufeinander liegen geblieben. Und so ist es weiter gegangen. Natürlich ist im Lauf der Erdgeschichte durch diese zufälligen ungeordneten Vorgänge meist irgendetwas anderes entstanden. Aber einmal ist eben auch nach langer, langer Zeit das Landhaus entstanden, und dann sind Menschen eingezogen und bewohnen es jetzt.‹ Der Biologe war natürlich nicht sehr glücklich über diese Argumentation. Aber von Neumann ist ja auch kein Biologe, und ich traue mir kein Urteil darüber zu, wer hier recht hat. Ich vermute, daß es auch unter den Biologen keine einheitliche Meinung darüber gibt, ob der Darwinsche Ausleseprozeß zur Erklärung der komplizierten Organismen ausreicht oder nicht.«

»Das ist wohl einfach eine Frage nach der Zeitskala«, meinte Niels. »Die Darwinsche Theorie in ihrer heutigen Form enthält ja zwei unabhängige Aussagen. In der einen wird behauptet, daß im Prozeß der Vererbung immer neue Formen ausprobiert werden, von denen die meisten unter den gegebenen äußeren Umständen wieder als unbrauchbar eliminiert werden; nur wenige geeignete bleiben übrig. Das ist wohl empirisch sicher richtig. Es wird aber zweitens angenommen, daß die neuen Formen durch rein zufällige Störungen der Genstruktur zustande kommen. Diese zweite These ist, auch wenn wir uns schwer etwas anderes vorstellen können, viel problematischer. Das Neumannsche Argument soll natürlich dartun, daß zwar nach hinreichend langer Zeit fast alles durch Zufall entstehen kann, daß man aber bei einer solchen Erklärung leicht zu absurd langen Zeiten kommt, die in der Natur sicher nicht zur Verfügung stehen. Schließlich wissen wir aus physikalischen und astrophysikalischen Beobachtungen, daß seit der Entstehung primitivster Lebewesen auf der Erde höchstens einige Milliarden Jahre vergangen sein können. In dieser Zeit muß also die ganze Entwicklung von den primitivsten bis zu den höchstentwickelten Lebewesen abgelaufen sein. Ob das Spiel der zufälligen Mutationen und Auslese durch den Selektionsprozeß ausreicht, um in dieser Zeit zu den komplizierten hochentwickelten Organismen zu führen, hängt also von den biologischen Zeiten ab, die zur Entwicklung neuer Arten gebraucht werden. Ich vermute, daß man bisher noch viel zuwenig über diese Zeiten weiß, um eine zuverlässige Antwort geben zu können. Daher wird man das Problem wohl einstweilen auf sich beruhen lassen müssen.«

»Ein weiteres Argument«, fuhr ich fort, »das für die Notwendigkeit einer Erweiterung der Quantentheorie gelegentlich angeführt wird, ist die Existenz des menschlichen Bewußtseins. Es kann ja kein Zweifel darüber bestehen, daß der Begriff ›Bewußtsein‹ in Physik und Chemie nicht vorkommt, und man kann auch wirklich nicht einsehen, wie irgend etwas Ähnliches aus der Quantenmechanik sich ergeben sollte. In einer Naturwissenschaft, die auch die lebendigen Organismen mit umfaßt, muß das Bewußtsein aber einen Platz haben, weil es zur Wirklichkeit gehört.«

»Dieses Argument«, sagte Niels, »sieht natürlich im ersten Augenblick sehr überzeugend aus. Wir können in den Begriffen von Physik und Chemie nichts finden, das auch nur entfernt mit dem Bewußtsein zu tun hätte. Wir wissen nur, daß es Bewußtsein gibt, weil wir es selbst besitzen. Das Bewußtsein ist also auch ein Teil der Natur, oder sagen wir allgemeiner, der Wirklichkeit, und wir müssen neben Physik und Chemie, deren Gesetze in der Quantentheorie niedergelegt sind, noch Gesetzmäßigkeiten ganz anderer Art beschreiben und verstehen können. Aber selbst hier weiß ich nicht, ob man mehr Freiheit braucht, als durch die Komplementaritätsüberlegung schon gegeben wird. Es scheint mir auch hier wenig Unterschied zu machen, ob man – wie in der statistischen Deutung der Wärmelehre – mit der unveränderten Quantenmechanik neue Begriffe in Verbindung bringt und in ihnen neue Gesetzmäßigkeiten formuliert, oder ob man, wie es bei der Erweiterung der klassischen Physik zur Quantentheorie notwendig war, die Quantentheorie selbst zu einem allgemeineren Formalismus erweitern muß, um auch die Existenz des Bewußtseins mit zu ergreifen. Das eigentliche Problem lautet doch: Wie kann der Teil der Wirklichkeit, der mit dem Bewußtsein anfängt, mit jenem anderen zusammenpassen, der von Physik und Chemie beschrieben wird? Wie kommt es, daß die Gesetzmäßigkeiten in diesen beiden Teilen nicht in Konflikt geraten? Hier handelt es sich doch offensichtlich um eine echte Situation der Komplementarität, die man, wenn man später mehr über die Biologie weiß, natürlich noch im einzelnen genauer analysieren muß.«

So setzte sich das Gespräch noch über Stunden fort. Eine Zeitlang übernahm Niels das Ruder, und Chievitz kontrollierte den Kompaß, und ich saß weiter vorne, um in der schwarzen Nacht irgendwelche Lichtpunkte zu entdecken. Die Mitternacht war vorüber. Hinter den noch immer ziemlich dichten Wolken zeigte manchmal ein heller Schein die Stellung des Mondes an. Wir mußten, seit wir in den Storström eingefahren waren, wohl gut 40 km zurückgelegt haben. Also sollten wir uns schon dem Sund von Omö nähern, den wir noch passieren wollten, bevor wir vor Anker gingen. Nach der Seekarte war die Einfahrt in den Sund durch einen aus dem Wasser herausragenden Besen markiert. Aber wie man in pechschwarzer Nacht nach 40 km Kompaßsegeln in schwach strömendem Wasser einen Besen finden sollte, blieb mir zunächst schleierhaft.

Chievitz fragte: »Heisenberg, haben Sie den Besen schon gefunden?«

»Nein, Sie könnten genausogut fragen, ob ich den Tischtennisball schon gefunden hätte, der beim letzten durchfahrenden Dampfer über Bord gegangen ist.«

»Dann sind Sie ein schlechter Segler.«

»Können Sie nicht nach vorne kommen?«

Chievitz sprach jetzt so laut, daß man es auch in der Koje unten hören mußte: »Es ist immer die alte Geschichte, wie in allen schlechten Romanen; der Kapitän schläft, das Schiff läuft auf ein Riff, und die Mannschaft geht unter.«

Von unten tönte Bjerrums verschlafene Stimme: »Wißt Ihr wenigstens ungefähr, wo wir sind?«

Chievitz: »Doch, ganz genau, auf der Yacht Chita, unter Führung von Kapitän Bjerrum, der leider schläft.«

Bjerrum kam nun nach oben und übernahm die Navigation. In weiter Ferne konnte man noch die Signale eines Leuchtfeuers erkennen, das nun genau angepeilt werden mußte. Außerdem erhielt ich den Auftrag, mit einem Lot die Wassertiefe auszumessen, was bei der relativ langsamen Fahrt einigermaßen genau möglich war. Nun wurde die Seekarte zu Rate gezogen, und da wir zwei Koordinaten für unsere Position hatten, die Gerade zum Leuchtfeuer und die Linie der gemessenen Wassertiefe, ergab sich eine Position, die, wie wir zu unserer freudigen Überraschung feststellten, nur noch einen guten Kilometer von jenem gesuchten Besen entfernt sein sollte. Wir segelten dann noch einige Minuten in der vorgeschriebenen Richtung. Bjerrum kam zu mir nach vorne an die Spitze, und während ich noch absolut nichts sehen konnte, sagte er plötzlich: »Da ist er«, und wir hatten nur noch einige hundert Meter zur Einfahrt in den Sund von Omö. Auf der anderen Seite der Insel gingen wir dann vor Anker und waren alle froh, den Rest der Nacht in der Koje in tiefem Schlaf verbringen zu können.

# 10
# Quantenmechanik und Kantsche Philosophie (1930–1932)

Mein neuer Leipziger Kreis erweiterte sich in jenen Jahren rasch. Hochbegabte junge Menschen aus den verschiedensten Ländern stießen zu uns, um an der Entwicklung der Quantenmechanik teilzunehmen oder sie auf die Struktur der Materie anzuwenden. Und diese aktiven, allem Neuen aufgeschlossenen Physiker bereicherten unsere Diskussionen im Seminar und erweiterten fast von Monat zu Monat den Raum, der durch die neuen Gedanken erschlossen werden konnte. Der Schweizer Felix Bloch begründete das Verständnis der elektrischen Eigenschaften der Metalle, Landau aus Rußland und Peierls diskutierten über die mathematischen Probleme der Quantenelektrodynamik, Friedrich Hund entwickelte die Theorie der chemischen Bindung, Edward Teller berechnete optische Eigenschaften von Molekülen. Im Alter von knapp 18 Jahren trat Carl Friedrich von Weizsäcker dieser Gruppe bei und brachte eine philosophische Note in ihre Gespräche; obwohl er Physik studierte, war deutlich zu spüren, daß er immer dann, wenn durch unsere physikalischen Probleme im Seminar Fragen der Philosophie oder der Erkenntnistheorie aufgeworfen wurden, besonders aufmerksam und gespannt zuhörte und unter starker innerer Beteiligung mitdiskutierte.

Eine besondere Gelegenheit zu philosophischen Gesprächen ergab sich dann ein oder zwei Jahre später, als eine junge Philosophin, Grete Hermann, nach Leipzig kam, um sich mit den Atomphysikern über deren philosophische Behauptungen auseinanderzusetzen – Behauptungen, von deren Unrichtigkeit sie zunächst fest überzeugt war. Grete Hermann hatte im Kreis um den Göttinger Philosophen Nelson studiert und mitgearbeitet, und sie war dort in den Gedankengängen der Kantschen Philosophie aufgewachsen, so wie sie von dem Philosophen und Naturforscher Fries am Anfang des 19. Jahrhunderts interpretiert worden war. Es gehörte zu den Forderungen der Friesschen Schule und damit auch des Nelsonschen Kreises, daß philosophische Überlegungen den gleichen Grad von Strenge haben müßten, wie ihn sonst nur die moderne Mathematik verlangt. Mit diesem Grad von Strenge glaubte nun Grete Hermann nachweisen zu können, daß an dem Kausalgesetz – in der Form, die ihm Kant gegeben hat – nicht gerüttelt werden könne. Die neue Quantenmechanik aber stellte diese Form des Kausalgesetzes doch in gewisser Weise in Frage, und die junge Philosophin war entschlossen, diesen Kampf bis zum Ende auszufechten.

Unser erstes Gespräch, in dem sie mit Carl Friedrich von Weizsäcker und mir diskutierte, könnte sie etwa mit folgender Überlegung begonnen haben:

»In der Philosophie Kants ist das Kausalgesetz doch nicht eine empirische Behauptung, die durch die Erfahrung begründet oder auch widerlegt werden könnte, sondern es ist umgekehrt die Voraussetzung für alle Erfahrung, es gehört zu jenen Denkkategorien, die Kant ›a priori‹ nennt. Die Sinneseindrücke, mit denen wir die Welt aufnehmen, wären ja nichts als ein subjektives Spiel von Empfindungen, denen kein Objekt entspräche, wenn es nicht eine Regel gäbe, nach der die Eindrücke aus einem vorhergehenden Vorgang folgen. Diese Regel, nämlich die eindeutige Verknüpfung von Ursache und Wirkung, muß also schon vorausgesetzt werden, wenn man die Wahrnehmungen objektivieren will, wenn man behaupten will, daß man etwas – ein Ding oder einen Vorgang – erfahren habe. Die Naturwissenschaft andererseits handelt von Erfahrungen, und zwar gerade von objektiven Erfahrungen; nur solche Erfahrungen, die auch von anderen kontrolliert werden können, die in diesem präzisen Sinne objektiv sind, können den Gegenstand der Naturwissenschaft bilden. Daraus folgt doch zwangsläufig, daß alle Naturwissenschaft das Kausalgesetz voraussetzen muß, daß es nur soweit Naturwissenschaft geben kann, wie es auch Kausalgesetz gibt. Das Kausalgesetz ist also gewissermaßen ein Werkzeug unseres Denkens, mit dem wir versuchen, das Rohmaterial unserer Sinneseindrücke zu Erfahrung zu verarbeiten. Und nur in dem Umfang, in dem dies gelingt, besitzen wir auch einen Gegenstand für die Naturwissenschaft. Wie kann es also sein, daß die Quantenmechanik dieses Kausalgesetz auflockern will und doch gleichzeitig Naturwissenschaft bleiben möchte?«

Ich mußte nun versuchen, zunächst die Erfahrungen zu schildern, die zur statistischen Deutung der Quantentheorie geführt hatten.

»Nehmen wir an, wir hätten es mit einem einzelnen Atom der Sorte Radium B zu tun. Es ist zwar sicher leichter mit vielen solchen Atomen auf einmal, das heißt mit einer kleinen Menge Radium B, zu experimentieren als mit einem einzelnen Atom, aber prinzipiell gibt es wohl kein Hindernis, auch das Verhalten eines einzelnen solchen Atoms zu untersuchen. Dann wissen wir also, über kurz oder lang wird das Radium B-Atom in irgendeiner Richtung ein Elektron aussenden und damit in ein Radium C-Atom übergehen. Im Mittel wird das nach einer knappen halben Stunde geschehen, aber das Atom kann sich ebensogut schon nach Sekunden oder erst nach Tagen umwandeln. Im Mittel heißt dabei; wenn wir es mit vielen Radium B-Atomen zu tun haben, dann wird nach einer halben Stunde ungefähr die Hälfte umgewandelt sein. Aber wir können, und darin äußert sich eben ein gewisses Versagen des Kausalgesetzes, beim einzelnen Radium B-Atom keine Ursache dafür angeben, daß es gerade jetzt und nicht früher oder später zerfällt, daß es gerade in dieser Richtung und nicht in einer anderen das Elektron aussendet. Und wir sind aus vielen Gründen überzeugt, daß es auch keine solche Ursache gibt.«

»Eben an dieser Stelle«, entgegnete Grete Hermann, »könnte doch der Fehler der heutigen Atomphysik liegen. Aus der Tatsache, daß man für ein bestimmtes Ereignis noch keine Ursache gefunden hat, kann doch unmöglich gefolgert werden, daß es auch keine Ursache gibt. Ich würde daraus nur schließen, daß hier noch eine ungelöste Aufgabe vorliegt, das heißt daß die Atomphysiker weiter suchen sollen, bis sie die Ursache gefunden haben. Die Kenntnis, die sie vom Zustand des Radium B-Atoms vor der Aussendung des Elektrons haben, ist bisher offenbar unvollständig, denn sonst müßte man ja bestimmen können, wann und in welcher Richtung das Elektron ausgesandt werden soll. Man muß also weiter suchen, bis man eine vollständige Kenntnis erworben hat.«

»Nein, wir halten diese Kenntnis für vollständig«, versuchte ich weiter zu erklären. »Denn aus anderen Experimenten, die wir auch mit diesem Radium B-Atom anstellen könnten, geht hervor, daß es keine weiteren Bestimmungsstücke dieses Atoms geben kann als jene, die wir schon kennen. Ich will das genauer auseinandersetzen: Wir haben eben festgestellt, daß man nicht weiß, in welcher Richtung das Elektron ausgesandt werden wird, und Sie haben geantwortet, also müsse man weiter nach Bestimmungsstücken suchen, die diese Richtung determinieren. Aber nehmen wir weiter an, wir hätten solche Bestimmungsstücke gefunden, so geraten wir in folgende Schwierigkeit. Das auszusendende Elektron kann ja auch als eine Materiewelle aufgefaßt werden, die vom Atomkern ausgestrahlt wird. Eine solche Welle kann Interferenzerscheinungen auslösen. Nehmen wir ferner an, daß die Teile der Welle, die zunächst vom Atomkern in entgegengesetzten Richtungen ausgesandt werden, in einer dazu eingerichteten Apparatur zur Interferenz gebracht werden und daß als Folge des Apparates danach in einer bestimmten Richtung Auslöschung eintritt. Das würde bedeuten, daß mit Sicherheit vorhergesagt werden kann, daß das Elektron schließlich nicht in dieser Richtung ausgesandt werden wird. Wenn wir aber neue Bestimmungsstücke kennengelernt hätten, aus denen hervorginge, daß das Elektron zunächst vom Atomkern in einer ganz bestimmten Richtung ausgesandt werden wird, so würde die Interferenzerscheinung ja gar nicht zustande kommen können. Die Auslöschung durch Interferenz würde nicht eintreten, und der vorher gezogene Schluß könnte nicht aufrecht erhalten werden. Tatsächlich aber wird die Auslöschung experimentell beobachtet werden. Die Natur teilt uns also mit, daß es die umstrittenen Bestimmungsstücke gar nicht gibt, daß unsere Kenntnis schon ohne neue Bestimmungsstücke vollständig ist.«

»Aber das ist ja fürchterlich«, meinte Grete Hermann. »Auf der einen Seite sagen Sie, unsere Kenntnis des Radium B-Atoms sei unvollständig, denn wir wissen nicht, wann und in welcher Richtung das Elektron ausgesandt werden wird; auf der anderen Seite sagen Sie, die Kenntnis sei vollständig, denn wenn es noch weitere Bestimmungsstücke gäbe, würden wir in Widerspruch zu gewissen anderen Experimenten geraten. Aber unsere Kenntnis kann doch nicht gleichzeitig vollständig und unvollständig sein. Das ist doch einfach Unsinn.«

Carl Friedrich fing nun an, die Voraussetzungen der Kantschen Philosophie etwas genauer zu analysieren: »Der scheinbare Widerspruch«, sagte er, »der hier vorliegt, kommt wohl dadurch zustande, daß wir in dem, was wir sagen, so tun, als ob man von einem Radium B-Atom ›an sich‹ sprechen könnte. Das ist aber nicht selbstverständlich und eigentlich auch nicht richtig. Schon bei Kant ist das ›Ding an sich‹ ja ein problematischer Begriff. Kant weiß, daß man vom ›Ding an sich‹ nichts aussagen kann; gegeben sind uns nur Objekte der Wahrnehmung. Aber Kant nimmt an, daß man diese Objekte der Wahrnehmung sozusagen nach dem Modell eines ›Dinges an sich‹ verknüpfen oder ordnen kann. Er setzt also eigentlich jene Struktur der Erfahrung als a priori gegeben voraus, an die wir uns im täglichen Leben gewöhnt haben und die in präziser Form die Grundlage der klassischen Physik bildet. Die Welt besteht nach dieser Auffassung aus Dingen im Raum, die sich in der Zeit verändern, aus Vorgängen, die aufeinander nach einer Regel folgen. Aber in der Atomphysik haben wir gelernt, daß sich die Wahrnehmungen nicht mehr nach dem Modell des ›Dinges an sich‹ verknüpfen oder ordnen lassen. Daher gibt es auch kein Radium B-Atom ›an sich‹.«

Grete Hermann unterbrach ihn: »Die Art, wie Sie den Begriff ›Ding an sich‹ benützen, scheint mir nicht genau dem Geist der Kantschen Philosophie zu entsprechen. Sie müssen deutlich unterscheiden zwischen dem Ding an sich und dem physikalischen Gegenstand. Das Ding an sich tritt nach Kant in der Erscheinung überhaupt nicht auf, auch nicht indirekt. Dieser Begriff hat in der Naturwissenschaft und in der ganzen theoretischen Philosophie nur die Funktion, dasjenige zu bezeichnen, worüber man schlechterdings nichts wissen kann. Denn unser ganzes Wissen ist auf Erfahrung angewiesen, und Erfahrung bedeutet gerade, Dinge so kennen, wie sie uns erscheinen. Auch die Erkenntnis a priori geht nicht auf ›Dinge, wie sie an sich sein mögen‹, denn ihre einzige Funktion ist, Erfahrung möglich zu machen. Wenn Sie im Sinne der klassischen Physik vom Radium B-Atom ›an sich‹ sprechen, so meinen Sie damit also eher das, was Kant einen Gegenstand oder ein Objekt nennt. Objekte sind Teile der Welt der Erscheinung: Stühle und Tische, Sterne und Atome.«

»Auch wenn man sie gar nicht sieht, wie zum Beispiel die Atome?«

»Auch dann, denn wir erschließen sie aus der Erscheinung. Die Welt der Erscheinung ist ein zusammenhängendes Gefüge, und es ist ohnehin, selbst in der alltäglichen Wahrnehmung, nicht möglich, scharf zwischen dem zu unterscheiden, was man unmittelbar sieht und dem, was man nur erschließt. Sie sehen diesen Stuhl; seine Rückseite sehen Sie jetzt gerade nicht, aber Sie nehmen sie doch mit derselben Sicherheit an wie die Vorderseite, die Sie sehen. Das heißt eben, daß Naturwissenschaft objektiv ist; sie ist objektiv, weil sie nicht von Wahrnehmungen, sondern von Objekten redet.«

»Aber vom Atom sehen wir weder die Vorder- noch die Rückseite. Warum soll es dieselben Eigenschaften haben wie Stühle und Tische?«

»Weil es ein Objekt ist. Ohne Objekte keine objektive Wissenschaft. Und was Objekte sind, ist durch die Kategorien Substanz,

Kausalität usw. bestimmt. Wenn Sie auf die strenge Anwendung dieser Kategorien verzichten, so verzichten Sie auf die Möglichkeit von Erfahrung überhaupt.«

Aber Carl Friedrich wollte nicht lockerlassen. »Es handelt sich in der Quantentheorie um eine neue Art, die Wahrnehmungen zu objektivieren, auf die Kant noch nicht hat verfallen können. Jede Wahrnehmung bezieht sich auf eine Beobachtungssituation, die angegeben werden muß, wenn aus Wahrnehmung auch Erfahrung folgen soll. Das Ergebnis der Wahrnehmungen läßt sich nicht mehr in der gleichen Weise objektivieren, wie das in der klassischen Physik möglich war. Wenn ein Experiment gemacht worden ist, aus dem geschlossen werden kann, daß hier und jetzt ein Radium B-Atom vorhanden sei, so ist die damit erworbene Kenntnis vollständig für diese Beobachtungssituation; aber für eine andere Beobachtungssituation, die etwa Aussagen über ein ausgesandtes Elektron zuläßt, ist sie nicht mehr vollständig. Wenn zwei verschiedene Beobachtungssituationen in dem Verhältnis zueinander stehen, das von Bohr komplementär genannt worden ist, so bedeutet eine vollständige Kenntnis für die eine Beobachtungssituation zugleich eine unvollständige Kenntnis für die andere.«

»Und damit wollen Sie die ganze Kantsche Analyse der Erfahrung zerstören?«

»Nein, das wäre meiner Ansicht nach gar nicht möglich. Kant hat ja sehr genau beobachtet, wie Erfahrung wirklich gewonnen wird, und ich glaube, daß seine Analyse im wesentlichen richtig ist. Aber wenn Kant die Anschauungsformen Raum und Zeit und die Kategorie Kausalität als ›a priori‹ zur Erfahrung bezeichnet, so begibt er sich damit in die Gefahr, sie gleichzeitig absolut zu setzen und zu behaupten, daß sie auch inhaltlich in beliebigen physikalischen Theorien der Erscheinungen in gleicher Form auftreten müßten. Dies ist aber nicht der Fall, wie durch Relativitätstheorie und Quantentheorie erwiesen wird. Trotzdem hat Kant in einer Weise vollständig recht: Die Experimente, die der Physiker anstellt, müssen zunächst immer in der Sprache der klassischen Physik beschrieben werden, da es anders gar nicht möglich wäre, dem anderen Physiker mitzuteilen, was gemessen worden ist. Und erst dadurch wird der andere in die Lage versetzt, die Ergebnisse zu kontrollieren. Das Kantsche ›a priori‹ wird also in der modernen Physik keineswegs beseitigt, aber es wird in einer gewissen Weise relativiert. Die Begriffe der klassischen Physik, das heißt auch die Begriffe ›Raum‹, ›Zeit‹, ›Kausalität«, sind in dem Sinn a priori zur Relativitätstheorie und Quantentheorie, als sie bei der Beschreibung der Experimente verwendet werden müssen – oder sagen wir vorsichtiger, tatsächlich verwendet werden. Aber inhaltlich werden sie in diesen neuen Theorien doch modifiziert.«

»Mit alledem habe ich doch noch keine ganz klare Antwort auf meine Ausgangsfrage erhalten«, sagte Grete Hermann. »Ich wollte doch wissen, warum wir dort, wo wir noch keine Ursachen gefunden haben, die zur Vorausberechnung eines Ereignisses, zum Beispiel des Aussendens eines Elektrons, genügen, nicht weiter suchen sollen. Sie wollen dieses Suchen ja auch nicht einfach verbieten; aber Sie sagen, dieses Suchen kann zu nichts führen, da es keine weiteren Bestimmungsstücke geben kann; denn gerade die mathematisch präzis formulierbare Unbestimmtheit gibt für eine andere Versuchsanordnung zu bestimmten Voraussagen Anlaß. Und auch dies wird von den Experimenten bestätigt. Wenn man so redet, so erscheint die Unbestimmtheit gewissermaßen als eine physikalische Realität, sie erhält einen objektiven Charakter, während doch gewöhnlich Unbestimmtheit einfach als Unkenntnis interpretiert wird und insofern etwas rein Subjektives ist.«

Hier versuchte ich wieder in das Gespräch einzugreifen und sagte: »Damit haben Sie genau den charakteristischen Zug der heutigen Quantentheorie beschrieben. Wenn wir aus den atomaren Erscheinungen auf Gesetzmäßigkeiten schließen wollen, so stellt sich heraus, daß wir nicht mehr objektive Vorgänge in Raum und Zeit gesetzmäßig verknüpfen können, sondern – um einen vorsichtigeren Ausdruck zu gebrauchen – Beobachtungssituationen. Nur für diese erhalten wir empirische Gesetzmäßigkeiten. Die mathematischen Symbole, mit denen wir eine solche Beobachtungssituation beschreiben, stellen eher das Mögliche als das Faktische dar. Vielleicht könnte man sagen, sie stellen ein Zwischending zwischen Möglichem und Faktischem dar, das objektiv höchstens im gleichen Sinne genannt werden kann wie etwa die Temperatur in der statistischen Wärmelehre. Diese bestimmte Erkenntnis des Möglichen läßt zwar einige sichere und scharfe Prognosen zu, in der Regel aber erlaubt sie nur Schlüsse auf die Wahrscheinlichkeit eines zukünftigen Ereignisses. Kant konnte nicht voraussehen, daß in Erfahrungsbereichen, die weit jenseits der täglichen Erfahrung liegen, eine Ordnung des Wahrgenommenen nach dem Modell des ›Dings an sich‹ oder, wenn Sie wollen, des ›Gegenstands‹ nicht mehr durchgeführt werden kann, daß also, um es auf eine einfache Formel zu bringen, Atome keine Dinge oder Gegenstände mehr sind.«

»Aber was sind sie dann?«

»Dafür wird es kaum einen sprachlichen Ausdruck geben können, denn unsere Sprache hat sich an den täglichen Erfahrungen gebildet, und die Atome sind ja gerade nicht Gegenstände der täglichen Erfahrung. Aber wenn Sie mit Umschreibungen zufrieden sind: Sie sind Bestandteile von Beobachtungssituationen, Bestandteile, die für eine physikalische Analyse der Phänomene einen hohen Erklärungswert besitzen.«

»Wenn wir schon über die Schwierigkeiten des sprachlichen Ausdrucks reden«, warf hier Carl Friedrich ein, »so besteht doch vielleicht die wichtigste Lehre, die man aus der modernen Physik ziehen kann, darin, daß alle Begriffe, mit denen wir Erfahrungen beschreiben, nur einen begrenzten Anwendungsbereich haben. Bei allen solchen Begriffen wie ›Ding‹, ›Objekt der Wahrnehmung‹, ›Zeitpunkt‹, ›Gleichzeitigkeit‹, ›Ausdehnung‹ usw. können wir experimentelle Situationen aufweisen, in denen wir mit diesen Begriffen in Schwierigkeiten geraten. Das bedeutet nicht, daß diese Begriffe nicht gleichwohl Voraussetzung aller Erfahrungen seien, aber es bedeutet, daß es sich um eine Voraussetzung handelt, die jeweils kritisch analysiert werden muß, aus der keine absoluten Forderungen hergeleitet werden können.«

Grete Hermann war über diese Entwicklung unseres Gesprächs wohl sehr unglücklich. Sie hatte gehofft, mit den Denkwerkzeugen der Kantschen Philosophie die Ansprüche der Atomphysiker in aller Schärfe widerlegen zu können oder umgekehrt einzusehen, daß Kant an irgendeiner Stelle einen entscheidenden Denkfehler begangen hätte. Nun sah es beinahe aus wie ein farbloses Unentschieden, das ihren Wunsch nach Klarheit nicht voll befriedigte. Sie fragte also weiter: »Bedeutet diese Relativierung des Kantschen ›a priori‹, ja der Sprache selbst, nicht einfach eine volle Resignation im Sinne des ›ich sehe, daß wir nichts wissen können‹? Gibt es also nach Ihrer Ansicht keinen Boden der Erkenntnis, auf dem man fest stehen kann?«

Carl Friedrich antwortete nun sehr mutig, daß er gerade aus der Entwicklung der Naturwissenschaft die Berechtigung zu einer etwas optimistischeren Auffassung nehme.

»Wenn wir sagen, daß Kant mit seinem ›a priori‹ die Erkenntnissituation der damaligen Naturwissenschaft richtig analysiert habe, daß wir aber in der heutigen Atomphysik vor einer neuen Erkenntnissituation stünden, so hat diese Aussage vielleicht eine gewisse Verwandtschaft mit der anderen Aussage, daß die Hebelgesetze des Archimedes die richtige Formulierung der für die damalige Technik wichtigen praktischen Regeln enthielten, daß aber diese Gesetze für die heutige Technik, zum Beispiel für die Technik der Elektronen, nicht mehr ausreichen. Die Hebelgesetze des Archimedes enthalten echtes Wissen, nicht nur unbestimmtes Meinen. Sie werden zu allen Zeiten gelten, in denen von Hebeln die Rede ist, und wenn es auf den Planeten irgendwelcher weit entfernten Sternsysteme Hebel gibt, so müssen auch dort die Behauptungen des Archimedes richtig bleiben. Der zweite Teil der Aussage, daß die Menschen mit der Erweiterung ihres Wissens in Bereiche der Technik vorgedrungen seien, in denen der Begriff des Hebels nicht mehr ausreicht, bedeutet also eigentlich weder eine Relativierung noch eine Historisierung der Hebelgesetze; er bedeutet nur, daß die Hebelgesetze in der geschichtlichen Entwicklung Teile eines umfassenderen Systems der Technik werden, daß ihnen später nicht mehr die zentrale Bedeutung zukommt, die sie am Anfang hatten. In ähnlicher Weise glaube ich, daß die Kantsche Analyse der Erkenntnis echtes Wissen, nicht nur unbestimmtes Meinen enthält, und daß sie überall dort richtig bleibt, wo lebendige Wesen, die reflektieren können, zu ihrer Umwelt in die Beziehung treten, die wir vom menschlichen Standpunkt aus ›Erfahrung‹ genannt haben. Aber auch das Kantsche ›a priori‹ kann später aus seiner zentralen Stellung verdrängt und Teil einer sehr viel umfassenderen Analyse des Erkenntnisprozesses werden. Es wäre an dieser Stelle sicher falsch, naturwissenschaftliches oder philosophisches Wissen mit dem Satz ›Jede Zeit hat ihre eigene Wahrheit‹ aufweichen zu wollen. Aber man muß sich doch gleichzeitig vor Augen halten, daß sich mit der historischen Entwicklung auch die Struktur des menschlichen Denkens ändert. Der Fortschritt der Wissenschaft vollzieht sich nicht nur dadurch, daß uns neue Tatsachen bekannt und verständlich werden, sondern auch dadurch, daß wir immer wieder neu lernen, was das Wort ›Verstehen‹ bedeuten kann.«

Mit dieser Antwort, die ja teilweise von Bohr stammte, war Grete Hermann, wie uns schien, einigermaßen zufrieden, und wir hatten das Gefühl, das Verhältnis der Kantschen Philosophie zur modernen Naturwissenschaft besser verstanden zu haben.

## 11
Diskussionen über die Sprache (1933)

Das »goldene Zeitalter der Atomphysik« ging nun schnell seinem Ende entgegen. In Deutschland wuchs die politische Unruhe. Radikale Gruppen von rechts und links demonstrierten auf den Straßen, bekämpften sich mit Waffen in den Hinterhöfen der ärmeren Stadtviertel und agitierten gegeneinander in öffentlichen Versammlungen. Fast unmerklich breitete sich die Unruhe und mit ihr die Angst auch im Universitätsleben und in den Fakultätssitzungen aus. Eine Zeitlang versuchte ich die Gefahr von mir wegzuschieben, die Auftritte auf den Straßen zu ignorieren. Aber die Wirklichkeit ist schließlich doch stärker als unsere Wünsche, und sie drang diesmal in Form eines Traumes in mein Bewußtsein ein. An einem Sonntagmorgen wollte ich mit Carl Friedrich sehr früh zu einer Radtour aufbrechen; ich hatte den Wecker auf fünf Uhr gestellt. Aber vor dem Erwachen erschien mir im Dämmerzustand ein merkwürdiges Bild. Ich ging wieder wie im Frühjahr 1919 in der ersten Morgensonne durch die Ludwigstraße in München. Die Straße war von einem rötlichen, immer heller und unheimlicher werdenden Licht erfüllt, eher Feuer als Morgensonne. Menschenmengen mit roten und schwarzweißroten Fahnen fluteten vom Siegestor gegen die Brunnen vor der Universität, ein Brausen und Toben erfüllte die Luft. Plötzlich fing dicht vor mir ein Maschinengewehr zu hämmern an. Ich versuchte mich durch einen Sprung in Sicherheit zu bringen – und erwachte; das Hämmern des Maschinengewehrs war einfach das Klingeln des Weckers gewesen, und das rötliche Licht war die Morgensonne auf den Vorhängen meines Schlafzimmers. Aber von diesem Augenblick an wußte ich, daß es nun wieder ernst werden würde.

Der Katastrophe im Januar 1933 folgte noch einmal eine glückliche Ferienzeit mit den alten Freunden, die wie ein schöner, aber schmerzlicher Abschied vom »goldenen Zeitalter« lang in unserer Erinnerung nachleuchtete.

In den Bergen oberhalb des Dorfes Bayrischzell auf der Steilen Alm am Südhang des Großen Traithen stand mir eine Skihütte zur Verfügung. Sie war früher einmal von meinen Freunden aus der Jugendbewegung wiederaufgebaut worden, nachdem eine Lawine sie halb zerstört hatte. Der Vater eines Kameraden, ein

Holzhändler, hatte Holz und Werkzeug gestiftet, der Bauer, dem die Hütte gehörte, das Baumaterial im Sommer auf die Alm gefahren, und im Lauf einiger schöner Herbstwochen war durch die Arbeit meiner Freunde ein neues Dach entstanden, die Fensterläden waren repariert und im Inneren eine Schlafstelle hergerichtet. Im Winter durften wir dafür regelmäßig die Alm als Skiunterkunft benutzen, und für die Osterferien 1933 hatte ich Niels und seinen Sohn Christian, Felix Bloch und Carl Friedrich zu einem Skiurlaub auf die Hütte eingeladen. Niels, Christian und Felix wollten von Salzburg, wo Niels irgendeine Verpflichtung hatte, nach Oberaudorf herüberkommen und von dort aufsteigen. Carl Friedrich und ich waren schon zwei Tage vorher zur Hütte gegangen, um sie wohnlich herzurichten und mit Proviant zu versorgen. Einige Wochen vorher waren bei günstigem Wetter Kisten mit Lebensmitteln zum Brünnsteinhaus gefahren worden, von dort mußten wir sie in Rucksäcken in die knapp eine Stunde entfernte Almhütte tragen.

In diesem Anfangsstadium unserer Unternehmung gab es einige Schwierigkeiten. In der ersten Nacht, die Carl Friedrich und ich allein in der Hütte verbrachten, stürmte und schneite es unaufhörlich. Wir konnten am Morgen nur noch mit Mühe den Hütteneingang freischaufeln. Auch als wir uns gegen Mittag mit großer Anstrengung einen Weg durch den fast meterhohen Neuschnee zum Brünnsteinhaus bahnten, war noch kein Ende des Schneetreibens abzusehen, und wir fingen an, die Lawinengefahr ernst zu nehmen. Vom Brünnsteinhaus telephonierte ich verabredungsgemäß mit Niels in Salzburg, schilderte ihm die Lage auf unserem Berg und versprach, ihn am nächsten Tag zusammen mit Carl Friedrich an der Bahnstation Oberaudorf abzuholen. Niels meinte zunächst, das sei doch ganz unnötig, er, Christian und Felix würden einfach in Oberaudorf ein Taxi nehmen und zur Hütte fahren. Ich mußte ihm klar machen, daß diese Vorstellung extrem unrealistisch sei, und so blieb es bei der Verabredung in Oberaudorf. Auch in der zweiten Nacht schneite es so beständig wie in der ersten, und am Morgen war die Hütte fast im Schnee begraben. Von unserer Spur vom Tag vorher war nichts mehr zu sehen. Aber der Himmel wurde klar, das Gelände gut überschaubar, so daß man lawinengefährdete Stellen vermeiden konnte. Carl Friedrich und ich bahnten also, abwechselnd spurend, einen neuen Weg zum Brünnsteinhaus, und von dort konnten wir bergab fahrend ohne Schwierigkeiten eine Spur bis nach Oberaudorf legen. Den so gebahnten Pfad wollten wir später zum Aufstieg zusammen mit unseren Gästen benutzen. Bei klarem Himmel und ruhigem Wetter sollte er wenigstens bis zum Nachmittag erhalten bleiben.

Als wir mittags zu dem verabredeten Zug auf dem Bahnsteig in Oberaudorf standen, war jedoch von Niels, Christian und Felix nichts zu sehen. Wohl aber wurde aus einem Abteil sehr viel Gepäck ausgeladen: Skier, Rucksäcke, Mäntel, die nach der Ausrüstung unserer Gäste aussahen. Wir erfuhren vom Stationsvorsteher, daß die zum Gepäck gehörigen Reisenden dadurch, daß sie auf einer Station eine Tasse Kaffee trinken wollten, den Zug verloren hätten und nun erst mit dem nächsten Zug um 4 Uhr nachmittags ankommen könnten. Mit Sorge schloß ich, daß wir den größten Teil des Aufstiegs unter sehr schwierigen Schneeverhältnissen im Dunkeln zu machen hätten. Carl Friedrich und ich benutzten die Zeit, um unnötige Gepäckstücke aus dem Kopenhagener Gepäck auszusondern; mit den körperlichen Kräften mußte hausgehalten werden. Pünktlich um vier Uhr kamen unsere Gäste, und ich erklärte Niels, daß wir mit dem Weg zur Hütte noch ein Abenteuer zu bestehen hätten. Es sei so viel Schnee gefallen, daß der Aufstieg wohl einfach unmöglich wäre, wenn nicht Carl Friedrich und ich von oben kommend eine Spur in den meterhohen Neuschnee gezogen hätten.

»Das ist merkwürdig«, antwortete Niels nach einigem Nachdenken, »ich dachte immer, ein Berg ist etwas, das man von unten anfängt.«

Diese Bemerkung gab dann noch Anlaß zu weiteren Betrachtungen. Es wurde daran erinnert, daß man in Amerika so etwas wie »inverses Bergsteigen« erleben könne, wenn man den Grand Canyon besuchte. Dort komme man im Schlafwagen auf 2000 m Höhe am Rande einer großen Wüstenebene an, von da könne man dann zum Colorado-River hinabsteigen und müsse allerdings die 2000 m auch wieder hinaufsteigen, um den Schlafwagen zu erreichen. Aber so etwas wird dann eben »Canyon« und nicht »Berg« genannt. Mit solchen Gesprächen kamen wir in den ersten zwei Stunden gut voran. Aber ich mußte damit rechnen, daß ein Aufstieg, für den man im Sommer nur zwei bis drei Stunden benötigt, unter diesen Schneeverhältnissen auch sechs oder sieben Stunden erfordern könnte. Als es völlig dunkel geworden war, gelangten wir in den mühsameren Teil unseres Weges. Ich ging voran, dann kam Niels, in der Mitte Carl Friedrich, der unseren Weg mit einem Windlicht erleuchtete, schließlich Christian und Felix. Die Spur war im allgemeinen noch tief eingegraben und daher leicht zu finden. Nur an Stellen, die sehr frei lagen, hatte der Wind sie wieder zugeweht. Es war mir unheimlich, daß der hohe Schnee immer noch ganz pulvrig war. Da Niels schon etwas ermüdete, mußten wir langsam steigen. Es war gegen zehn Uhr abends, und ich vermutete, daß wir immer noch etwa eine halbe bis eine Stunde zum Brünnsteinhaus zu gehen hätten.

Wir passierten nun einen steilen Hang, und da geschah etwas sehr Merkwürdiges. Ich hatte das Gefühl, irgendwie ins Schwimmen zu geraten. Ich konnte meine Bewegungen nicht mehr recht kontrollieren, und plötzlich wurde ich von allen Seiten so heftig zusammengedrückt, daß ich für einen Moment nicht mehr atmen konnte. Zum Glück blieb ich mit meinem Kopf noch oberhalb der andrängenden Schneemassen, und ich konnte mich in Sekunden auch mit den Armen wieder freimachen. Ich drehte mich um. Es war völlig dunkel, und keiner der Freunde war zu sehen. Ich rief »Niels« und erhielt keine Antwort. Ich war zu Tode erschrocken, weil ich annahm, sie seien alle in der Lawine begraben. Erst als ich mit äußerster Anstrengung auch meine Skier noch ausgegraben und freigemacht hatte, entdeckte ich weit oberhalb meiner Stellung am Hang ein Licht und rief nun ganz laut und erhielt Antwort von Carl Friedrich. Jetzt erst dämmerte es mir, daß ich offenbar ein großes Stück des Hanges von der Lawine mitgenommen worden war, ohne es zu merken. Aber zum Glück waren alle anderen noch oberhalb der Lawine geblieben, wie ich schnell durch Zuruf feststellen konnte. Es war dann nicht schwer, wieder bis zum Windlicht aufzusteigen, und wir setzten unseren Weg nun mit äußerster Vorsicht fort. Um elf Uhr nachts kamen wir im Brünnsteinhaus an und beschlossen, den Übergang zur Hütte nicht mehr zu riskieren. Wir übernachteten im Haus und kamen erst am nächsten Morgen, nach einem Weg durch blendend weiße Schneemassen unter einem dunkelblauen Himmel, zu unserer Alm.

Da uns die Anstrengung des Aufstiegs und der Schrecken über die Lawine noch in den Gliedern steckten, wurden an diesem Tage keine größeren Ausflüge mehr unternommen. Wir lagen auf dem freigeschaufelten Hüttendach in der Sonne und sprachen über die neuesten Ereignisse unserer Wissenschaft. Niels hatte eine Photographie, eine Nebelkammeraufnahme aus Kalifornien, mitgebracht, die sofort im Mittelpunkt des Interesses stand und über die wir heftig diskutierten. Es handelte sich um ein Problem, das einige Jahre vorher durch Paul Dirac in seiner

Arbeit über die relativistische Theorie des Elektrons aufgeworfen worden war. In dieser Theorie, die sich inzwischen an der Erfahrung ausgezeichnet bewährt hatte, mußte aus mathematischen Gründen der Schluß gezogen werden, daß es neben den elektrisch negativ geladenen Elektronen noch eine zweite verwandte Teilchensorte geben sollte, die elektrisch positiv geladen war. Dirac hatte zunächst versucht, diese hypothetischen Teilchen mit dem Proton, das heißt dem Atomkern des Wasserstoffatoms, zu identifizieren. Damit waren wir anderen Physiker aber nicht zufrieden gewesen; denn man konnte fast zwingend nachweisen, daß die Masse dieser positiv geladenen Teilchen ebensogroß sein mußte wie die der Elektronen, während die Protonen ja fast zweitausend mal schwerer sind. Außerdem sollten sich die hypothetischen Teilchen ganz anders verhalten als die gewöhnliche Materie. Sie sollten dann, wenn sie mit einem gewöhnlichen Elektron zusammentreffen, sich mit diesem zusammen in Strahlung verwandeln können. Heute sprechen wir daher auch von »Antimaterie«.

Nun zeigte uns also Niels eine Nebelkammeraufnahme, aus der die Existenz eines derartigen »Antiteilchens« hervorzugehen schien. Man sah eine Spur von Wassertröpfchen, die offenbar durch eine von oben kommende Partikel erzeugt war. Das Teilchen hatte dann eine Bleiplatte durchschlagen und auf der anderen Seite der Platte wieder eine Spur hinterlassen. Die Nebelkammer lag in einem starken Magnetfeld, die Spuren waren daher durch die ablenkende magnetische Kraft gekrümmt. Die Dichte der Wassertröpfchen in der Spur entsprach genau der Dichte, die für Elektronen zu erwarten war. Aus der Krümmung aber mußte auf eine positive elektrische Ladung geschlossen werden, wenn das Teilchen wirklich von oben gekommen war. Diese letztere Annahme aber wiederum folgte fast zwangsläufig aus der Tatsache, daß die Krümmung oberhalb der Platte geringer war als unterhalb, daß also das Teilchen in der Bleiplatte an Geschwindigkeit verloren hatte. Wir diskutierten nun lange über die Frage, ob diese ganze Schlußkette zwingend sei. Es war uns allen klar, daß es sich um ein Ergebnis von größter Tragweite handeln könnte. Nachdem sich unser Gespräch eine Zeitlang um mögliche experimentelle Fehlerquellen gedreht hatte, fragte ich Niels:

»Ist es nicht merkwürdig, daß wir in dieser ganzen Diskussion niemals über Quantentheorie reden? Wir tun so, als sei das elektrisch geladene Teilchen genauso ein Ding, wie ein elektrisch geladenes Öltröpfchen oder ein Holundermarkkügelchen aus den alten Apparaten. Wir wenden völlig unbesehen die Begriffe der klassischen Physik darauf an, so als ob wir noch nie von den Grenzen dieser Begriffe und von den Unbestimmtheitsrelationen gehört hätten. Können dadurch nicht doch Fehler entstehen?«

»Nein, ganz sicher nicht«, antwortete Niels. »Es gehört doch geradezu zum Wesen eines Experiments, daß wir das Beobachtete in den Begriffen der klassischen Physik beschreiben können. Darin besteht natürlich auch die Paradoxie der Quantentheorie. Einerseits formulieren wir Gesetze, die anders sind als die der klassischen Physik, andererseits benützen wir an der Stelle der Beobachtung, dort wo wir messen oder photographieren, die klassischen Begriffe ohne Bedenken. Und wir müssen das tun, weil wir ja auf die Sprache angewiesen sind, um unsere Ergebnisse andern Menschen mitzuteilen. Ein Meßapparat ist eben nur dann ein Meßapparat, wenn in ihm aus dem Beobachtungsergebnis ein eindeutiger Schluß auf das zu beobachtende Phänomen gezogen, wenn ein strikter Kausalzusammenhang vorausgesetzt werden kann. Sofern wir aber ein atomares Phänomen theoretisch beschreiben, müssen wir an irgendeiner Stelle einen Schritt ziehen zwischen dem Phänomen und dem Beobachter oder seinem Apparat. Die Lage des Schnittes kann wohl verschieden gewählt werden, aber auf der Seite des Beobachters müssen wir die Sprache der klassischen Physik verwenden, weil wir keine andere Sprache besitzen, in der wir unsere Ergebnisse ausdrükken könnten. Nun wissen wir zwar, daß die Begriffe dieser Sprache ungenau sind, daß sie nur einen begrenzten Anwendungsbereich haben, aber wir sind auf diese Sprache angewiesen, und schließlich können wir doch mit ihr das Phänomen wenigstens indirekt begreifen.«

»Könnte man sich nicht vorstellen«, warf Felix ein, »daß wir, wenn wir die Quantentheorie noch besser verstanden haben, auf die klassischen Begriffe verzichten und mit einer neugewonnenen Sprache leichter über die atomaren Erscheinungen reden können?«

»Das ist gar nicht unser Problem«, antwortete Niels. »Naturwissenschaft besteht darin, daß man Phänomene beobachtet und das Ergebnis anderen mitteilt, damit sie es kontrollieren können. Erst wenn man sich darüber geeinigt hat, was objektiv geschehen ist oder immer wieder regelmäßig geschieht, hat man eine Grundlage für das Verständnis. Und dieser ganze Prozeß des Beobachtens und Mitteilens geschieht faktisch in den Begriffen der klassischen Physik. Die Nebelkammer ist ein Meßapparat, das heißt wir können aus dieser Photographie hier eindeutig schließen, daß ein positiv geladenes Teilchen, das sonst die Eigenschaften eines Elektrons hat, durch die Kammer gelaufen ist. Dabei müssen wir uns darauf verlassen, daß der Meßapparat richtig konstruiert war, daß er fest auf dem Tisch angeschraubt war, daß auch die photographische Kamera so fest montiert war, daß keine Verschiebungen während der Aufnahme eintreten konnten, daß die Linse richtig eingestellt war usw.; das heißt wir müssen sicher sein, daß alle die Bedingungen erfüllt waren, die eben nach der klassischen Physik für eine zuverlässige Messung erfüllt sein müssen. Es gehört zu den Grundvoraussetzungen unserer Wissenschaft, daß wir über unsere Messung in einer Sprache reden, die im wesentlichen die gleiche Struktur hat wie die, mit der wir über die Erfahrungen des täglichen Lebens sprechen. Wir haben gelernt, daß diese Sprache nur ein sehr unvollkommenes Instrument ist, um uns zurechtzufinden und zu verständigen. Aber dieses Instrument ist gleichwohl die Voraussetzung unserer Wissenschaft.«

Während wir so, in der Sonne auf dem Hüttendach liegend, unseren physikalischen und philosophischen Überlegungen nachgingen, unternahm Christian eine kleine Entdeckungsfahrt in die nähere Umgebung unserer Alm. Er brachte ein halb vom Schnee zerstörtes Windrad mit, das offenbar meine Freunde bei einem früheren Aufenthalt konstruiert hatten – vielleicht um Stärke und Richtung des Windes anzuzeigen, vielleicht auch nur, weil es lustig aussieht. Natürlich beschlossen wir nun, ein neues und besseres Windrad aufzustellen. Niels, Felix und ich versuchten jeweils ein solches Gebilde aus einem Stück Küchenholz zu schnitzen. Während Felix und ich bemüht waren, eine aerodynamisch ideale Form, also eine Art Propeller, herzustellen, beschränkte sich Niels darauf, die beiden Flügel als zwei im rechten Winkel gegeneinander verstellte Ebenen aus einem Stück Vierkantholz zu schnitzen. Im Endergebnis aber zeigte sich, daß unsere ideal gedachten Propeller mechanisch so ungenau gebastelt waren, daß sie sich nur schlecht im Winde drehten, während Niels' Windrad so gut ausgewogen war und in allen Einzelheiten, zum Beispiel bei der Bohrung für den Stift, um den sich das Rad drehen sollte, so sauber gearbeitet war, daß es sofort als das beste anerkannt und aufgestellt wurde und sich in der Tat völlig fehlerlos und schnell im Wind drehte. Über die beiden anderen Versuche sagte Niels nur: »Ja, die Herren sind so ehrgeizig.« Aber er war offenbar ehrgeizig in Bezug auf saubere Handwerksarbeit gewesen, und das paßte gut zu seiner Einstellung zur klassischen Physik.

Am Abend wurde Poker gespielt. Zwar gab es auch ein schlechtes Grammophon und einige noch schlechtere Schlagerplatten auf der Hütte, aber das Bedürfnis nach dieser Art von Musik war gering. Der Stil, der sich bei unserem Pokerspiel entwickelte, wich etwas vom üblichen ab. Die Kartenkombination, auf die man seinen Einsatz begründete, wurde laut ausgesprochen und gepriesen, so daß es auch eine Frage der Überredungskunst wurde, ob man den anderen diese Kartenkombination glaubhaft machen konnte. Für Niels war das wieder ein Anlaß, über die Bedeutung der Sprache zu philosophieren.

»Es ist ja klar«, meinte er, »daß man die Sprache hier ganz anders verwendet als in der Wissenschaft. Jedenfalls kann es sich hier nicht darum handeln, die Wirklichkeit darzustellen, sondern sie zu verschleiern. Das Bluffen gehört nun einmal zum Spiel. Aber wie kann man die Wirklichkeit verschleiern? Die Sprache kann im Hörer Bilder erzeugen, Vorstellungen, die dann sein Handeln leiten und die stärker werden als die Vermutungen, zu denen er aus nüchterner Überlegung gekommen wäre. Aber wovon hängt es ab, ob wir diese Bilder mit hinreichender Intensität im Denken des Hörers erzeugen können? Doch sicher nicht einfach von der Lautstärke, mit der wir sprechen. Das wäre viel zu primitiv. Wohl auch nicht von einer Art Routine, wie sie etwa ein guter Verkäufer erwirbt. Denn keiner von uns besitzt eine solche Routine, und man kann sich auch kaum denken, daß wir auf sie hereinfielen. Vielleicht hängt die Fähigkeit zu überzeugen einfach davon ab, wie intensiv wir selber uns die Kartenkombination vorstellen können, die wir den anderen suggerieren wollen.«

Diese Überlegung fand dann später im Spiel eine unerwartete Bestätigung. Niels behauptete in einem Spiel mit großer Überzeugungskraft, fünf Karten der gleichen Farbe zu besitzen. Es wurde sehr hoch geboten, und die Gegenseite gab schließlich auf, nachdem vier Karten aufgelegt worden waren. Niels gewann eine hohe Spielgeldsumme. Als Niels uns nach dem Spiel voll Stolz seine fünfte Karte derselben Farbe auch noch zeigen wollte, entdeckte er zu seinem größten Schrecken, daß er gar nicht fünf Karten gleicher Farbe besessen hatte. Er hatte eine »Herz Zehn« mit einer »Karo Zehn« verwechselt. Sein Bieten war also reiner Bluff gewesen. Nach diesem Erfolg mußte ich wieder an unser

Gespräch auf der Wanderung durch Seeland denken und an die Kraft der Bilder, die das Denken der Menschen durch Jahrhunderte bestimmt.

An den Abenden wurde es auf den Schneefeldern um unsere Hütte schnell empfindlich kalt. Selbst der steife Grog, der das Pokerspiel belebte, konnte nicht lange gegen die Kälte im schlecht geheizten Raum aufkommen. Daher stiegen wir bald in unsere Schlafsäcke und legten uns auf den Strohsäcken des Nachtlagers zur Ruhe. In der Stille fingen aber meine Gedanken an, wieder um die Nebelkammeraufnahme zu kreisen, die Niels uns mittags auf dem Hüttendach gezeigt hatte. Konnte es wahr sein, daß es wirklich die von Dirac vorhergesagten positiven Elektronen gab; und wenn ja, was waren die Konsequenzen? Je mehr ich darüber nachdachte, desto stärker ergriff mich die Art von Erregung, die eintritt, wenn man gezwungen wird, sein Denken an grundsätzlich wichtigen Stellen zu ändern. Im Jahr vorher hatte ich über die Struktur der Atomkerne gearbeitet. Die Entdeckung des Neutrons durch Chadwick hatte den Gedanken nahegelegt, daß die Atomkerne aus Protonen und Neutronen bestehen, die durch starke, bisher unbekannte Kräfte zusammengehalten werden. Das sah sehr plausibel aus. Erheblich problematischer war schon der Vorschlag gewesen, daß es im Atomkern neben Proton und Neutron keine Elektronen mehr geben sollte. Einige meiner Freunde hatten mich dafür aufs schärfste kritisiert. »Man kann doch sehen«, hatten sie gesagt, »daß beim radioaktiven Beta-Zerfall Elektronen den Atomkern verlassen.« Aber ich hatte mir das Neutron als zusammengesetzt aus Proton und Elektron gedacht, wobei ein solches Gebilde, nämlich das Neutron, aus zunächst unverständlichen Gründen ebenso groß sein sollte wie das Proton. Die starken neuentdeckten Kräfte, die den Atomkern zusammenhalten, schienen sich empirisch bei der Vertauschung von Proton und Neutron nicht zu ändern. Diese Symmetrie konnte man zum Teil dadurch glaubhaft machen, daß man annahm, die Kraft komme durch den Austausch des Elektrons zwischen den beiden schweren Teilchen zustande. Aber dieses Bild hatte doch zwei bedenkliche Schönheitsfehler. Erstens war nicht so recht einzusehen, warum es nicht auch starke Kräfte zwischen einem Proton und einem Proton oder einem Neutron und einem Neutron geben sollte. Und dann war unverständlich, warum diese beiden Kräfte auch – bis auf die relativ kleinen elektrischen Beträge – empirisch gleich groß zu sein schienen. Auch hatte das Neutron empirisch so viel

Ähnlichkeit mit dem Proton, daß es unvernünftig aussah, das eine als einfach, das andere als zusammengesetzt aufzufassen.

Wenn es aber das von Dirac vorhergesagte positive Elektron oder, wie man jetzt sagt, das Positron, gab, so war eine neue Lage entstanden. Dann konnte man ja auch das Proton als zusammengesetzt aus Neutron und Positron auffassen, dann war die Symmetrie zwischen Proton und Neutron auf einmal wieder voll hergestellt. Hatte es dann überhaupt einen Sinn zu sagen, daß Elektron oder Positron im Atomkern vorhanden seien? Konnten sie nicht in ähnlicher Weise aus Energie entstehen, wie sich umgekehrt nach der Diracschen Theorie Elektron und Positron zusammen in Strahlungsenergie verwandeln? Aber wenn sich Energie in Paare von Elektron und Positron verwandeln kann und umgekehrt, konnte man dann überhaupt noch fragen, aus wieviel Teilchen ein Gebilde wie ein Atomkern bestünde?

Bis dahin hatten wir immer an die alte Vorstellung des Demokrit geglaubt, die man mit dem Satz umschreiben kann: »Am Anfang war das Teilchen.« Man nahm an, die sichtbare Materie sei zusammengesetzt aus kleineren Einheiten, und wenn man immer weiter teile, so komme man schließlich zu den kleinsten Einheiten, die Demokrit »Atome« genannt hatte, und die man jetzt etwa »Elementarteilchen«, zum Beispiel »Protonen« oder »Elektronen« nennen würde. Aber vielleicht war diese ganze Philosophie falsch. Vielleicht gab es gar keine kleinsten Bausteine, die man nicht mehr teilen kann. Vielleicht konnte man die Materie immer weiter teilen, aber am Schluß ist es eigentlich gar kein Teilen mehr, sondern man verwandelt Energie in Materie, und die Teile sind nicht mehr kleiner als das Geteilte. Aber was war dann am Anfang? Ein Naturgesetz, Mathematik, Symmetrie? »Am Anfang war die Symmetrie.« Das klang wie Platons Philosophie im ›Timaios‹, und meine Lektüre auf dem Dach des Priesterseminars in München im Sommer 1919 kam mir wieder ins Gedächtnis. Wenn das Teilchen auf der Nebelkammeraufnahme wirklich das Diracsche Positron war, so war damit das Tor zu einem ungeheuer weiten neuen Land geöffnet, und man konnte schon undeutlich die Wege erkennen, auf denen man in dieses Land vorstoßen müßte. Schließlich bin ich über solchen Spekulationen aber doch eingeschlafen.

Am nächsten Morgen war der Himmel so blau wie am Tag vorher. Die Skier wurden gleich nach dem Frühstück angeschnallt, und wir wanderten über die Himmelmoos-Alm zum kleinen See bei der Seeon-Alm, von dort über ein Joch in den einsamen Talkessel hinter dem Großen Traithen und so von rückwärts zum Gipfel dieses unseres Hüttenberges. Auf dem Kamm, der vom Gipfel nach Osten führt, wurden wir zufällig Zeugen eines merkwürdigen, meteorologischen und optischen Phänomens. Der leichte Wind, der vom Norden wehte, blies eine dünne Dunstwolke den Hang herauf, die dort, wo sie unseren Kamm erreichte, hell von der Sonne beschienen wurde; unsere Schatten waren deutlich auf der Wolke zu erkennen, und wir sahen den Schatten unseres Kopfes jeweils von einem hellen Glanz, wie von einem leuchtenden Ring, umgeben. Niels, der sich über das ungewöhnliche Phänomen besonders freute, berichtete, er habe schon früher von dieser Lichterscheinung gehört. Dabei sei auch die Meinung vertreten worden, daß der leuchtende Glanz, den wir sahen, das Vorbild für die alten Maler gewesen sei, die Köpfe der Heiligen mit einem Heiligenschein zu umgeben. »Und vielleicht ist es ja charakteristisch«, fügte er mit einem leichten Augenzwinkern hinzu, »daß man diesen Schein immer nur um das Schattenbild des eigenen Kopfes sehen kann.« Diese Bemerkung weckte natürlich großen Jubel und gab noch Anlaß zu mancherlei selbstkritischen Betrachtungen. Aber wir wollten nun rasch zur Hütte und veranstalteten ein Wettrennen den Berg hinunter. Da Felix und ich besonders ehrgeizig fuhren, hatte ich beim Anschneiden eines steilen Hanges noch einmal das Pech, eine ziemlich große Lawine in Gang zu setzen. Aber zum Glück konnten wir alle oberhalb bleiben und trafen, wenn auch in großen Zeitabständen, wohlbehalten in der Hütte ein. Es war nun meine Aufgabe, das Mittagessen zu kochen, und Niels, der etwas angestrengt war, setzte sich zu mir in die Küche, während die anderen, Felix, Carl Friedrich und Christian, sich auf dem Hüttendach sonnten. Ich benutzte die Gelegenheit, unser Gespräch, das wir oben auf dem Kamm begonnen hatten, noch etwas fortzusetzen.

»Deine Erklärung des Heiligenscheins«, sagte ich, »ist natürlich sehr schön, und ich bin auch gern bereit, sie wenigstens für einen Teil der Wahrheit zu halten. Aber ich bin doch nur halb zufrieden; denn ich habe einmal in einem Briefwechsel mit einem allzu eifrigen Positivisten der Wiener Schule etwas anderes behauptet. Ich hatte mich darüber geärgert, daß die Positivisten so tun, als habe jedes Wort eine ganz bestimmte Bedeutung und als sei es unerlaubt, das Wort in einem anderen Sinne zu verwenden. Ich habe ihm dann als Beispiel geschrieben, daß es doch ohne weiteres verständlich sei, wenn jemand über einen verehrten

Menschen sagt, daß das Zimmer heller werde, wenn dieser Mensch das Zimmer betrete. Natürlich sei mir klar, daß das Photometer dabei keinen Helligkeitsunterschied registrieren würde. Aber ich wehrte mich dagegen, die physikalische Bedeutung des Wortes ›hell‹ als die eigentliche zu nehmen und die andere nur als die übertragene gelten zu lassen. Ich könnte mir also denken, daß die eben genannte Erfahrung auch irgendwie zur Erfindung des Heiligenscheins beigetragen hat.«

»Natürlich will ich auch diese Erklärung gelten lassen«, antwortete Niels, »und wir sind ja viel mehr einig als du denkst. Selbstverständlich hat die Sprache diesen eigentümlich schwebenden Charakter. Wir wissen nie genau, was ein Wort bedeutet, und der Sinn dessen, was wir sagen, hängt von der Verbindung der Wörter im Satz ab, von dem Zusammenhang, in dem der Satz ausgesprochen wird, und von zahllosen Nebenumständen, die wir gar nicht alle aufzählen können. Wenn du einmal in den Schriften des amerikanischen Philosophen William James liest, wirst du finden, daß er diesen ganzen Sachverhalt wunderbar genau beschrieben hat. Er schildert, daß bei jedem Wort, das wir hören, zwar ein besonders wichtiger Sinn des Wortes im hellen Licht des Bewußtseins erscheint, daß aber daneben im Halbdunkel noch andere Bedeutungen sichtbar werden und vorbeigleiten, daß dort auch Verbindungen zu anderen Begriffen geschlagen werden und die Wirkungen sich bis in das Unbewußte hinein ausbreiten. Das ist in der gewöhnlichen Sprache so, erst recht in der Sprache der Dichter. Und das trifft bis zu einem gewissen Grad auch für die Sprache der Naturwissenschaft zu. Gerade in der Atomphysik sind wir ja wieder von der Natur darüber belehrt worden, wie begrenzt der Anwendungsbereich von Begriffen sein kann, die uns vorher völlig bestimmt und unproblematisch schienen. Man braucht ja nur an solche Begriffe wie ›Ort‹ und ›Geschwindigkeit‹ zu denken.

Aber natürlich war es auch eine große Entdeckung des Aristoteles und der alten Griechen, daß man die Sprache so weit idealisieren und präzisieren kann, daß logische Schlußketten möglich werden. Eine solche präzise Sprache ist sehr viel enger als die gewöhnliche Sprache, aber sie ist für die Naturwissenschaft von unschätzbarem Wert.

Die Vertreter des Positivismus haben schon recht, wenn sie den Wert einer solchen Sprache sehr stark betonen und uns eindringlich vor der Gefahr warnen, daß die Sprache, wenn wir den Bereich des logisch scharfen Formulierens verlassen, inhaltslos werden kann. Aber sie haben dabei vielleicht übersehen, daß wir in der Naturwissenschaft diesem Ideal bestenfalls nahekommen, es aber sicher nicht erreichen können. Denn schon die Sprache, mit der wir unsere Experimente beschreiben, enthält Begriffe, deren Anwendungsbereich wir nicht genau angeben können. Man könnte natürlich sagen, daß die mathematischen Schemata, mit denen wir als theoretische Physiker die Natur abbilden, diesen Grad von logischer Sauberkeit und Strenge haben oder haben sollten. Aber die ganze Problematik taucht dann wieder auf an der Stelle, wo wir das mathematische Schema mit der Natur vergleichen. Denn irgendwo müssen wir von der mathematischen Sprache zur gewöhnlichen Sprache übergehen, wenn wir etwas über die Natur aussagen wollen. Und das letztere ist doch die Aufgabe der Naturwissenschaft.«

»Die Kritik der Positivisten«, setzte ich das Gespräch fort, »richtet sich doch vor allem gegen die sogenannte Schulphilosophie und hier in erster Linie gegen die Metaphysik in ihrer Verbindung mit Fragen der Religion. Dort wird, so meinen die Positivisten, vielfach über Scheinprobleme geredet, die sich, wenn man sie sprachlich sauber analysieren wollte, als nicht-existent erweisen würden. In welchem Umfang hältst du diese Kritik für berechtigt?«

»Sicher enthält auch eine solche Kritik einen erheblichen Teil Wahrheit«, antwortete Niels, »und man kann viel daraus lernen. Mein Einwand gegen den Positivismus rührt nicht davon her, daß ich an dieser Stelle weniger skeptisch wäre, sondern davon, daß ich umgekehrt fürchte, es könnte in der Naturwissenschaft grundsätzlich gar nicht viel besser sein. Um es überspitzt zu formulieren: In der Religion verzichtet man von vorneherein darauf, den Worten einen eindeutigen Sinn zu geben, während man in der Naturwissenschaft von der Hoffnung – oder auch von der Illusion – ausgeht, daß es in viel späterer Zeit einmal möglich sein könnte, den Wörtern einen eindeutigen Sinn zu geben. Aber um es nochmal zu wiederholen, man kann aus dieser Kritik der Positivisten viel lernen. Zum Beispiel kann ich nicht sehen, was es bedeuten soll, wenn vom ›Sinn des Lebens‹ gesprochen wird. Das Wort ›Sinn‹ soll doch immer eine Verbindung herstellen zwischen dem, um dessen Sinn es sich handelt, und etwas anderem, etwa einer Absicht, einer Vorstellung, einem Plan. Aber das Leben – damit ist hier doch das Ganze gemeint, auch die Welt, die wir erleben, und da gibt es ja gar nichts anderes, mit dem wir es verbinden könnten.«

»Aber wir wissen doch, was wir meinen«, erwiderte ich, »wenn wir vom Sinn des Lebens sprechen. Natürlich hängt der Sinn des Lebens von uns selber ab. Man bezeichnet damit, so würde ich denken, die Gestaltung unseres eigenen Lebens, mit der wir uns in den großen Zusammenhang einordnen; vielleicht nur ein Bild, einen Vorsatz, ein Vertrauen, aber insofern doch etwas, das wir gut verstehen können.«

Niels schwieg nachdenklich und sagte dann: »Nein, der Sinn des Lebens besteht darin, daß es keinen Sinn hat zu sagen, daß das Leben keinen Sinn hat. So bodenlos ist eben dieses ganze Streben nach Erkenntnis.«

»Aber bist du damit nicht doch zu streng mit der Sprache? Du weißt, daß bei den alten chinesischen Weisen der Begriff ›Tao‹ an der Spitze der Philosophie stand, und ›Tao‹ wird doch oft mit ›Sinn‹ übersetzt. Die chinesischen Weisen hätten wohl gegen eine Verbindung der Wörter ›Tao‹ und ›Leben‹ nichts einzuwenden gehabt.«

»Wenn man das Wort ›Sinn‹ so allgemein verwendet, mag es wieder anders aussehen. Und keiner von uns kann sicher sagen, was das Wort ›Tao‹ eigentlich bedeutet. Aber wenn du von den chinesischen Philosophen und vom Leben sprichst, dann liegt mir eine der alten Legenden noch näher. Es wird da von drei Philosophen erzählt, die einen Schluck Essig probierten; und man muß wissen, daß Essig in China ›Lebenswasser‹ genannt wird. Der erste Philosoph sagte: ›Es ist sauer‹, der zweite: ›Es ist bitter‹, der dritte aber, das war wohl Lao-tse, rief aus: ›Es ist frisch‹.«

Carl Friedrich kam in die Küche und erkundigte sich, ob ich mit dem Essen immer noch nicht fertig wäre. Zum Glück konnte ich ihm sagen, er solle die anderen hereinrufen und die Aluminiumteller und Bestecke holen, dann würde es gleich zu essen geben. Wir setzten uns zu Tisch, und der alte Spruch »Hunger ist der beste Koch« bewährte sich zu meiner Beruhigung aufs beste. Nach dem Essen ergab sich bei der Verteilung der Pflichten, daß Niels das Geschirr waschen wollte, während ich den Herd saubermachte, andere Holz hackten oder sonst Ordnung schafften. Daß in einer solchen Almküche die hygienischen Anforderungen nicht denen der Stadt entsprechen können, bedarf keiner Erwähnung. Niels kommentierte diesen Sachverhalt, indem er sagte: »Mit dem Geschirrwaschen ist es doch genau wie mit der Sprache. Wir haben schmutziges Spülwasser und schmutzige Küchentücher, und doch gelingt es, damit die Teller und Gläser schließlich sauberzumachen. So haben wir in der Sprache unklare Begriffe und eine in ihrem Anwendungsbereich in unbekannter Weise eingeschränkte Logik, und doch gelingt es, damit Klarheit in unser Verständnis der Natur zu bringen.«

In den nächsten Tagen gab es wechselndes Wetter und verschiedene größere oder kleinere Unternehmungen; einen Aufstieg auf das Trainsjoch und Ski-Exerzitien auf dem Übungshang bei der Unterberger-Alm. Noch einmal wurden unsere Diskussionen auf das Problem der Sprache gelenkt, als Carl Friedrich und ich eines Nachmittags versucht hatten, einem Rudel Gemsen, die sich am steilen Hang des Traithen Futter suchten, mit unseren Photokameras aufzulauern. Es war uns nicht gelungen, die Gemsen zu überlisten und hinreichend nah an das Rudel heranzukommen. Wir bewunderten den Instinkt der Tiere, der es ihnen ermöglicht, die geringsten Anzeichen der Menschen, eine Spur im Schnee, ein Knicken in den Zweigen oder einen Windhauch mit der Witterung als Zeichen der Gefahr zu deuten und den richtigen Fluchtweg zu wählen. Das gab Niels Veranlassung über den Unterschied zwischen Intellekt und Instinkt zu meditieren.

»Die Gemsen sind vielleicht nur deshalb so erfolgreich gewesen, euch auszuweichen, weil sie eben nicht darüber nachdenken oder sprechen können, wie man das macht. Weil ihr ganzer Organismus darauf spezialisiert ist, im bergigen Gelände Sicherheit vor Angreifern zu finden. Eine Tierart wird infolge des Selektionsprozesses wohl in der Regel ganz bestimmte körperliche Fähigkeiten fast bis zur Vollendung entwickeln. Damit ist sie aber auch auf diese Art, den Lebenskampf zu bestehen, angewiesen. Wenn sich die äußeren Bedingungen stark ändern, können sie sich nicht mehr umstellen und sterben aus. Es gibt Fische, die können elektrische Schläge austeilen und sich damit ihrer Feinde erwehren. Es gibt andere, deren Aussehen so vollständig dem Meeressand angepaßt ist, daß sie, wenn sie sich auf den Boden des Meeres legen, nicht mehr vom Sand unterschieden werden können, und die sich dadurch vor Angreifern schützen. Nur bei den Menschen ist die Spezialisierung in einer anderen Weise erfolgt. Sein Nervensystem, das ihn zum Denken und Sprechen befähigt, kann als ein Organ betrachtet werden, mit dem der Mensch räumlich und zeitlich viel weiter ausgreifen kann als das Tier. Er kann sich daran erinnern, was gewesen ist, und kann vorausrechnen, was wahrscheinlich geschehen wird. Er kann sich vorstellen, was in einem räumlich weiten Abstand von ihm passiert, und er kann sich die Erfahrungen anderer Menschen zunutze machen. Dadurch wird er in einer gewissen Weise viel flexibler, anpassungsfähiger als das Tier, und man kann von einer Spezialisierung zur Flexibilität sprechen. Aber natürlich muß durch diese bevorzugte Entwicklung von Denken und Sprechen, allgemeiner: durch das Übergewicht des Intellekts, die Fähigkeit zum zweckmäßigen instinktiven Verhalten im einzelnen eher verkümmern. Dadurch ist der Mensch an vielen Stellen dem Tier unterlegen. Er hat keine so feine Witterung, und er kann die Berge nicht so sicher hinauf- und herunterspringen wie die Gemsen. Aber er kann diese Mängel durch das Übergreifen in größere räumliche und zeitliche Bereiche kompensieren. Die Entwicklung der Sprache ist dabei wohl der entscheidende Schritt. Denn das Sprechen, und damit indirekt auch das Denken, ist eine Fähigkeit, die sich – im Gegensatz zu allen anderen körperlichen Fähigkeiten – nicht im einzelnen Individuum entwickelt, sondern zwischen den Individuen. Wir lernen das Sprechen nur von anderen Menschen. Die Sprache ist gewissermaßen ein Netz, das zwischen den Menschen ausgespannt ist, und wir hängen mit unserem Denken, mit unserer Möglichkeit der Erkenntnis in diesem Netz.«

»Wenn man die Positivisten oder die Logiker über die Sprache reden hört«, fügte ich ein, »so gewinnt man den Eindruck, daß dabei die Formen und Ausdrucksmöglichkeiten der Sprache ganz unabhängig von der Selektion, vom vorhergegangenen biologischen Geschehen betrachtet und analysiert werden. Wenn man aber Intellekt und Instinkt so vergleicht, wie du es eben getan hast, so könnte man sich auch vorstellen, daß in verschiedenen Gebieten der Erde ganz verschiedene Formen des Intellekts und der Sprache entstanden sind. Tatsächlich sind ja auch die Grammatiken verschiedener Sprachen sehr verschieden, und vielleicht könnten Unterschiede in der Grammatik auch zu Unterschieden in der Logik führen.«

»Natürlich kann es dabei verschiedene Formen des Sprechens und Denkens geben«, antwortete Niels, »ebenso wie es verschiedene Rassen oder verschiedene Arten von Organismen gibt. Aber ähnlich wie alle diese Organismen doch nach den gleichen Naturgesetzen konstruiert sind, zum großen Teil auch mit fast den gleichen chemischen Verbindungen, so werden auch den verschiedenen Möglichkeiten der Logik gewisse fundamentale Formen zugrunde liegen, die nicht vom Menschen gemacht sind und die ganz unabhängig von uns zur Wirklichkeit gehören.

Diese Formen spielen dann in dem Selektionsprozeß, der die Sprache entwickelt, eine entscheidende Rolle, aber sie werden nicht etwa durch diesen Prozeß erst hervorgebracht.«

»Um noch einmal auf den Unterschied zwischen den Gemsen und uns zurückzukommen«, setzte Carl Friedrich die Diskussion fort. »Vorhin schien deine Ansicht zu sein, daß Intellekt und Instinkt sich gegenseitig ausschließen. Meinst du das nur in dem Sinn, daß durch den Selektionsprozeß entweder die eine oder die andere Fähigkeit zu einer hohen Vollendung entwickelt wird, daß aber die gleichzeitige Entwicklung von beiden nicht erwartet werden könne? Oder denkst du an ein echtes Verhältnis von Komplementarität, so daß die eine Möglichkeit die andere vollständig ausschließt?«

»Ich meine nur, daß die beiden Arten, sich in der Welt zurechtzufinden, radikal verschieden sind. Aber natürlich sind auch viele unserer Handlungen noch durch den Instinkt bestimmt. Ich könnte mir zum Beispiel denken, daß bei der Beurteilung eines anderen Menschen, wenn wir etwa aus seinem Aussehen und seinen Gesichtszügen erraten wollen, ob er intelligent ist, ob wir mit ihm gut sprechen können, nicht nur Erfahrung sondern auch Instinkt eine Rolle spielt.«

Während dieses Gesprächs waren einige von uns schon damit beschäftigt, die Hütte aufzuräumen, und da wir daran denken mußten, daß in einigen Tagen die Ferienzeit zu Ende ging, hatte Niels sich daran gemacht, sich zu rasieren. Bis dahin hatte er fast wie ein alter norwegischer Holzfäller ausgesehen, der viele Wochen ohne alle Zivilisation im Wald verbracht hat; jetzt bewunderte Niels, wie er sich im Spiegel während des Rasierens wieder in einen Professor der Physik zurückverwandelte. Aus seiner Meditation darüber entsprang der Satz: »Ob eine Katze wohl auch intelligent aussähe, wenn man sie rasieren würde?«

Am Abend wurde wieder Poker gespielt, und da bei unserer Art des Spielens die Sprache, nämlich die Anpreisung der behaupteten Kartenkombination eine so große Rolle spielte, schlug Niels vor, es einmal ganz ohne Karten zu versuchen. Wahrscheinlich würden Felix und Christian dann gewinnen, meinte er, weil er sich gegen deren Überredungskunst sicher nicht durchsetzen könne. Der Versuch wurde unternommen, führte aber nicht zu einem brauchbaren Spiel, und Niels kommentierte:

»Dieser Vorschlag war wohl eine Überschätzung der Sprache; denn die Sprache ist auf die Verbindung mit der Wirklichkeit angewiesen. Beim richtigen Poker liegen immerhin einige Karten auf dem Tisch. Die Sprache wird dazu benützt, diesen wirklichen Teil eines Bildes mit möglichst viel Optimismus und Überzeugungskraft zu ergänzen. Aber wenn man von gar keiner Wirklichkeit ausgeht, kann niemand mehr glaubhaft suggerieren.«

Als die Ferientage zu Ende waren, fuhren wir mit unserem Gepäck auf der kürzeren westlichen Abstiegsroute ins Tal zwischen Bayrischzell und Landl ab. Es war ein warmer sonniger Tag, und unten, wo der Schnee aufhörte, blühten die Leberblümchen zwischen den Bäumen, und die Wiesen waren übersät mit gelben Himmelschlüsseln. Da unser Gepäck schwer war, ließen wir beim ›Zipfelwirt‹ zwei Pferde vor einen alten offenen Bauernwagen spannen. Noch einmal vergaßen wir, daß wir in eine Welt voll politischen Unglücks zurückkehren mußten. Der Himmel war so hell wie die Gesichter der beiden jungen Menschen Carl Friedrich und Christian, die mit uns auf dem Wagen saßen, und so fuhren wir in den bayrischen Frühling hinab.

# 12
## Revolution und Universitätsleben (1933)

Als ich zu Beginn des Sommersemesters 1933 in mein Leipziger Institut zurückkehrte, war die Zerstörung schon in vollem Gange. Mehrere meiner tüchtigsten Seminarteilnehmer hatten Deutschland verlassen, andere rüsteten sich zur Flucht. Auch mein ausgezeichneter Assistent, Felix Bloch, entschloß sich zur Auswanderung, und natürlich mußte auch ich mich fragen, ob mein Verbleiben in Deutschland noch einen vernünftigen Sinn haben könne. Aus dieser Zeit des quälenden Nachdenkens über das, was zu tun richtig sei, sind mir zwei Gespräche besonders in Erinnerung geblieben, die mir hier weitergeholfen haben; das eine mit einem jungen national-sozialistischen Studenten, der bei mir Vorlesungen hörte, das andere mit Max Planck.

Ich bewohnte damals eine kleine Dachwohnung mit schrägen Wänden im obersten Stockwerk meines Instituts. Beim Einzug hatte ich mir als wichtigsten Einrichtungsgegenstand bei der Leipziger Firma Blüthner einen Flügel gekauft, auf dem ich oft abends allein oder im Rahmen einer Kammermusik zusammen mit Freunden spielte. Da ich nebenher an der Musikhochschule beim Pianisten Hans Beltz Unterricht nahm, mußte ich auch manchmal die Mittagspause zum Üben benützen, und in jenen Wochen hatte ich mir gerade das Schumann-Konzert in a-moll vorgenommen.

Eines Nachmittags verließ ich nach einer solchen Übestunde meine Wohnung, um ins Institut hinunterzugehen, da sah ich vor mir auf der Fensterbank im Flur einen jungen Studenten sitzen, den ich in meinen Vorlesungen gelegentlich auch in brauner Uniform gesehen hatte. Er stand etwas verlegen auf und grüßte, und ich fragte ihn, ob er mich sprechen wolle.

Nein, antwortete er ein wenig stockend, er habe nur bei der Musik zugehört. Aber da ich nun die Frage an ihn richtete, wäre er vielleicht doch dankbar, wenn er mit mir sprechen könnte. Ich bat ihn in mein Wohnzimmer, und hier schüttete er mir sein Herz aus.

»Ich besuche Ihre Vorlesung und weiß, daß ich dabei etwas lernen kann. Aber sonst gibt es keine Verbindung zu Ihnen. Ich habe gelegentlich schon zugehört, wenn Sie hier Musik studieren. Ich kann sonst so selten Musik hören. Ich weiß auch, daß

Sie in der Jugendbewegung gewesen sind, und zu der habe ich doch auch gehört. Aber Sie kommen nie zu unseren Jugendveranstaltungen, ob es sich nun um ein Treffen der nationalsozialistischen Studenten oder der Hitlerjugend oder einen noch größeren Kreis handelt. Ich selbst bin Hitlerjugendführer, und ich würde Sie so gern einmal in unserer Gruppe haben. Aber Sie tun so, als gehörten Sie ganz zum festgefügten Kreis der alten und konservativen Professoren, die nur noch in der Welt von gestern leben können, denen das neue Deutschland, das jetzt entsteht, völlig fremd, um nicht zu sagen verhaßt ist. Aber ich kann mir einfach nicht vorstellen, daß jemand, der noch so jung ist und so lebendig musiziert wie Sie, unserer Jugend, die heute Deutschland neu aufbaut oder aufbauen will, fremd und verständnislos gegenübersteht. Wir brauchen doch Menschen, die mehr Erfahrung haben als wir und die bereit sind, bei diesem Aufbau mitzuhelfen. Sie stoßen sich vielleicht daran, daß jetzt auch häßliche Dinge geschehen, daß unschuldige Menschen verfolgt oder aus Deutschland vertrieben werden. Aber glauben Sie mir, solches Unrecht finde ich genauso schrecklich wie Sie, und ich bin sicher, daß keiner meiner Freunde sich an so etwas beteiligen würde. Man kann wahrscheinlich bei einer großen Revolution nicht vermeiden, daß in der ersten Erregung zu weit gegangen wird, daß sich nach den ersten Erfolgen auch minderwertige Menschen beteiligen. Aber man kann hoffen, daß sie auch nach einer kurzen Übergangsperiode wieder ausgeschieden werden. Gerade dafür brauchen wir eben die Mitwirkung aller derer, die in der richtigen Weise aufbauen wollen, die zum Beispiel in die Bewegung noch mehr von jenen Gedanken bringen würden, die schon in der Jugendbewegung lebendig waren. Also sagen Sie mir, warum Sie mit uns nichts zu tun haben wollen.«

»Wenn es sich nur um die jungen Studenten handelte, so würde ich mir vielleicht zutrauen, durch Reden und Mitwirken dazu beizutragen, daß sich die Meinung derer durchsetzt, die ich für die Guten halte. Aber jetzt sind ja große Volksmassen in Bewegung geraten, da wird es auf die Meinung der paar Studenten und Professoren kaum ankommen. Auch haben sich die Führer der Revolution ja durch das Verächtlichmachen der sogenannten Intellektuellen schon dagegen abgesichert, daß das Volk die Mahnung zur Vernunft ernst nehmen könnte, die vielleicht von geistig differenzierteren Menschen ausgeht. Ich muß Ihnen also umgekehrt eine Frage stellen: Woher wissen Sie denn, daß Sie ein neues Deutschland aufbauen? Daß Sie dazu den besten Willen haben, kann ich Ihnen nicht von vorneherein abstreiten. Aber einstweilen weiß man doch nur sicher, daß das alte Deutschland zerstört wird, daß sehr viel Unrecht geschieht, und alles andere ist einstweilen reiner Wunschtraum. Wenn Sie versuchen würden, nur dort zu verändern und zu verbessern, wo Mißstände eingerissen sind, so könnte ich das gern gelten lassen. Aber was wirklich geschieht, ist doch etwas völlig anderes. Sie müssen verstehen, daß ich nicht mithelfen kann, wenn Deutschland zerstört wird; das ist doch ganz einfach.«

»Nein, jetzt tun Sie uns wirklich unrecht. Sie werden doch selbst nicht behaupten wollen, daß mit kleinen Verbesserungen noch etwas zu erreichen wäre. Seit dem letzten Kriege ist es doch von Jahr zu Jahr immer nur schlechter geworden. Daß wir den Krieg verloren haben, daß die anderen stärker gewesen sind, das ist wahr, und es bedeutet, daß wir daraus etwas lernen müssen. Aber was ist seitdem geschehen? Man hat Nachtlokale und Kabaretts eingerichtet und hat alle jene verspottet, die sich Mühe gegeben, die sich angestrengt, die Opfer gebracht hatten. Wozu all der Unsinn? Amüsiert euch, der Krieg ist verloren, hier gibt's Alkohol und schöne Frauen. Und in der Wirtschaft hat die Korruption jedes vorstellbare Maß überschritten. Als die Regierung kein Geld mehr hatte, weil Reparationen zu zahlen waren oder weil die Leute zu arm geworden waren, um noch viele Steuern aufzubringen, hat sie das Geld eben einfach gedruckt. Warum nicht? Daß viele alte und schwache Leute dadurch um ihr letztes Hab und Gut betrogen worden sind und verhungern mußten, das bekümmerte niemand. Die Regierung hatte genug Geld, die Reichen wurden reicher, die Armen ärmer. Und Sie müssen zugeben, daß in die schlimmsten Korruptionsskandale der letzten Zeit auch immer wieder Juden verwickelt waren.«

»Und daraus leiten Sie das Recht ab, die Juden als eine besondere Art Menschen anzusehen, sie schändlich zu behandeln und eine Reihe ausgezeichneter Leute aus Deutschland zu vertreiben? Warum überlassen Sie es nicht den Gerichten, die zu bestrafen, die Unrecht getan haben, und zwar unabhängig von Glaubensbekenntnis oder Rasse?«

»Weil es eben nicht geschieht. Die Justiz ist doch längst eine politische Justiz geworden, die nur die verrotteten Zustände von gestern verewigen will, die nur die bisher herrschende Klasse schützt, ohne sich um das Wohl des ganzen Volkes zu kümmern. Schauen Sie sich doch an, wie milde die Urteile auch in den übelsten Korruptionsskandalen gewesen sind. Der Geist der Zersetzung macht sich ja auch an vielen anderen Stellen bemerkbar. In modernen Kunstausstellungen wird das absurdeste Zeug, die völlige geistige Verwirrung als hohe Kunst gepriesen, und wenn der einfache Mann daran keinen Gefallen findet, wird ihm gesagt, ›das verstehst du eben nicht, dazu bist du zu dumm‹. Und hat sich der Staat um die armen Leute gekümmert? Da wird behauptet, es gibt doch gute soziale Einrichtungen, es wird dafür gesorgt, daß niemand verhungern müsse. Aber genügt es denn, dem Armen gerade so viel Geld zu geben, daß er nicht verhungert, um sich dann weiter um ihn nicht zu kümmern? Sie müssen zugeben, daß wir das wirklich besser machen. Wir sitzen mit den Arbeitern zusammen, wir üben mit ihnen im gleichen SA-Sturm, wir sammeln Lebensmittel und Wollsachen für die Armen, wir marschieren gemeinsam mit den Arbeitern zu den Kundgebungen, und wir spüren, daß sie glücklich sind, wenn wir an ihrem Leben teilnehmen. Das ist doch eine Verbesserung. In den 14 Jahren vorher hat doch jeder nur in die eigene Tasche gearbeitet. Es kam nur darauf an, daß man etwas bessere Kleider trug als der Nachbar, daß die Stube etwas schöner eingerichtet war, so daß man sich eben als etwas Besseres vorkommen konnte. Und die Abgeordneten im Reichstag haben nichts anderes im Sinn gehabt, als möglichst viel materiellen Vorteil für die eigene Partei herauszuschlagen. Jeder warf dem anderen Gewinnsucht vor, um sich selbst nur um so kräftiger bereichern zu können. An das allgemeine Wohl hat niemand mehr gedacht. Und wenn man sich nicht einigen konnte, so wurde geprügelt oder mit Tintenfässern geworfen. Damit ist es wirklich zu Ende, und das ist doch kein Unglück.«

»Haben Sie nie an die Möglichkeit gedacht, daß das deutsche Volk nach 1919 erst lernen mußte, sich selbst zu regieren; daß es gar nicht so leicht war einzusehen, daß man die Rechte der anderen Menschen freiwillig respektieren muß, wenn die Obrigkeit nicht mehr mit ihrer Autorität für ausgleichende Gerechtigkeit sorgt?«

»Das mag sein, aber die Parteien haben 14 Jahre lang Zeit gehabt, das zu lernen, und in Wirklichkeit ist es mit jedem Jahr schlimmer und nicht besser geworden. Wenn wir innerhalb Deutschlands uns nur gegenseitig bekämpfen und betrügen, so können wir uns nicht darüber wundern, daß das Ansehen Deutschlands im Ausland immer weiter sinkt und daß wir vom Ausland genauso betrogen werden. Da wird im Völkerbund vom Selbstbestimmungsrecht der Völker geredet, aber natürlich werden die Südtiroler nicht gefragt, wem sie sich anschließen wollen – Südtirol gehört zu Italien. Und dann wird von Sicherheit und Abrüstung geschwätzt, aber gemeint ist immer die Abrüstung der Deutschen und die Sicherheit der anderen. Sie können uns Jungen nicht übelnehmen, daß wir diese totale Verlogenheit innen und außen einfach nicht mehr mitmachen wollen. Im Grunde können Sie das doch auch gar nicht wünschen.«

»Und Sie glauben, daß Ihr Führer Adolf Hitler ehrlicher ist?«

»Ich kann mir vorstellen, daß Hitler Ihnen unsympathisch ist, weil er Ihnen zu primitiv erscheint. Aber da er zum einfachen Volk spricht, muß er auch dessen Sprache benützen. Ich kann Ihnen nicht beweisen, daß er ehrlicher ist; aber Sie werden bald sehen, daß er erfolgreicher sein wird als unsere bisherigen Politiker. Sie werden erfahren, daß Deutschlands Gegner vom letzten Kriege Hitler viel mehr Zugeständnisse machen werden als seinen Vorgängern, und zwar einfach deshalb, weil sie von jetzt ab wieder selbst Opfer bringen müßten, wenn sie das bisher geübte Unrecht aufrechterhalten wollten. In den vergangenen Jahren war das sehr viel einfacher, weil sich die deutsche Regierung jeden Zwang von außen hat gefallen lassen.«

»Selbst wenn Sie damit recht hätten, weiß ich nicht, ob ich ein erzwungenes Zugeständnis der anderen einen echten Erfolg Ihrer Bewegung oder auch Hitlers nennen sollte. Denn für jede solche ertrotzte Änderung wird Deutschland sich wieder mehr Feinde machen, und wohin der Grundsatz ›Viel Feind, viel Ehr‹ führt, das sollten wir doch wirklich aus dem letzten Kriege gelernt haben.«

»Sie finden also, Deutschland sollte ruhig weiterhin die von allen verachtete und verlachte Nation bleiben, die sich alles gefallen lassen muß, die am letzten Krieg allein schuld ist, weil man ihr eben diese Schuld angedichtet hat, und im Grunde nur, weil sie eben den letzten Krieg verloren hat – das finden Sie alles erträglich?«

»Wir verstehen uns hier schlecht«, suchte ich zu beschwichtigen, »und ich muß Ihnen etwas genauer erklären, was ich meine. Ich finde zunächst, daß Länder wie Dänemark, Schweden oder die Schweiz auch ganz gut leben, obwohl sie in den letzten hundert Jahren keine Kriege gewonnen haben und militärisch relativ schwach sind. Sie können auch ihre Eigenart in diesem Zustand halber Abhängigkeit von Großmächten durchaus bewahren. Warum sollen wir nicht das gleiche anstreben? Sie können einwenden, daß wir ein viel größeres und wirtschaftlich stärkeres Volk seien als die Schweden oder die Schweizer. Daher stünde uns auch ein größerer Einfluß auf das Weltgeschehen zu. Aber ich versuche dabei in eine etwas weitere Zukunft hinauszudenken. Die Veränderungen in der Struktur der Welt, deren Zeugen wir jetzt sind, haben doch eine gewisse Ähnlichkeit mit den Wandlungen, die sich in Europa beim Übergang vom Mittelalter zur Neuzeit vollzogen haben. Damals hatte die Erweiterung der Technik, insbesondere der Waffentechnik, zur Folge, daß die kleinen zunächst politisch unabhängigen Einheiten, wie Ritterburg und Stadt, verschwanden – jedenfalls als unabhängige politische Gebilde verschwanden – und daß sie durch größere Einheiten, durch größere oder kleinere Territorialstaaten ersetzt wurden. Nachdem dieser Übergang vollzogen war, bot es für eine Stadt keinen nennenswerten Vorteil mehr, sich mit sehr kostspieligen Mauern und Verteidigungswällen zu umgeben. Im Gegenteil, eine kleine Stadt, die auf die Stadtmauern verzichtet hatte, konnte sich manchmal leichter und schneller ausbreiten als eine größere, deren Wachstum durch eine wehrhafte Stadtmauer begrenzt war. Auch in unserer Zeit macht die Technik enorme Fortschritte, die Waffentechnik hat sich durch die Erfindung des Flugzeugs radikal verändert. Auch heute ist die Tendenz zur Bildung größerer politischer Einheiten, die über die Grenzen der Nation hinausgreifen, ganz unverkennbar. Daher könnte für die Sicherheit unseres Landes besser gesorgt sein, wenn wir auf Rüstung weitgehend verzichteten und statt dessen versuchten, durch wirtschaftliche Anstrengungen gute nachbarliche Beziehungen mit den uns umgebenden Nationen einzuleiten. Eine Vermehrung der Rüstung würde vielleicht nur die Gegenkräfte bei den anderen Ländern stärken und daher im Endeffekt eine Verringerung der Sicherheit bewirken. Die Zugehörigkeit zu einer größeren politischen Gemeinschaft könnte ein viel besserer Schutz sein. Mit alledem will ich nur sagen, daß es immer sehr schwierig ist, über den Wert politischer Ziele zu urteilen, deren Erreichung noch in weiter Ferne liegt. Ich glaube daher, daß man eine politische Bewegung nie nach den Zielen beurteilen darf, die sie laut verkündet und vielleicht auch wirklich anstrebt, sondern nur nach den Mitteln, die sie zu ihrer Verwirklichung einsetzt. Diese Mittel sind leider bei den Nationalsozialisten und bei den Kommunisten gleich schlecht, sie zeigen, daß auch die Urheber nicht mehr an die Überzeugungskraft ihrer Ideen glauben; daher kann ich mit beiden Bewegungen nichts anfangen, und ich bin zu meinem

Kummer überzeugt, daß aus beiden nur Unglück für Deutschland herauskommen kann.«

»Aber Sie müssen doch zugeben, daß mit den guten Mitteln gar nichts erreicht worden ist. Die Jugendbewegung hat keine Demonstrationen veranstaltet, keine Fensterscheiben eingeworfen und keine Gegner verprügelt. Sie hat nur mit ihrem Beispiel versucht, neue und richtigere Wertmaßstäbe zu setzen. Aber ist dadurch irgend etwas besser geworden?«

»Vielleicht nicht im rein politischen Leben. Aber kulturell ist die Jugendbewegung doch recht fruchtbar gewesen. Denken Sie an die Volksschulen und an das Kunsthandwerk, an das Bauhaus Dessau, an die Pflege der alten Musik, an Singkreise und Laienspiele, ist das nicht doch ein Gewinn?«

»Ja, vielleicht. Das will ich sicher nicht abstreiten, und ich freue mich darüber. Aber Deutschland muß eben auch politisch aus dem Zustand der inneren Verrottung und der äußeren Bevormundung befreit werden. Und das ist offenbar mit den guten Mitteln allein nicht möglich gewesen. Daraus kann nicht folgen, daß jetzt alles beim alten bleiben muß. Sie kritisieren uns, weil wir einem Mann folgen, der Ihnen zu primitiv scheint und dessen Mittel Sie mißbilligen. Ich empfinde seinen Antisemitismus auch als die unerfreulichste Seite unserer Bewegung, und ich hoffe, daß er bald abklingt. Aber hat denn irgendein Vertreter der früheren Welt, irgendeiner der älteren Professoren, die jetzt über die Revolution klagen, versucht, uns Jungen einen Weg zu weisen, der besser gewesen wäre, der mit besseren Mitteln zum Ziel geführt hätte? Es war doch niemand da, der uns gesagt hätte, wie wir anders aus dem Elend herauskommen können. Auch Sie nicht. Was hätten wir also tun sollen?«

»Und dann haben Sie sich eben an der Gewaltanwendung beteiligt und die Revolution mitgemacht – in der unsinnigen Illusion, daß beim Zerstören irgendetwas Gutes herauskommen könnte. Wissen Sie, was Jacob Burckhardt über das außenpolitische Endergebnis der Revolutionen geschrieben hat: ›Es ist schon ein großes Glück, wenn eine Revolution nicht geradezu den Erbfeind zum Herren macht.‹ Warum sollten wir Deutschen dieses ungewöhnliche Glück haben? Wenn wir Älteren – ich muß mich jetzt dazu rechnen – keinen Rat gegeben haben, so aus dem ganz einfachen Grunde, weil wir keinen Rat wußten – außer dem ganz banalen, daß man gewissenhaft und ordentlich seine Arbeit machen und dabei hoffen soll, daß das gute Beispiel schließlich auch zum Guten wirkt.«

»Sie wollen also immer wieder nur das Alte, das Vergangene, das Gestrige. Jeder Versuch, es zu ändern, ist nach Ihrer Ansicht schlecht, und damit kann man eben die Jugend nicht mehr überzeugen. So könnte doch nie etwas Neues auf der Welt geschehen. Und mit welchem Recht treten Sie in Ihrer Wissenschaft dann für neue revolutionäre Ideen ein? In der Relativitätstheorie und der Quantentheorie hat man doch auch radikal mit allem früheren gebrochen.«

»Wenn wir über Revolutionen in der Wissenschaft sprechen, so ist es wichtig, sich diese Revolutionen sehr genau anzuschauen. Denken wir zum Beispiel an die Quantentheorie Plancks. Sie wissen vielleicht, daß Planck von Anfang an ein ausgesprochen konservativer Geist war, der nie den Wunsch hatte, die alte Physik ernsthaft zu ändern. Aber er hatte sich vorgenommen, ein bestimmtes eng umgrenztes Problem zu lösen, er wollte das Spektrum der Wärmestrahlung verstehen. Er hat das natürlich unter Beibehaltung aller früheren physikalischen Gesetze versucht, und er hat viele Jahre gebraucht um einzusehen, daß dies nicht möglich ist. Erst dann hat er eine Hypothese vorgeschlagen, die nicht in den Rahmen der früheren Physik paßte, und selbst danach wollte er die Bresche, die er in die Mauern der alten Physik geschlagen hatte, durch zusätzliche Annahmen wieder auffüllen. Das hat sich allerdings als unmöglich herausgestellt, und die weitere Verfolgung der Planckschen Hypothese hat zu einem radikalen Umbau der ganzen Physik genötigt. Aber selbst nach dem Umbau hat sich in den Bereichen der Physik, die mit den Begriffen der klassischen Physik voll erfaßt werden können, gar nichts geändert.

Also in anderen Worten: In der Wissenschaft kann eine gute und fruchtbare Revolution nur dann durchgeführt werden, wenn man sich bemüht, sowenig wie möglich zu ändern, wenn man sich zunächst auf die Lösung eines engen, fest umrissenen Problems beschränkt. Der Versuch, alles Bisherige aufzugeben und willkürlich zu ändern, führt zu reinem Unsinn. Der Umsturz alles Bestehenden wird in der Naturwissenschaft nur von unkritischen halbverrückten Fanatikern probiert – zum Beispiel von Leuten, die behaupten, ein Perpetuum mobile erfinden zu können –, und natürlich kommt bei solchen Versuchen gar nichts heraus. Allerdings weiß ich nicht, ob die Revolutionen in der Wissenschaft mit denen im Zusammenleben der Menschen verglichen werden können. Aber ich könnte mir denken – selbst wenn es sich um einen Wunschtraum handeln sollte –, daß auch in der Geschichte die nachhaltigsten Revolutionen jene sind, bei denen man versucht, nur eng umgrenzte Probleme zu lösen und sowenig wie irgend möglich zu ändern. Denken Sie an jene große Revolution vor zweitausend Jahren, deren Urheber, Christus, gesagt hat: ›Ich bin nicht gekommen, das Gesetz aufzulösen, sondern zu erfüllen.‹ Also nochmal: es kommt darauf an, sich auf das eine wichtige Ziel zu beschränken und sowenig wie möglich zu ändern. Das Wenige, was dann doch geändert werden muß, kann hinterher eine solche verwandelnde Kraft besitzen, daß es fast alle Lebensformen von selbst umgestaltet.«

»Aber warum hängen Sie so an den alten Formen? Es wird doch oft vorkommen, daß alte Formen nicht mehr in die neue Zeit passen und daß sie nur aus einer Art von Trägheit noch aufrechterhalten werden. Warum soll man sie dann nicht gleich beseitigen? Zum Beispiel finde ich es absurd, daß die Professoren immer noch in ihren mittelalterlichen Talaren zu den Universitätsfeiern erscheinen. Das ist doch ein alter Zopf, den man abschneiden sollte.«

»Natürlich liegt mir nichts an den alten Formen; wohl aber an den Inhalten, die durch sie dargestellt werden sollen. Auch das möchte ich durch einen Vergleich mit der Physik erläutern. Die Formeln der klassischen Physik stellen ein altes Erfahrungswissen dar, das nicht nur immer richtig war, sondern auch in Zukunft und zu allen Zeiten richtig bleiben wird. Die Quantentheorie gibt diesem Erfahrungsschatz nur formal eine andere Gestalt. Aber inhaltlich kann sich hinsichtlich der Physik bei der Pendelbewegung, den Hebelgesetzen, den Planetenbewegungen gar nichts ändern, weil sich bei diesen Vorgängen ja auch die Welt nicht ändert. Um nun wieder auf die Talare zurückzukommen: Diese alte Form stammt wohl aus der Zeit der ständischen Gliederung des Volkes, und ihr entspricht als Inhalt die noch viel ältere Erfahrung, daß die Gruppe der Menschen, die viel gelernt haben, deren Denken an vielen schwierigen Gedankengängen anderer geschult ist, für die menschliche Gemeinschaft besonders wichtig ist, da ihr Rat besser begründet ist als der anderer. Der Talar soll diese besondere Stellung zum Ausdruck bringen und den Träger, selbst wenn er als Einzelner den Forderungen seines Standes nicht genügt, vor den plumpen Angriffen der Masse schützen. Diese Erfahrung ist sicher auch in unserer Welt noch genauso richtig wie vor einigen hundert Jahren; aber es ist in der Tat ganz unwichtig, ob man sie äußerlich durch die Talare oder vielleicht besser in modernen Formen ausdrückt. Allerdings habe ich den Verdacht, daß manche Kritiker der Talare auch den Erfahrungsinhalt selbst verdrängen wollen, der sich in ihnen ausgesprochen hat. Das aber ist reine Dummheit, da man ja an den Tatsachen nichts ändern kann.«

»Ja, Sie spielen nun wieder die Erfahrung gegen die Aktivität der Jugend aus, so wie es die alten Leute immer tun und getan haben. Dagegen können wir dann nichts mehr sagen, und wir sind wieder allein.«

Mein Besucher wandte sich nun zum Gehen, aber ich fragte ihn, ob ich ihm nicht den letzten Satz des Schumann-Konzerts noch einmal richtig vorspielen solle, soweit das ohne Orchester möglich sei. Damit war er zufrieden, und ich hatte danach beim Abschied den Eindruck, daß er mir freundlich gesonnen sei.

In den auf dieses Gespräch folgenden Wochen wurden die Eingriffe in die Universität immer erschreckender. Einer unserer Fakultätskollegen, der Mathematiker Levy, der nach dem Gesetz unangefochten bleiben sollte, da er im Ersten Weltkrieg viele hohe Kriegsauszeichnungen erhalten hatte, wurde plötzlich seines Postens enthoben. Die Empörung unter den jüngeren Fakultätsmitgliedern – ich denke dabei besonders an Friedrich Hand, Carl-Friedrich Bonhoeffer und den Mathematiker van der Waerden – war so groß, daß wir erwogen, von unserer Stellung an der Universität zurückzutreten und möglichst viele Kollegen zu dem gleichen Schritt zu veranlassen. Vorher wollte ich mich aber noch einmal mit einem Älteren, der unser volles Vertrauen besaß, über diese Möglichkeit unterhalten. Ich bat daher Max Planck um eine Unterredung und suchte ihn in seinem Haus in der Wangenheim-Straße in Berlin-Grunewald auf.

Planck empfing mich in seinem nicht sehr hellen, aber freundlich altmodisch eingerichteten Wohnzimmer, in dem man zwar nicht in Wirklichkeit, aber im Geist noch die alte Petroleumlampe über dem Tisch in der Mitte hängen sah. Planck schien mir seit unserem letzten Treffen um viele Jahre gealtert. Sein feines schmales Gesicht hatte tiefe Falten, sein Lächeln bei der Begrüßung war gequält, er sah unendlich müde aus.

»Sie kommen, um bei mir Rat in politischen Fragen zu holen«, begann er das Gespräch, »aber ich fürchte, ich kann Ihnen keinen Rat mehr geben. Ich habe keine Hoffnung mehr, daß sich die Katastrophe für Deutschland und damit auch für die deutschen Universitäten noch aufhalten läßt. Bevor Sie mir von den Zerstörungen in Leipzig erzählen, die sicher um nichts geringer sind als die bei uns in Berlin, will ich Ihnen lieber gleich über ein Gespräch berichten, das ich vor einigen Tagen mit Hitler geführt habe. Ich hatte gehofft, ihm klarmachen zu können, welch enormen Schaden man den deutschen Universitäten und insbesondere auch der physikalischen Forschung in unserem Land zufügt, wenn man die jüdischen Kollegen vertreibt; wie sinnlos und zutiefst unmoralisch eine solche Handlungsweise wäre, da es sich ja zum größten Teil um Menschen handelt, die sich völlig als Deutsche fühlen und die im letzten Kriege so wie alle ihr Leben für Deutschland eingesetzt haben. Aber ich habe bei Hitler keinerlei Verständnis gefunden – oder schlimmer, es gibt einfach keine Sprache, in der man sich mit einem solchen Menschen überhaupt verständigen kann. Hitler hat, so schien mir, jeden wirklichen Kontakt mit der Außenwelt verloren. Er empfindet das, was der andere sagt, bestenfalls als eine lästige Störung, die er sofort übertönt, indem er immer wieder die gleichen Phrasen über die Zersetzung des geistigen Lebens in den letzten 14 Jahren, über die Notwendigkeit, diesem Verfall in letzter Minute Einhalt zu gebieten usw., deklamiert. Dabei hat man den fatalen Eindruck, daß er diesen Unsinn selber glaubt und sich die Möglichkeit dieses Glaubens eben durch das Ausschalten aller äußeren Einflüsse sozusagen mit Gewalt verschafft; denn er ist von seinen sogenannten Ideen besessen, er ist keinerlei vernünftigem Einspruch zugänglich und wird Deutschland in eine entsetzliche Katastrophe führen.«

Ich berichtete nun über die Vorgänge in Leipzig und über den unter uns jüngeren Fakultätsmitgliedern erörterten Plan, unsere Professur demonstrativ niederzulegen und damit laut und deutlich ein »Bis hierher und nicht weiter« auszusprechen. Aber Planck war von der Erfolglosigkeit eines solchen Plans von vorneherein überzeugt.

»Ich freue mich, daß Sie als junger Mensch noch optimistisch sind und glauben, mit solchen Schritten dem Unheil Einhalt gebieten zu können. Aber leider überschätzen Sie den Einfluß der Universitäten und der geistig geschulten Menschen gewaltig. Die Öffentlichkeit würde von Ihrem Schritt praktisch nichts erfahren. Die Zeitungen würden entweder gar nichts berichten oder nur in einem so hämischen Ton über Ihren Rücktritt sprechen, daß niemand auf die Idee käme, daraus ernsthafte Folgerungen zu ziehen. Sehen Sie, man kann eine Lawine, die einmal in Bewegung geraten ist, nicht mehr in ihrem Lauf beeinflussen. Wieviel sie zerstören, wie viele Menschenleben sie vernichten wird, das ist durch die Naturgesetze schon entschieden, auch wenn man es noch nicht weiß. Auch Hitler kann den Lauf der Ereignisse nicht mehr wirklich bestimmen; denn er ist ja in viel höherem Maße ein von seiner Besessenheit Getriebener als ein Treibender. Er kann nicht wissen, ob die Gewalten, die er entfesselt hat, ihn schließlich hoch emporheben oder jämmerlich vernichten werden.

Ihr Schritt würde bis zum Ende der Katastrophe also nur Rückwirkungen für Sie selber haben – vielleicht wären Sie bereit, hier vieles in Kauf zu nehmen –, aber für das Leben in unserem Land wird alles, was Sie tun, bestenfalls nach dem Ende wirksam werden. Darauf müssen wir also unser Augenmerk richten. Wenn Sie zurücktreten, so würde Ihnen im günstigsten Fall wohl nur übrigbleiben, im Ausland eine Stellung zu suchen. Was in ungünstigeren Fällen geschehen würde, will ich lieber nicht ausmalen. Sie würden dann im Ausland der großen Menge derer, die auswandern und eine Stellung suchen müssen, zugerechnet werden, und vielleicht einem anderen, der in größerer Not ist als Sie, indirekt eine Stelle wegnehmen. Sie könnten dort wahrscheinlich ruhig arbeiten, Sie wären außer Gefahr, und nach dem Ende der Katastrophe könnten Sie, wenn Sie den Wunsch haben, nach Deutschland zurückkehren – mit dem guten Gewissen, daß Sie nie Kompromisse mit den Zerstörern Deutschlands geschlossen haben. Aber bis dahin sind vielleicht viele Jahre vergangen, Sie sind anders geworden, und die Menschen in Deutschland sind anders geworden; und es ist sehr fraglich, wieviel Sie in dieser veränderten Welt dann wirken könnten.

Wenn Sie nicht zurücktreten und hier bleiben, haben Sie eine Aufgabe ganz anderer Art. Sie können die Katastrophe nicht aufhalten und müssen, um überleben zu können, sogar immer wieder irgendwelche Kompromisse schließen. Aber Sie können versuchen, mit anderen zusammen Inseln des Bestandes zu bilden. Sie können junge Menschen um sich sammeln, ihnen zeigen, wie man gute Wissenschaft macht und ihnen dadurch auch die alten richtigen Wertmaßstäbe im Bewußtsein bewahren. Natürlich weiß niemand, wieviel von solchen Inseln am Ende der Katastrophe noch übriggeblieben sein wird; aber ich bin sicher, daß selbst kleine Gruppen von begabten jungen Menschen, die man in einem solchen Geist durch die Schreckenszeit hindurchbringen kann, für den Wiederaufbau nach dem Ende die größte Bedeutung haben. Denn solche Gruppen können Kristallisationskeime darstellen, von denen aus sich die neuen Lebensformen bilden. Das wird zunächst nur für den Wiederaufbau der wissenschaftlichen Forschung in Deutschland gelten. Aber da niemand weiß, welche Rolle Wissenschaft und Technik in der zukünftigen Welt spielen werden, mag es auch für weitere Bereiche wichtig werden. Ich meine, daß alle, die etwas ausrichten können und die nicht, zum Beispiel durch ihre Rasse, einfach gezwungen sind auszuwandern, versuchen sollten hierzubleiben und eine fernere Zukunft vorzubereiten. Das wird sicher sehr schwierig sein und nicht ohne Gefahren; und die Kompromisse, die eingegangen werden müssen, werden später mit Recht vorgehalten und vielleicht auch bestraft werden. Aber vielleicht muß man es trotzdem tun. Natürlich kann ich es niemandem verdenken, wenn er anders entscheidet; wenn er auswandert, weil er das Leben in Deutschland unerträglich findet, weil er das Unrecht, das hier geschieht, einfach nicht mit ansehen und sicher nicht verhindern kann. Aber in einer solchen entsetzlichen Situation, wie wir sie jetzt in Deutschland vorfinden, kann man nicht mehr richtig handeln. Bei jeder Entscheidung, die man zu treffen hat, beteiligt man sich an irgendeiner Art von Unrecht. Daher ist auch letzten Endes jeder auf sich allein gestellt. Es hat keinen Sinn mehr, Ratschläge zu geben oder anzunehmen. Daher kann ich auch Ihnen nur sagen, machen Sie sich keine Hoffnungen, daß Sie, was immer Sie tun, bis zum Ende der Katastrophe viel Unglück verhindern könnten. Aber denken Sie bei Ihrer Entscheidung an die Zeit, die danach kommt.«

Weiter als bis zu dieser Mahnung ist unser Gespräch dann nicht fortgesetzt worden. Auf dem Heimweg und im Zug nach Leipzig gingen mir die ausgesprochenen Gedanken unablässig im Kopf herum, und ich quälte mich mit der Frage, ob ich auswandern oder bleiben solle. Fast beneidete ich die Freunde, denen die Lebensgrundlage in Deutschland mit Gewalt entzogen worden war und die daher wußten, daß sie unser Land verlassen mußten. Ihnen war bitter Unrecht geschehen, und sie hatten große materielle Schwierigkeiten zu überwinden, aber ihnen war wenigstens die Wahl erspart. Ich versuchte mir das Problem in immer wieder neuen Formen zu stellen, um besser zu sehen, was richtig war. Wenn im eigenen Haus einer der Familienangehörigen an einer Infektion tödlich erkrankt ist, ist es dann richtiger, das Haus zu verlassen, um die Infektion nicht noch weiter zu tragen, oder ist es besser den Kranken zu pflegen, auch wenn keine Hoffnung mehr besteht? Aber war es erlaubt, eine Revolution mit einer Krankheit zu vergleichen? War das nicht eine zu billige Methode, die sittlichen Maßstäbe außer Kraft zu setzen? Und dann, was waren die Kompromisse, von denen Planck gesprochen hatte? Am Anfang der Vorlesung mußte man die Hand erheben, um den von der nationalsozialistischen Partei geforderten Formen zu genügen. Wie oft hatte ich vorher schon Bekannte begrüßt, indem ich die Hand erhob und ihnen zuwinkte. War das also ein entehrendes Zugeständnis? Man mußte amtliche Briefe mit »Heil Hitler« unterzeichnen. Das war schon viel unerfreulicher, aber zum Glück hatte man ja nur selten solche Briefe zu schreiben, und dann hatte dieser Gruß sowieso den Unterton, »ich will mit dir nichts zu tun haben«. Man mußte an Feiern und Aufmärschen teilnehmen. Aber es würde wohl oft möglich sein, solche Verpflichtungen zu umgehen. Jeder einzelne Schritt dieser Art war vielleicht noch vertretbar. Aber man würde wohl viele Schritte gehen müssen, und waren die auch noch vertretbar? Hatte Wilhelm Tell damals recht gehandelt, als er dem Geßlerhut den Gruß verweigerte und damit das Leben seines Kindes in äußerste Gefahr brachte? Hätte er da nicht auch einen Kompromiß schließen sollen? Aber wenn die Antwort hier »nein« lautete, wieso sollte man dann jetzt in Deutschland Kompromisse schließen?

Wenn man sich umgekehrt zur Auswanderung entschloß, wie vertrug sich dieser Entschluß mit der Kantschen Forderung, man solle so handeln, daß das eigene Handeln auch als allgemeine Maxime gelten könne? Alle konnten ja nicht auswandern. Sollte man etwa ruhelos auf diesem Globus von einem Land zum anderen wandern, um den jeweils eintretenden sozialen Katastrophen zu entgehen? Auch die anderen Länder würden kaum auf lange Sicht von solchen oder ähnlichen Katastrophen verschont bleiben. Schließlich gehörte man doch durch Geburt, Sprache und Erziehung zu einem bestimmten Land. Und hieß Auswandern nicht, unser Land kampflos einer Gruppe von besessenen Menschen zu überlassen, die seelisch aus dem Gleichgewicht geraten waren und die in ihrer Verwirrung Deutschland in ein unübersehbares Unheil stürzten?

Planck hatte davon gesprochen, daß man vor Entscheidungen gestellt werden könne, bei denen man nur noch Unrecht tun kann. Waren solche Situationen überhaupt möglich? Als Physiker versuchte ich mir Gedankenexperimente zu erfinden, das heißt in diesem Fall Notlagen auszudenken, die, wenn sie auch nicht in der Wirklichkeit vorkämen, doch wirklichen Situationen hinreichend ähnlich und zugleich so extrem wären, daß man die

Unmöglichkeit einer menschlich vertretbaren Lösung sofort einsehen konnte. Schließlich kam ich auf das folgende fürchterliche Beispiel: Eine diktatorische Regierung hat zehn ihrer Gegner ins Gefängnis geworfen und ist entschlossen, wenigstens den einen Wichtigsten von ihnen, aber vielleicht auch alle zehn zu töten. Es liegt der Regierung aber viel daran, diesen Mord dem Ausland gegenüber als gerecht erscheinen zu lassen. Sie bietet also einem anderen ihrer Gegner, der wegen seines hohen internationalen Ansehens noch in Freiheit gelassen wurde – es könnte zum Beispiel ein angesehener Jurist im Lande sein – folgenden Vertrag an: Wenn der Jurist bereit ist, die Rechtlichkeit des Mordes an dem wichtigsten der Gegner mit seiner Unterschrift unter ein entsprechendes Gutachten zu decken, so werden die übrigen neun Gegner freigelassen, und es werden Garantien angeboten, daß ihnen die Auswanderung ermöglicht wird. Wenn er die Unterschrift verweigert, werden alle zehn Gefangenen hingerichtet. Der Jurist kann nicht daran zweifeln, daß der Diktator mit dieser Drohung ernst machen wird. Was soll er tun? Ist seine »weiße Weste«, wie man das damals zynisch nannte, mehr wert als das Leben der neun Freunde? Selbst der Freitod des Juristen wäre keine Lösung mehr, da er ja auch die Rettung der unschuldig Gefangenen verhindern würde.

Dazu kam mir ein Gespräch mit Niels in den Sinn, der von einer Komplementarität der Begriffe »Gerechtigkeit« und »Liebe« gesprochen hatte. Zwar sind beide, Gerechtigkeit und Liebe, wesentliche Bestandteile unseres Verhaltens im Zusammenleben mit den anderen Menschen; aber letzten Endes schließen sie einander aus. Die Gerechtigkeit gebietet dem Juristen, die Unterschrift zu verweigern. Auch würden die politischen Folgen der Unterschrift vielleicht viel mehr Menschen ins Unglück stürzen als nur die neun Freunde. Aber darf sich die Liebe dem Hilferuf verschließen, den die verzweifelten Angehörigen der Freunde an den Juristen richten? Dann kam es mir wieder kindisch vor, solche absurden Gedankenspiele zu betreiben. Es kam doch darauf an, hier und jetzt zu entscheiden, ob ich auswandern oder in Deutschland bleiben wollte. Man mußte an die Zeit nach der Katastrophe denken. Das hatte Planck gesagt, und das leuchtete mir ein. Also: Inseln des Bestandes bilden, junge Leute sammeln und sie nach Möglichkeit lebendig durch die Katastrophe bringen, und dann nach dem Ende wieder neu aufbauen; das war die Aufgabe, von der Planck gesprochen hatte. Dazu gehörte wohl unvermeidlich, Kompromisse schließen und später dafür mit Recht bestraft werden – und vielleicht noch Schlimmeres. Aber es war wenigstens eine klar gestellte Aufgabe. Draußen wäre man eigentlich überflüssig. Dort gab es nur Aufgaben, die von vielen anderen besser geleistet werden konnten. Bei der Rückkehr nach Leipzig war mein Entschluß gefaßt, wenigstens vorläufig in Deutschland und an der Universität Leipzig zu bleiben und zu sehen, wohin mich dieser Weg weiter führen würde.

# 13
## Diskussionen über die Möglichkeiten der Atomtechnik und über die Elementarteilchen (1935–1937)

Trotz der Unruhe, die im wissenschaftlichen Leben nicht nur unseres Landes durch die deutsche Revolution und die ihr folgende Emigration hervorgerufen worden war, entwickelte sich die Atomphysik in jenen Jahren erstaunlich rasch. Im Laboratorium Lord Rutherfords in Cambridge in England hatten Cockcroft und Walton eine Hochspannungseinrichtung konstruiert, mit der man die Atomkerne des Wasserstoffs, die Protonen, so weit beschleunigen konnte, daß sie, wenn man sie auf einen leichten Atomkern schoß, die durch die elektrische Abstoßung bewirkte Barriere überwinden und den Atomkern treffen und umwandeln konnten. Mit diesem und ähnlichen Instrumenten, insbesondere dem in Amerika entwickelten Zyklotron, konnte man viele neue kernphysikalische Experimente anstellen, so daß sich bald ein recht klares Bild der Eigenschaften der Atomkerne und der in ihnen wirksamen Kräfte ergab. Die Atomkerne konnten nicht wie die ganzen Atome mit einem Planetensystem im Kleinen verglichen werden, bei dem die stärksten Kräfte von einem zentralen schweren Körper ausgehen, der die Bahnen der umlaufenden leichten Körper bestimmt. Vielmehr sind die verschiedenen Atomkerne gewissermaßen verschieden große Tropfen aus der gleichen Art Kernmaterie, die ihrerseits etwa zu gleichen Teilen aus Protonen und Neutronen besteht. Die Dichte dieser aus Protonen und Neutronen gebildeten Kernmaterie ist bei allen Atomkernen ungefähr die gleiche. Nur bewirkt die starke elektrostatische Abstoßung der Protonen, daß bei schweren Kernen die Zahl der Neutronen etwas größer ist als die der Protonen. Die starken Kräfte, die die Kernmaterie zusammenhalten, ändern sich nicht bei einer Vertauschung von Proton und Neutron; diese Annahme hatte sich bestätigt. Und die so zutage getretene Symmetrie zwischen Proton und Neutron, von der ich schon damals in der Hütte auf der Steilen Alm geträumt hatte, äußert sich experimentell auch dadurch, daß manche Atomkerne Elektronen, andere Positronen beim Betazerfall aussenden. Um die Verhältnisse im Atomkern noch mehr im einzelnen zu studieren, versuchten wir in unserem Leipziger Seminar den Atomkern, also einen nahezu kugelförmigen Tropfen aus Kernmaterie, als eine Art von Kugeltopf aufzufassen, in dem die Neutronen und Protonen frei herumliefen, ohne sich erheblich gegenseitig zu stören; während Niels in Kopenhagen umgekehrt die Wechselwirkung der einzelnen Kernbausteine für sehr wichtig hielt und daher den Kern gern als eine Art Sandsack betrachtete.

Um diese Unterschiede der Auffassung durch Gespräche zu klären, fuhr ich in der Zeit zwischen Herbst 1935 und Herbst 1936 wieder für einige Wochen nach Kopenhagen. Ich durfte dort als Gast der Familie Bohr ein Zimmer in der Ehrenwohnung benützen, die Bohr und seinen Angehörigen vom dänischen Staat aus den Mitteln der Carlsberg-Stiftung zur Verfügung gestellt worden war. Dieses Haus hat als Treffpunkt der Atomphysiker für viele Jahre eine besonders wichtige Rolle gespielt. Es war ein Bau im pompejanischen Stil, an dem die starken Einflüsse des berühmten Bildhauers Thorwaldsen auf das dänische Kulturleben noch deutlich zu spüren waren. Vom Wohnzimmer führte eine mit Plastiken geschmückte Freitreppe in den großen Park, dessen Mitte durch einen Springbrunnen zwischen Blumenbeeten belebt wurde und in dem hohe alte Bäume Schutz gegen Sonne oder Regen boten. Vom Flur der Wohnung gelangte man auf der einen Seite in einen Wintergarten, in dem wieder das Plätschern eines kleinen Springbrunnens die sonst in diesem Teil des Hauses herrschende Stille unterbrach. Wir haben auf dem Strahl dieses Springbrunnens oft Tischtennisbälle tanzen lassen und uns dann über die physikalischen Ursachen dieses Vorgangs unterhalten. Hinter dem Wintergarten lag ein großer Saal mit dorischen Säulen, der vielfach zu festlichen Zusammenkünften bei wissenschaftlichen Tagungen benützt wurde. In diesem gastlichen Haus also durfte ich für einige Wochen mit der Familie Bohr zusammen sein, und es traf sich so, daß auch der englische Physiker Lord Rutherford, der Vater der modernen Atomphysik, wie er später gelegentlich genannt wurde, eine kurze Ferienzeit bei Bohrs in Kopenhagen verbrachte. So ergab es sich von selbst, daß wir gelegentlich zu dritt durch den Park wanderten und unsere Meinung über die neuesten Experimente oder über den Bau der Atomkerne austauschten. Ich will versuchen, eines dieser Gespräche festzuhalten.

Lord Rutherford: »Was geschieht eigentlich nach eurer Ansicht, wenn wir noch größere Hochspannungsgeräte oder andere Beschleunigungsmaschinen bauen und Protonen noch höherer

Energie und Geschwindigkeit auf schwerere Atomkerne schießen? Wird das schnelle Geschoß den Atomkern einfach durchschlagen, vielleicht ohne viel Schaden anzurichten, oder wird es im Atomkern steckenbleiben, so daß seine ganze Bewegungsenergie schließlich auf den Kern übertragen wird? Wenn die Wechselwirkung der einzelnen Kernbausteine sehr wichtig ist, wie Niels glaubt, so sollte das Geschoß wohl steckenbleiben. Wenn aber Protonen und Neutronen sich nahezu unabhängig im Atomkern bewegen, ohne sich gegenseitig stärker zu beeinflussen, so könnte vielleicht das Geschoß durch den Kern hindurchlaufen, ohne größere Störungen zu bewirken.«

Niels: »Ich möchte bestimmt glauben, daß das Geschoß im Atomkern in der Regel stecken bleibt und daß sich seine Bewegungsenergie schließlich auf alle Kernbausteine einigermaßen gleichmäßig verteilt; denn die Wechselwirkung ist eben sehr groß. Der Atomkern wird also durch einen solchen Stoß einfach wärmer, und den Grad der Erwärmung wird man aus der spezifischen Wärme der Kernmaterie und aus der im Geschoß enthaltenen Energie berechnen können. Was dann weiter geschieht, wird man am ehesten als eine teilweise Verdampfung des Atomkerns bezeichnen können. Das heißt an der Oberfläche werden einzelne Teilchen gelegentlich eine so hohe Energie erhalten, daß sie den Atomkern verlassen. – Aber was sagst du dazu?«

Die Frage war an mich gerichtet.

»Ich möchte das eigentlich auch glauben«, antwortete ich, »obwohl es nicht ganz zu unseren Leipziger Vorstellungen von den fast frei im Kern herumlaufenden Kernbausteinen zu passen scheint. Aber ein sehr schnelles Teilchen, das in den Kern eindringt, wird wegen der großen Wechselwirkungskräfte wohl sicher mehrere Zusammenstöße erleiden und dabei seine Energie verlieren. Für ein langsames Teilchen, das sich im Atomkern mit nur geringer Energie bewegt, mag es anders aussehen, da dann die Wellennatur der Teilchen ins Spiel kommt und die Zahl der möglichen Energieübertragungen geringer wird. Dann mag die Vernachlässigung der Wechselwirkung noch eine zulässige Näherung sein. Aber man sollte das einfach ausrechnen können; denn man weiß ja eigentlich schon genug über den Atomkern. Ich werde mir eine solche Rechnung für Leipzig vornehmen.

Ich möchte aber eine Gegenfrage stellen: Kann man sich eigentlich denken, daß man mit immer größeren Beschleunigungsmaschinen schließlich zu einer technischen Anwendung der Kernphysik kommt; etwa in der Art, daß man neue chemische Elemente in größerer Menge künstlich herstellt oder indem man die Bindungsenergie der Kerne ähnlich ausnützt, wie die chemische Bindungsenergie bei der Verbrennung ausgenützt wird? Es soll doch einen englischen Zukunftsroman geben, in dem ein Physiker in Momenten höchster politischer Spannung für sein Land eine Atombombe erfindet und dadurch als ›Deus ex machina‹ alle politischen Schwierigkeiten beseitigt. Das sind natürlich Wunschträume. Aber in etwas ernsthafterer Form hat der Physiko-Chemiker Nernst in Berlin einmal behauptet, daß die Erde eigentlich eine Art Pulverfaß sei, bei dem einstweilen nur das Streichholz fehle, mit dem man es in die Luft jagen könne. Es ist doch auch wahr: Wenn man etwa je vier Wasserstoffatomkerne im Meerwasser zu je einem Heliumatomkern vereinigen könnte, so würde dabei eine so enorme Energie frei, daß der Pulverfaßvergleich nur als eine lächerliche Verniedlichung gelten könnte.«

Niels: »Nein, solche Überlegungen sind bisher wohl nicht zu Ende gedacht worden. Der entscheidende Unterschied zwischen der Chemie und der Kernphysik besteht doch darin, daß die chemischen Prozesse in der Regel an der Mehrzahl der Moleküle in der betreffenden Substanz, zum Beispiel im Pulver, ablaufen, während wir in der Kernphysik immer nur mit einer kleinen Zahl von Atomkernen experimentieren können. Das wird auch mit größeren Beschleunigungsmaschinen nicht grundsätzlich anders werden. Die Zahl der in einem chemischen Experiment ablaufenden Prozesse verhält sich doch zu der Zahl der bisher in den kernphysikalischen Experimenten hervorgerufenen Prozesse etwa so wie, sagen wir, der Durchmesser unseres Planetensystems zum Durchmesser eines Kieselsteins; und dann macht es auch nicht mehr viel aus, wenn man den Kieselstein durch einen Felsbrocken ersetzt. Es wäre natürlich etwas anderes, wenn man ein Stück Materie auf so hohe Temperaturen bringen könnte, daß die Energie der einzelnen Teilchen ausreicht, um die Abstoßungskräfte zwischen den Atomkernen zu überwinden, und wenn man die Dichte der Materie gleichzeitig so hoch halten könnte, daß die Zusammenstöße nicht zu selten werden. Aber dazu müßte man auf Temperaturen von, sagen wir, 1 Milliarde Grad kommen, und bei solchen Temperaturen gibt es natürlich keine Wände von Gefäßen mehr, in die man die Materie einschließen könnte; die wären alle längst verdampft.«

Lord Rutherford: »Bisher ist ja auch keine Rede davon, daß

man aus den Prozessen an den Atomkernen Energie gewinnen könnte. Denn es wird zwar bei der Anlagerung eines Protons oder Neutrons an einen Atomkern im Einzelprozeß wirklich Energie frei. Aber um zu erreichen, daß ein solcher Prozeß stattfindet, muß man sehr viel mehr Energie aufwenden; zum Beispiel zur Beschleunigung sehr vieler Protonen, von denen die meisten nichts treffen. Der allergrößte Teil dieser Energie geht in Form von Wärmebewegung praktisch verloren. Energetisch ist also das Experimentieren an Atomkernen bisher ein reines Verlustgeschäft. Wer von einer technischen Ausnützung der Atomkerenergie spricht, der redet einfach Unsinn.«

Auf diese Meinung haben wir uns dann schnell geeinigt, und keiner von uns ahnte damals, daß schon wenige Jahre später die Entdeckung der Uranspaltung durch Otto Hahn die Situation von Grund auf ändern würde.

Von der Unruhe der Zeit drang wenig in die Stille des Bohrschen Parks. Wir setzten uns auf eine Bank im Schatten großer Bäume und sahen zu, wie ein Windstoß gelegentlich die fallenden Tropfen des Springbrunnens zur Seite wehte und wie dann einzelne Tropfen an den Rosenblättern hängenblieben und dort in der Sonne glänzten.

Nach meiner Rückkehr nach Leipzig führte ich die versprochene Rechnung aus. Sie bestätigte Niels' Vermutung, daß schnelle Protonen aus größeren Beschleunigungsmaschinen in der Regel im Atomkern steckenblieben und ihn durch einen Stoß einfach erhitzen. Etwa um die gleiche Zeit wurden dann auch bei schnellen Protonen aus der kosmischen Strahlung Prozesse dieser Art wirklich beobachtet. Die gleiche Rechnung schien aber auch eine gewisse Rechtfertigung dafür zu enthalten, daß man bei Untersuchungen über den inneren Aufbau der Atomkerne in erster Näherung von der starken Wechselwirkung einzelner Teilchen absehen darf. Wir setzten also unsere Leipziger Untersuchungen in dieser Richtung fort. Carl-Friedrich, der damals Assistent von Lise Meitner in Otto Hahns Institut in Dahlem war, kam häufig zu unseren Seminarvorträgen von Berlin nach Leipzig und berichtete uns auch bei einem dieser Treffen von seinen eigenen Untersuchungen über die Atomkernprozesse im Inneren der Sonne und der Sterne. Er konnte theoretisch nachweisen, daß sich im heißesten inneren Teil der Sterne ganz bestimmte Reaktionen zwischen leichten Atomkernen abspielen und daß die enorme Energie, die von den Sternen ständig abgestrahlt wird, offenbar aus diesen Kernprozessen stammt. Bethe in Amerika veröffentlichte ähnliche Untersuchungen, und wir gewöhnten uns daran, die Sterne als riesige Atomöfen zu betrachten, in denen die Gewinnung der Atomkernenergie zwar nicht als technisch kontrollierbarer Vorgang, aber doch als Naturphänomen sich ständig vor unseren Augen abspielte. Aber noch war von Atomtechnik keine Rede.

In unserem Leipziger Seminar wurde nicht nur über die Atomkerne gearbeitet. Inzwischen hatten sich auch die Gedanken weiter entwickelt, mit denen ich damals während jener Nacht in der Skihütte auf der Steilen Alm versucht hatte, die Natur der Elementarteilchen besser zu verstehen. Die Hypothese Paul Diracs von der Existenz der Antimaterie war nun durch viele Experimente sicherer Besitz unserer Wissenschaft geworden. Wir wußten, daß es zumindest einen Prozeß in der Natur gibt, bei dem sich Energie in Materie verwandelt. Aus Strahlungsenergie können Elektron-Positron-Paare entstehen. Es lag nahe anzunehmen, daß es auch noch andere Prozesse dieser Art geben kann, und wir versuchten uns auszumalen, welche Rolle solche Prozesse dann spielen können, wenn schnelle Elementarteilchen mit hoher Geschwindigkeit aufeinandertreffen.

Mein nächster Gesprächspartner in solchen Überlegungen war Hans Euler, der einige Jahre vorher als junger Student zu uns gestoßen war. Er war mir früh aufgefallen, nicht nur durch eine weit überdurchschnittliche Begabung, sondern auch durch seine äußere Erscheinung. Er sah zarter, empfindlicher aus, als die meisten Studenten, und in seinem Gesicht konnte man, gerade wenn er lächelte, manchmal einen leidenden Zug erkennen. Er hatte ein hohes schmales, fast etwas eingefallenes Gesicht mit blonden Locken, und in seinem Sprechen spürte man eine intensive Konzentration, die für einen jungen Menschen ungewöhnlich war. Es war unschwer zu erkennen, daß er materiell in äußerst bedrängten Verhältnissen lebte, und ich war daher froh, als ich ihm eine, wenn auch nur bescheidene Hilfsassistentenstelle beschaffen konnte. Erst nach längerer Zeit, als er volles Zutrauen zu mir gefaßt hatte, gestand er mir den ganzen Umfang seiner Schwierigkeiten. Seine Eltern konnten die Mittel für sein Studium kaum aufbringen. Er selbst war überzeugter Kommunist, vielleicht war auch sein Vater schon aus politischen Gründen in diese Bedrängnis geraten. Euler war mit einem jungen Mädchen verlobt, das wegen seiner jüdischen Abstammung aus Deutschland hatte fliehen müssen und nun in der Schweiz lebte. Von der Menschengruppe, die seit 1933 die politische Macht in Deutschland gewonnen hatte, konnte er nur mit Abscheu sprechen. Aber er berührte dieses Thema nur ungern. Schon um ihm zu helfen, lud ich Euler in diesen Jahren oft in meine Wohnung zum Mittagessen ein, und in unseren Gesprächen wurde auch die Möglichkeit erwogen, daß er auswandern könnte. Das hat er aber nie ernstlich in Betracht gezogen, und ich hatte den Eindruck, daß er sich zu sehr an Deutschland gebunden fühlte. Aber auch davon sprach er nicht gern.

So kam ich oft mit Euler zusammen, und wir berieten daher über die möglichen Konsequenzen der Diracschen Entdeckung und der Umwandlung von Energie in Materie.

»Wir haben doch von Dirac gelernt«, so könnte Euler etwa gefragt haben, »daß ein Lichtquant, das an einem Atomkern vorbeifliegt, sich dabei in ein Paar von Teilchen, ein Elektron und ein Positron, verwandeln kann. Bedeutet das eigentlich, daß ein Lichtquant aus einem Elektron und einem Positron besteht? Dann wäre das Lichtquant so eine Art Doppelsternsystem, in dem Elektron und Positron umeinander kreisen. Oder ist das eine falsche anschauliche Vorstellung?«

»Ich glaube nicht, daß ein solches Bild viel Wahrheit enthält. Denn aus diesem Bild würde man doch schließen, daß die Masse eines solchen Doppelsterns nicht viel kleiner sein sollte als die Summe der Massen der beiden Teile, aus denen es besteht. Und man könnte auch nicht einsehen, warum dieses System sich immer mit Lichtgeschwindigkeit durch den Raum bewegen muß. Es könnte doch auch irgendwo zur Ruhe kommen.«

»Was soll man aber dann über das Lichtquant in diesem Zusammenhang sagen?«

»Man darf vielleicht sagen, daß das Lichtquant virtuell aus Elektron und Positron besteht. Das Wort ›virtuell‹ deutet an, daß es sich um eine Möglichkeit handelt. Der eben ausgesprochene Satz behauptet dann nur, daß das Lichtquant sich eben in gewissen Experimenten möglicherweise in Elektron und Positron zerlegen läßt. Mehr nicht.«

»Nun könnte in einem sehr energiereichen Stoß ein Lichtquant doch vielleicht auch in zwei Elektronen und zwei Positronen verwandelt werden. Würden Sie dann sagen, daß das Lichtquant virtuell auch aus diesen vier Teilchen besteht?«

»Ja, ich glaube, das wäre konsequent. Das Wort ›virtuell‹, das die Möglichkeit bezeichnet, erlaubt ja die Behauptung, daß das Lichtquant virtuell aus zwei oder vier Teilchen besteht. Zwei verschiedene Möglichkeiten schließen sich ja nicht aus.«

»Aber was gewinnt man dann noch mit einem solchen Satz?« wandte Euler ein. »Dann kann man doch gleich sagen, daß jedes Elementarteilchen virtuell aus irgendeiner beliebigen Zahl von anderen Elementarteilchen besteht. Denn bei sehr energiereichen Stoßprozessen wird schon irgendeine beliebige Zahl von Teilchen entstehen können. Das ist doch fast keine Aussage mehr.«

»Nein, so beliebig sind Zahl und Art der Teilchen denn doch nicht. Nur solche Konfigurationen von Teilchen werden als mögliche Beschreibung des einen darzustellenden Teilchens in Betracht kommen, die die gleiche Symmetrie haben wie das ursprüngliche Teilchen. Statt Symmetrie könnte man noch genauer sagen: Transformationseigenschaft gegenüber solchen Operationen, unter denen die Naturgesetze unverändert bleiben. Wir haben doch schon aus der Quantenmechanik gelernt, daß die stationären Zustände eines Atoms durch ihre Symmetrieeigenschaften charakterisiert sind. So wird es eben auch bei den Elementarteilchen sein, die ja auch stationäre Zustände aus Materie sind.«

Euler war noch nicht so recht zufrieden. »Das wird doch reichlich abstrakt, was Sie jetzt sagen. Es käme wohl mehr darauf an, sich Experimente auszudenken, die anders ablaufen, als man bisher angenommen hätte, und zwar deshalb anders, weil die Lichtquanten virtuell aus Teilchenpaaren bestehen. Man würde doch vermuten, daß man wenigstens qualitativ vernünftige Resultate bekommt, wenn man das Bild vom Doppelsternsystem einen Moment ernst nimmt und fragt, was nach der früheren Physik daraus folgen sollte. Zum Beispiel könnte man sich für das Problem interessieren, ob zwei Lichtstrahlen, die sich im leeren Raum kreuzen, wirklich so ungehindert durcheinander hindurchgehen, wie man bisher immer angenommen hat und wie die alten Maxwellschen Gleichungen es fordern. Wenn in dem einen Lichtstrahl virtuell, das heißt als Möglichkeit, Paare von Elektronen und Positronen vorhanden sind, so könnte der andere Lichtstrahl doch an diesen Teilchen gestreut werden; also müßte es eine Streuung von Licht an Licht geben, eine gegenseitige Störung der beiden Lichtstrahlen, die man aus der Diracschen Theorie ausrechnen könnte und die auch experimentell zu beobachten wäre.«

»Ob man so etwas beobachten kann, hängt natürlich davon ab, wie groß diese gegenseitige Störung ist. Aber Sie sollten ihre Wirkung unbedingt ausrechnen. Vielleicht finden die Experimentalphysiker dann auch Mittel und Wege, sie nachzuweisen.«

»Eigentlich finde ich diese Philosophie des ›als ob‹, die hier betrieben wird, doch sehr merkwürdig. Das Lichtquant verhält sich in vielen Experimenten so, ›als ob‹ es aus einem Elektron und einem Positron bestünde. Es verhält sich auch manchmal so, ›als ob‹ es aus zwei oder noch mehr solchen Paaren bestünde. Scheinbar gerät man in eine ganz unbestimmte verwaschene Physik hinein. Aber man kann aus der Diracschen Theorie doch die Wahrscheinlichkeit dafür, daß ein bestimmtes Ereignis eintritt, mit großer Genauigkeit berechnen, und die Experimente werden das Ergebnis schon bestätigen.«

Ich versuchte diese Philosophie des ›als ob‹ noch etwas weiter zu spinnen: »Sie wissen, daß die Experimentalphysiker neuerdings noch eine Sorte von mittelschweren Elementarteilchen gefunden haben, die Mesonen. Außerdem gibt es ja die starken Kräfte, die den Atomkern zusammenhalten und denen auch irgendwelche Elementarteilchen im Sinne des Dualismus von Welle und Teilchen entsprechen müssen. Vielleicht gibt es überhaupt noch sehr viele Elementarteilchen, die wir bisher nur deshalb nicht kennen, weil sie eine zu kurze Lebensdauer besitzen. Man kann dann ein Elementarteilchen im Sinne dieser Philosophie des ›als ob‹ auch mit einem Atomkern oder einem Molekül vergleichen, das heißt man kann so tun, als ob das einzelne Elementarteilchen ein Haufen von sehr vielen, eventuell verschiedenartigen Elementarteilchen wäre. Dann kann man auch hier die Frage stellen, die mir Lord Rutherford neulich in Kopenhagen in bezug auf die Atomkerne gestellt hat: ›Was geschieht, wenn man ein sehr energiereiches Elementarteilchen auf ein anderes schießt? Wird es in den nun als Teilchenhaufen vorgestellten getroffenen Elementarteilchen steckenbleiben, diesen Haufen erhitzen und später zur Verdampfung veranlassen, oder wird es ohne allzu große Störung durch den Haufen glatt durchgehen?‹ Das hängt natürlich auch wieder von der Stärke der Wechselwirkung im Einzelprozeß ab, und von der weiß man noch so gut wie nichts. Aber vielleicht lohnt es, sich einstweilen auf die schon bekannten Wechselwirkungen zu beschränken und nachzusehen, was dabei herauskommt.«

Wir waren damals ja noch weit von einer wirklichen Physik der Elementarteilchen entfernt. Es gab nur in der kosmischen Strahlung gewisse experimentelle Anhaltspunkte; aber von einem systematischen Experimentieren in diesem Gebiet war noch keine Rede. Euler wollte wissen, wie optimistisch oder pessimistisch ich die Entwicklung in diesem Zweig der Atomphysik beurteilte und sagte:

»Durch die Diracsche Entdeckung, also durch die Existenz der Antimaterie, ist das ganze Bild doch eigentlich viel komplizierter geworden. Eine Zeitlang sah es so aus, als könne man aus nur drei Bausteinen, Proton, Elektron und Lichtquant, die ganze Welt aufbauen. Das war eine einfache Vorstellung, und man konnte hoffen, das Wesentliche bald verstanden zu haben. Jetzt aber verwirrt sich das Bild immer mehr. Das Elementarteilchen ist eigentlich gar nicht mehr elementar, es ist wenigstens ›virtuell‹ ein sehr kompliziertes Gebilde. Bedeutet das nicht, daß wir viel weiter von einem Verständnis entfernt sind, als man früher hoffen konnte.«

»Nein, das würde ich eigentlich nicht zugeben. Denn das frühere Bild mit den drei Elementarbausteinen war doch gar nicht glaubhaft. Warum sollte es drei solche willkürlichen Einheiten geben, von denen die eine, das Proton, gerade 1836 mal schwerer ist als die andere, das Elektron. Wodurch ist die Zahl 1836 ausgezeichnet? Und warum sollten diese Einheiten unzerstörbar sein? Man kann sie doch mit beliebig hohen Energien aufeinander schießen; ist es glaubhaft, daß die innere Festigkeit jede Grenze überschreitet? Jetzt nach der Diracschen Entdeckung sieht es doch viel vernünftiger aus. Das Elementarteilchen ist, wie der stationäre Zustand eines Atoms, durch seine Symmetrieeigenschaft bestimmt. Die Stabilität der Formen, die schon Bohr seinerzeit zum Ausgangspunkt seiner Theorie gemacht hat und die in der Quantenmechanik wenigstens grundsätzlich verstanden werden kann, ist auch verantwortlich für die Existenz und die Stabilität der Elementarteilchen. Diese Formen bilden sich immer wieder neu, wenn sie zerstört sind, so wie die Atome der Chemiker; und das liegt natürlich daran, daß die Symmetrie im Naturgesetz selbst verankert ist. Freilich sind wir noch weit davon entfernt, die Naturgesetze formulieren zu können, die für die Struktur der Elementarteilchen verantwortlich sind. Aber ich könnte mir gut denken, daß man aus ihnen dann später auch diese Zahl 1836 ausrechnen kann. Eigentlich bin ich fasziniert von dem Gedanken, daß die Symmetrie etwas Fundamentaleres ist als das Teilchen. Das paßt zum Geist der Quantentheorie, so wie sie von Bohr immer aufgefaßt worden ist. Es paßt auch zur Philosophie Platos, aber das braucht uns jetzt als Physiker nicht zu interessieren. Bleiben wir bei dem, was wir unmittelbar untersuchen können. Sie sollten die Streuung von Licht an Licht berechnen, und ich will mich um die allgemeinere Frage kümmern, was beim Zusammenstoß sehr energiereicher Elementarteilchen geschieht.«

An dieses Arbeitsprogramm haben wir uns beide dann in den folgenden Monaten gehalten, und bei meinen Rechnungen stellte sich heraus, daß schon die Wechselwirkung, die für den radioaktiven Beta-Zerfall der Atomkerne maßgebend ist, bei hohen Energien sehr stark werden kann, daß also möglicherweise beim Zusammenstoß zweier energiereicher Elementarteilchen viele neue Teilchen entstehen. Für diese sogenannte Vielfacherzeugung der Elementarteilchen gab es damals zwar Andeutungen in der kosmischen Strahlung, aber noch keine guten experimentellen Beweise. Erst 20 Jahre später konnte man solche Prozesse in den großen Beschleunigungsmaschinen direkt beobachten. Euler berechnete zusammen mit einem anderen Mitglied meines Seminars, Kockel, die Streuung von Licht an Licht, und obwohl der experimentelle Nachweis hier nicht so direkt geführt werden konnte, besteht heute wohl kein Zweifel mehr daran, daß es die von Euler und Kockel behauptete Streuung wirklich gibt.

## 14
## Das Handeln des Einzelnen in der politischen Katastrophe (1937–1941)

Die Jahre vor dem Zweiten Weltkrieg sind mir, soweit ich sie in Deutschland verbracht habe, immer als eine Zeit unendlicher Einsamkeit erschienen. Das nationalsozialistische Regime hatte sich so weit verfestigt, daß an eine Besserung der Zustände von innen her nicht mehr zu denken war. Zugleich hatte sich unser Land von der anderen Welt immer weiter isoliert, und es war deutlich zu spüren, daß sich nun im Ausland die Gegenkräfte zu formieren begannen. Die militärischen Rüstungen steigerten sich von Jahr zu Jahr, und es schien nur noch eine Frage der Zeit, wann diese organisierten Mächte zu einem gnadenlosen Kampf antreten würden, der durch keine Völkerrechtsbestimmung, Kriegskonvention oder moralische Hemmung mehr gemildert werden könnte. Dazu kam die Vereinsamung des Einzelnen in Deutschland selbst. Die Verständigung unter den Menschen wurde schwierig. Nur im engsten Freundeskreis konnte man ganz frei sprechen. Allen anderen gegenüber verwendete man eine vorsichtige, zurückhaltende Sprache, die mehr verschleierte als mitteilte. Das Leben in dieser Welt des Mißtrauens war mir unerträglich, und die Einsicht, daß am Ende dieser Entwicklung nur eine totale Katastrophe für Deutschland stehen könnte, machte mir unerbittlich klar, wie schwer die Aufgabe war, die ich mir seit meinem Besuch bei Planck gestellt hatte.

So erinnere ich mich an einen grauen, kalten Vormittag im Januar 1937, an dem ich auf den Straßen der Leipziger Innenstadt Winterhilfsabzeichen zu verkaufen hatte. Auch eine solche Tätigkeit gehörte zu den Demütigungen und Kompromissen, die man in jener Zeit zu ertragen hatte – obwohl man sich auch wieder sagen konnte, daß eine Geldsammlung für die Armen eigentlich nichts Schlechtes sein dürfte. Ich war, während ich mit der Sammelbüchse umherging, in einem Zustand völliger Verzweiflung. Nicht wegen der verlangten Geste der Unterordnung, die mir unwichtig schien, sondern wegen der völligen Sinn- und Hoffnungslosigkeit dessen, was ich tat und was sich um mich herum abspielte. So geriet ich in einen merkwürdigen und unheimlichen seelischen Zustand. Die Häuser an den schmalen Straßen schienen mir weit entfernt und fast unwirklich, so als seien sie schon zerstört und nur als Bilder noch übriggeblieben; die Menschen wirkten durchsichtig, ihre Körper waren gewissermaßen schon aus der materiellen Welt herausgetreten und nur ihre seelische Struktur noch erkennbar. Hinter diesen schemenhaften Gestalten und dem grauen Himmel empfand ich eine starke Helligkeit. Es fiel mir auf, daß einige Menschen mir besonders freundlich begegneten und mir ihren Beitrag mit einem Blick reichten, der mich für einen Moment aus meiner Ferne zurückholte und mich dann eng mit ihnen verband. Aber dann war ich wieder weit weg und begann zu spüren, daß diese äußerste Einsamkeit vielleicht über meine Kräfte gehen könnte.

Am Abend des gleichen Tages war ich im Hause des Verlegers Bücking zur Kammermusik eingeladen. Mit dem Juristen Jacobi von der Universität Leipzig, der ein ausgezeichneter Geiger und treuer Freund war, und dem Hausherrn als Cellisten sollte ich das Beethoven-Trio in G-Dur spielen, das ich schon aus meiner Jugendzeit gut kannte. Ich hatte im Jahr 1920 den langsamen Satz bei der Abiturfeier in München mit vorgetragen. Diesmal hatte ich Angst vor der Musik und der Begegnung mit neuen Menschen. In meinem schlechten Zustand fühlte ich mich den Anforderungen eines solchen Abends nicht gewachsen, und ich war daher froh zu sehen, daß der Kreis der Besucher nur klein war. Eine der jungen Zuhörerinnen, die zum ersten Mal im Hause Bücking verkehrte, konnte schon bei unserem ersten Gespräch die Ferne überbrücken, in die ich an diesem merkwürdigen Tag geraten war. Ich spürte, wie die Wirklichkeit mir wieder näher rückte, und der langsame Satz des Trios wurde von meiner Seite schon eine Fortsetzung des Gesprächs mit dieser Zuhörerin. Wir haben dann einige Monate später geheiratet, und Elisabeth Schumacher hat in den kommenden Jahren mit großer Tapferkeit alle Schwierigkeiten und Gefahren mit mir geteilt. So war ein neuer Anfang gesetzt, und wir konnten uns darauf einrichten, das herannahende Unwetter gemeinsam zu bestehen.

Im Sommer des Jahres 1937 geriet ich für kurze Zeit in die politische Gefahrenzone. Das war eine erste Bewährungsprobe, aber sie soll hier übergangen werden, da viele meiner Freunde schlimmere zu bestehen hatten.

Hans Euler war regelmäßig Gast in unserem Hause. Wir berieten oft gemeinsam über die politischen Probleme, die uns gestellt wurden. Einmal war Euler aufgefordert worden, sich an einem nationalsozialistischen Dozenten- und Assistentenlager zu beteiligen, das für einige Tage in einem kleineren Ort der Umgebung abgehalten werden sollte. Ich riet ihm, das Lager zu besuchen, um seine Assistentenstelle nicht in Gefahr zu bringen, und ich erzählte ihm von dem Hitlerjugendführer, der mir einmal sein Herz ausgeschüttet hatte und den er dort wohl treffen werde. Vielleicht würde sich ein gutes Gespräch mit ihm ergeben.

Als Euler zurückkam, war er bewegt und beunruhigt, und er berichtete uns ausführlich über seine Erlebnisse.

»Die menschliche Zusammensetzung eines solchen Lagers ist ja sehr merkwürdig. Natürlich gehen viele nur hin, weil es eben verlangt wird und weil man seine Stellung nicht gefährden möchte, so wie ich es auch getan habe. Mit den meisten von denen habe ich nicht viel anfangen können. Aber dann gibt es eine kleinere Gruppe von jungen Menschen, zu denen gehört auch Ihr Hitlerjugendführer, die glauben wirklich an den Nationalsozialismus und meinen, daß daraus etwas Gutes kommen könnte. Nun weiß ich, wieviel Schreckliches von dieser Bewegung schon ausgegangen ist und wieviel Unglück für Deutschland wahrscheinlich noch aus ihr entstehen wird. Aber ich spüre zugleich, daß manche dieser jungen Nationalsozialisten doch etwas Ähnliches wollen wie ich selbst. Sie finden auch diese erstarrte bürgerliche Gesellschaft unerträglich, in der materieller Wohlstand und äußere Anerkennung als wichtigste Wertmaßstäbe gelten. Sie wollen diese hohl gewordene Form durch etwas Volleres, Lebendigeres ersetzen; sie wollen die Beziehungen der Menschen untereinander menschlicher gestalten, und das will ich im Grunde auch. Ich kann noch nicht begreifen, warum aus einem solchen Versuch so viel Unmenschlichkeit folgen muß. Ich sehe nur, daß es sich so verhält. So entstehen mir Zweifel, die das ganze Bild verwirren. Ich hatte ja lange Zeit gehofft, daß die kommunistische Bewegung sich durchsetzen würde. Wenn das Schicksal so entschieden hätte, so wären sicher Glück und Unglück unter den Menschen anders verteilt worden, und wir hätten vieles besser gemacht. Aber ob das Gesamtquantum an Unmenschlichkeit geringer gewesen wäre, weiß ich nicht mehr. Der gute Wille der Jugend reicht dafür offenbar nicht aus. Es kommen dann stärkere Kräfte ins Spiel, die man nicht mehr kontrollieren kann. Andererseits, die richtige Antwort kann ja auch nicht lauten, daß man einfach das Alte bewahren solle, obwohl es eine hohle Form geworden ist. Das wäre wohl gar nicht möglich. Was soll man also wünschen, und was kann man jetzt noch tun?«

»Man wird wohl einfach abwarten müssen«, mag ich geantwortet haben, »bis man wieder etwas tun kann, und bis dahin muß man in den kleinen Bereichen Ordnung halten, in denen man zu leben hat.«

Im Sommer 1938 ballten sich die Gewitterwolken der Weltpolitik schon so bedrohlich zusammen, daß sie auch meinen neuen häuslichen Bereich zu verdunkeln begannen. Ich mußte bei den Gebirgsjägern in Sonthofen für zwei Monate Militärdienst leisten, und wir standen mehrfach mit allen Waffen bereit, um zur Fahrt an die tschechische Grenze verladen zu werden. Aber die Wolken verzogen sich noch einmal; ich war überzeugt, daß es sich nur um einen kurzen Aufschub handeln könne.

Gegen Ende des Jahres geschah in unserer Wissenschaft noch etwas ganz Unerwartetes. Zu einem unserer Leipziger Dienstag-Seminare kam Carl Friedrich aus Berlin mit der Nachricht, Otto Hahn habe bei der Beschießung des Uranatoms mit Neutronen das Element Barium unter den Folgeprodukten gefunden. Das bedeutete, daß der Atomkern des Uranatoms in zwei vergleichbar große Teile gespalten worden war, und wir begannen natürlich sofort mit der Diskussion der Frage, ob ein solcher Vorgang nach dem, was wir sonst über die Atomkerne wußten, verständlich wäre. Wir hatten den Atomkern seit langer Zeit mit einem Flüssigkeitstropfen aus Protonen und Neutronen verglichen, und Carl Friedrich hatte schon vor Jahren die Volumenenergie, die Oberflächenspannung und die elektrostatische Abstoßung im Inneren des Tropfens aus den empirischen Daten abgeschätzt. Nun stellte sich zu unserer Überraschung heraus, daß der so unerwartete Vorgang der Kernspaltung eigentlich durchaus plausibel war. Bei sehr schweren Atomkernen war der Vorgang der Spaltung ein Prozeß, der unter Energieabgabe von selbst ablaufen konnte, bei dem es also nur eines kleinen Anstoßes von außen bedurfte, um ihn in Gang zu setzen. Ein auf den Atomkern geschossenes Neutron kann also die Spaltung bewirken. Es schien beinahe merkwürdig, daß man nicht schon vorher an diese Möglichkeit gedacht hatte. Diese Überlegung führte aber noch zu einer weiteren, sehr erregenden Konsequenz. Die beiden Teile des gespaltenen Kerns waren unmittelbar nach der Teilung wohl keine ganz kugelförmigen Gebilde, also enthielten sie überschüssige Energie, die nachträglich zu einer gewissen Verdampfung, das heißt zur Abgabe einiger Neutronen von der Oberfläche führen konnte. Vielleicht konnten diese Neutronen wieder auf andere Urankerne treffen, sie ebenfalls zur Spaltung veranlassen und damit schließlich eine Kettenreaktion in Gang setzen. Natürlich mußte noch viel experimentiert werden, bevor man solche Phantasien als wirkliche Physik ansehen konnte. Aber schon die Fülle der Möglichkeiten erschien uns faszinierend und unheimlich. Ein Jahr später wurden wir mit der Frage nach der technischen Ausnützung der Atomenergie in Maschinen oder Atomwaffen unmittelbar konfrontiert.

Wenn ein Schiff in einen Orkan fahren muß, so werden vorher die Luken dicht gemacht, Seile gespannt und alle beweglichen Teile festgebunden oder festgeschraubt, um dem Unwetter mit dem höchsten erreichbaren Grad von Sicherheit begegnen zu können. So suchte ich im Frühjahr 1939 für meine Familie ein Landhaus im Gebirge, in das meine Frau und die Kinder flüchten könnten, wenn die Städte zerstört würden. Ich fand es in Urfeld am Walchensee, am Südhang etwa hundert Meter oberhalb jener Straße, auf der seinerzeit Wolfgang Pauli, Otto Laporte und ich als junge Menschen bei einer Radtour im Anblick des Karwendels über die Quantentheorie diskutiert hatten. Das Haus war im Besitz des Malers Lovis Corinth gewesen, und ich kannte den Blick von der Terrasse schon aus seinen Walchenseelandschaften, die mir gelegentlich in Ausstellungen begegnet waren.

Noch etwas anderes sollte vor dem Krieg geschehen. Ich hatte viele Freunde in Amerika und empfand das Bedürfnis, sie vorher noch einmal zu sehen. Man wußte ja nicht, ob man sie danach wieder treffen würde. Wenn ich am Wiederaufbau nach der Katastrophe mitwirken könnte, hoffte ich auch auf ihre Hilfe.

In den Sommermonaten des Jahres 1939 hielt ich also Vorlesungen an den Universitäten in Ann Arbor und Chicago. Bei dieser Gelegenheit traf ich Fermi, mit dem ich seinerzeit als Student an den Seminaren bei Born in Göttingen teilgenommen hatte. Fermi war später viele Jahre der führende Kopf der italienischen Physik gewesen, war aber dann wegen der bevorstehenden politischen Katastrophe nach Amerika ausgewandert. Als ich Fermi in seiner Wohnung besuchte, fragte er mich, ob es nicht richtiger wäre, wenn ich auch nach Amerika übersiedelte.

»Was wollen Sie noch in Deutschland? Sie können den Krieg nicht verhindern, und Sie werden nur Dinge tun und mitverantworten müssen, die Sie nicht tun und nicht mitverantworten wollen. Wenn Sie damit, daß Sie all das Elend drüben mitmachen, irgendetwas Gutes bewirken könnten, so würde ich Ihre Haltung ja verstehen. Aber die Wahrscheinlichkeit dafür ist doch verschwindend gering. Hier aber können Sie neu anfangen.

Sehen Sie, das ganze Land hier ist doch aufgebaut worden von Europäern, die aus ihrer Heimat geflüchtet sind, weil sie die Enge der Verhältnisse drüben, den ewigen Zank und Streit der kleinen Nationen, Unterdrückung, Befreiung und Revolutionen und den ganzen Jammer, der dazugehört, nicht mehr ertragen wollten. Weil sie hier in einem weiteren und freien Land ohne den ganzen Ballast der geschichtlichen Vergangenheit leben wollten. In Italien bin ich ein großer Mann gewesen, aber hier bin ich wieder ein junger Physiker, und das ist doch unvergleichlich viel schöner. Warum wollen Sie nicht auch den ganzen Ballast abwerfen und neu anfangen? Hier können Sie gute Physik machen und an dem großen Aufschwung der Naturwissenschaften in diesem Land teilnehmen. Warum wollen Sie auf dieses Glück verzichten?«

»Was Sie sagen, kann ich so gut nachfühlen, und ich habe mir tausendmal dasselbe gesagt; und die Möglichkeit, aus der Enge Europas hier in diese Weite zu kommen, ist mir seit meinem ersten Besuch vor zehn Jahren eine ständige Versuchung gewesen. Vielleicht hätte ich damals auswandern sollen. Aber ich habe mich dann doch dafür entschieden, drüben einen Kreis von jungen Leuten um mich zu sammeln, die an dem Neuen in der Wissenschaft mitmachen wollen, die auch später nach dem Kriege zusammen mit anderen dafür sorgen können, daß es wieder gute Wissenschaft in Deutschland gibt. Ich hätte das Gefühl, Verrat zu begehen, wenn ich diese jungen Menschen jetzt im Stich ließe. Die Jungen können ja viel weniger leicht auswandern als wir. Sie würden nicht so leicht eine Stellung finden, und es käme mir unbillig vor, wenn ich diesen Vorteil einfach für mich ausnützen wollte. Ich habe einstweilen noch die Hoffnung, daß der Krieg nicht lange dauern wird. Schon während der Krise im vergangenen Herbst, bei der ich als Soldat eingezogen war, habe ich gesehen, daß bei uns fast niemand den Krieg wünscht. Und wenn die totale Verlogenheit der sogenannten Friedenspolitik des Führers offenkundig wird, so könnte ich mir denken, daß das deutsche Volk sich sehr schnell eines Besseren besinnt und sich von Hitler und seinen Anhängern löst. Aber ich gebe zu, daß man das nicht wissen kann.«

»Es gibt da noch ein anderes Problem«, fuhr Fermi fort, »das Sie bedenken sollten. Sie wissen, daß der Prozeß der Atomkernspaltung, den Otto Hahn entdeckt hat, vielleicht zu einer Kettenreaktion ausgenützt werden kann. Man muß also mit der Möglichkeit rechnen, daß es dann zu einer technischen Anwendung der Atomkernenergie in Maschinen oder Atombomben kommen wird. Diese technische Entwicklung würde in einem Krieg wahrscheinlich auf beiden Seiten rasch vorangetrieben werden. Die Atomphysiker würden in dem Land, in dem sie leben, von der Regierung veranlaßt werden, sich an dieser Entwicklung zu beteiligen.«

»Das ist natürlich eine schreckliche Gefahr«, mag ich geantwortet haben, »und ich sehe sehr wohl, daß solche Dinge geschehen können. Auch haben Sie leider durchaus recht mit dem, was Sie über Tun und Mitverantworten gesagt haben. Aber ist man davor geschützt, wenn man auswandert? Einstweilen habe ich doch den bestimmten Eindruck, daß die Entwicklung langsamer gehen wird, selbst wenn die Regierungen sie mit hoher Dringlichkeit betreiben wollen; daß also der Krieg zu Ende sein wird, bevor es zu einer technischen Anwendung der Atomenergie kommt. Auch hier gebe ich zu, daß ich die Zukunft nicht weiß. Aber technische Entwicklungen dauern doch in der Regel eine Reihe von Jahren, und der Krieg wird sicher schneller zu Ende gehen.«

»Halten Sie nicht für möglich, daß Hitler den Krieg gewinnen wird?« fragte Fermi zurück.

»Nein, moderne Kriege werden mit der Technik geführt; und da Hitlers Politik Deutschland von allen anderen Großmächten isoliert hat, ist das technische Potential auf der deutschen Seite unvergleichlich viel geringer als das auf der Seite der wahrscheinlichen Gegner. Diese Situation ist so eindeutig, daß ich manchmal sogar zu hoffen wage, daß Hitler in Kenntnis der Tatsachen das Risiko eines Krieges gar nicht auf sich nehmen wird. Aber das ist wohl mehr Wunschdenken. Denn Hitler reagiert irrational und wird die Wirklichkeit einfach nicht sehen wollen.«

»Und trotzdem wollen Sie nach Deutschland zurückkehren?«

»Ich weiß nicht, ob mir die Frage noch so gestellt ist. Ich glaube, daß man in seinen Entscheidungen konsequent sein sollte. Jeder von uns ist in eine bestimmte Umwelt, einen bestimmten Sprach- und Denkraum hineingeboren, und wenn er sich nicht sehr früh aus dieser Umwelt gelöst hat, gedeiht er doch am besten in diesem Raum und kann auch hier am besten wirken. Nun wird ja nach den Erfahrungen der Geschichte jedes Land früher oder später von Revolutionen und Kriegen heimgesucht, und es kann doch offenbar kein vernünftiger Rat sein, jeweils vorher auszuwandern. Alle können doch gar nicht auswandern. Die Menschen müssen also lernen, die Katastrophen soweit wie möglich zu verhindern, aber nicht einfach vor ihnen zu fliehen. Fast möchte man sogar umgekehrt verlangen, daß jeder die Katastrophen im eigenen Land auf sich nehmen müsse, weil diese Forderung für ihn ein weiterer Ansporn wäre, vorher alle Anstrengungen zur Verhinderung der Katastrophe zu unternehmen. Natürlich wäre auch eine solche Forderung unbillig. Denn oft kann der Einzelne auch mit äußerster Anstrengung nichts dagegen tun, daß die große Masse der Menschen einen völlig falschen Weg einschlägt, und man kann füglich nicht von ihm verlangen, daß er, wenn er die anderen nicht zurückhalten kann, auch auf die eigene Rettung verzichten soll. Ich möchte damit nur sagen, daß es offenbar keine allgemeinen Kriterien gibt, nach denen man sich hier richten könnte. Man muß die Entscheidung für sich allein treffen, und man weiß nicht, ob man recht oder unrecht gehandelt hat. Wahrscheinlich tut man beides. Nun habe ich mich vor einer Reihe von Jahren dafür entschieden, in Deutschland zu bleiben – vielleicht war die Entscheidung falsch, aber ich glaube, ich sollte sie jetzt nicht ändern. Denn daß entsetzlich viel Unrecht und Unglück geschehen würde, habe ich damals schon gewußt, an den Voraussetzungen für die Entscheidung hat sich also gar nichts geändert.«

»Das ist schade«, meinte Fermi, »aber vielleicht sehen wir uns nach dem Kriege wieder.«

Ich habe dann vor der Abreise in New York noch einmal ein ähnliches Gespräch mit Pegram, dem Experimentalphysiker an der Columbia-Universität, geführt, der älter und erfahrener war als ich und dessen Rat mir viel bedeutete. Ich war dankbar für das Wohlwollen, mit dem er mir zur Auswanderung nach Amerika riet, aber ich war auch etwas unglücklich, daß es mir nicht gelang, ihm meine Motive klarzumachen. Er fand es wohl einfach unverständlich, daß jemand in ein Land zurückkehren wollte, von dessen Niederlage im unmittelbar bevorstehenden Kriege er überzeugt war.

Das Schiff »Europa«, mit dem ich in den ersten Augusttagen 1939 nach Deutschland zurückfuhr, war fast leer, und diese Leere unterstrich die Argumente, die Fermi und Pegram mir gegenüber verwendet hatten.

In der zweiten Augusthälfte richteten wir unser neuerworbenes Landhaus in Urfeld ein. Als ich am Morgen des 1. September von unserem Hang hinunter zur Post ging, um Briefe abzuholen, trat der Wirt des Hotels »Zur Post« auf mich zu mit den Worten: »Wissen's scho, daß der Krieg gegen Polen ausbrochen is?« Und als er mein entsetztes Gesicht sah, fügte er tröstend hinzu: »Aber genga's, Herr Professor, in drei Wochen is der Krieg doch wieder vorbei.«

Einige Tage später erhielt ich einen Einberufungsbefehl, der mich wider Erwarten nicht zu den Gebirgsjägern, bei denen ich gedient hatte, sondern ins Heereswaffenamt nach Berlin beorderte. Dort erfuhr ich, daß ich zusammen mit einer Gruppe von anderen Physikern über die Frage der technischen Ausnützung der Atomenergie zu arbeiten hätte. Carl Friedrich hatte einen ähnlichen Einberufungsbefehl bekommen, und so ergab es sich, daß wir in der folgenden Zeit oft in Berlin Gelegenheit hatten, die für uns entstandene Lage zu überdenken und zu besprechen. Ich will versuchen, die verschiedenen Gedanken und Überlegungen, die uns dabei gekommen sind, nachträglich in einem einzigen Text zusammenzufassen.

»Du bist also auch in unserem ›Uranverein‹«, könnte ich das Gespräch eröffnet haben, »und dann hast du sicher schon viel darüber nachgedacht, was wir mit der Aufgabe, die uns hier gestellt wird, anfangen sollen. Zunächst handelt es sich ja um sehr interessante Physik, und wenn Frieden wäre und es um nichts anderes ginge, so würden wir uns wohl alle freuen, an einem Problem von solcher Tragweite mitzuarbeiten. Aber nun ist Krieg, und alles was wir tun, kann für uns oder für andere in äußerste Gefahren führen. Wir müssen uns also genau überlegen, was wir tun.«

»Damit hast du sicher recht, und ich habe auch schon an die Möglichkeit gedacht, mich von dieser Aufgabe wieder in irgendeiner Weise zu lösen. Wahrscheinlich könnte man sich ohne größere Schwierigkeit freiwillig an die Front melden, man könnte vielleicht auch an irgendwelchen anderen technischen Entwicklungen mitarbeiten, die weniger gefährlich sind. Aber ich bin eigentlich zu dem Entschluß gekommen, daß wir bei der Arbeit am Uranproblem bleiben sollten; und zwar gerade, weil es sich um ein Projekt mit so extremen Möglichkeiten handelt. Wenn die technische Ausnützung der Atomenergie noch in unabsehbar weiter Ferne liegt, so kann es nichts schaden, daß wir uns damit beschäftigen. Dann gibt uns dieses Projekt sogar die Möglichkeit, die begabtesten der jungen Menschen, die wir im letzten Jahrzehnt für die Atomphysik gewonnen haben, relativ ungefährdet durch den Krieg zu bringen. Wenn aber die Atomtechnik sozusagen vor der Türe steht, so ist es besser, Einfluß auf die Entwicklung nehmen zu können, als sie anderen oder dem Zufall zu überlassen. Natürlich weiß man nicht, wie lange man als Wissenschaftler eine solche Entwicklung in der Hand behalten könnte. Aber es mag doch ein länger dauerndes Zwischenstadium geben, in dem die Physiker tatsächlich die Kontrolle über das Geschehen ausüben.«

»So etwas wäre doch wohl nur möglich«, wandte ich ein, »wenn ein Vertrauensverhältnis zwischen den amtlichen Stellen im Heereswaffenamt und uns entstehen könnte. Aber du weißt, daß ich noch vor einem Jahr mehrfach von der Gestapo verhört worden bin, und ich erinnere mich auch selbst ungern an den Keller in der Prinz-Albrecht-Straße, in dem mit dicken Buchstaben an die Wand gemalt war ›Tief und ruhig atmen‹. Also kann ich mir ein solches Vertrauensverhältnis nicht vorstellen.«

»Vertrauen besteht nie zwischen irgendwelchen Stellen, sondern immer nur zwischen Menschen. Warum soll es in einem Heereswaffenamt nicht auch Menschen geben, die uns ohne Vorurteil begegnen und die bereit sind, mit uns gemeinsam darüber zu beraten, was zu tun vernünftig wäre. Im Grunde ist das doch unser gemeinsames Interesse.«

»Vielleicht; aber das ist doch ein sehr gefährliches Spiel.«

»Es gibt sehr viele verschiedene Grade des Vertrauens. Die Grade, die hier möglich sind, reichen vielleicht aus, um allzu unvernünftige Entwicklungen zu verhindern. Aber was glaubst du eigentlich über die Physik unseres Problems?«

Ich versuchte nun Carl Friedrich die Ergebnisse der noch sehr vorläufigen theoretischen Untersuchungen auseinanderzusetzen, die ich in den ersten Wochen des Krieges angestellt hatte und die eigentlich nur als eine Art physikalischer Rundgang durch das Problem betrachtet werden konnten.

»Es sieht so aus, als könne man mit dem Uran, das in der Natur vorkommt, jedenfalls keine Kettenreaktion mit schnellen Neutronen ablaufen lassen, also auch keine Atombomben machen. Das ist ein großes Glück. Für eine solche Kettenreaktion wäre nur das reine, oder wenigstens sehr stark angereicherte Uran 235 zu brauchen, zu dessen Gewinnung aber, wenn sie überhaupt möglich ist, ein ganz enormer technischer Aufwand nötig wäre. Es mag auch noch andere solche Substanzen geben, die aber mindestens ebenso schwer zu gewinnen sind. Atombomben dieser Art wird es also jedenfalls in der nächsten Zeit nicht geben, weder bei den Engländern und Amerikanern noch bei uns. Aber wenn man das natürliche Uran mit einer Bremssubstanz zusammenbringt, die alle im Spaltungsprozeß freigemachten Neutronen schnell verlangsamt, das heißt auf die Geschwindigkeit der Wärmebewegung bringt, dann könnte man vielleicht eine Kettenreaktion in Gang setzen, die in kontrollierbarer Weise Energie liefert. Allerdings darf diese Bremssubstanz natürlich die Neutronen nicht wegfangen. Man muß also Stoffe mit sehr kleiner Neutronenabsorption nehmen. Gewöhnliches Wasser wird deshalb nicht geeignet sein. Aber vielleicht ist schweres Wasser oder ganz reiner Kohlenstoff, etwa in der Form von Graphit, geeignet. Das wird man eben in der nächsten Zeit experimentell nachprüfen müssen. Ich glaube, man kann mit gutem Gewissen, auch gegenüber den auftraggebenden Stellen, sich zunächst auf die Kettenreaktion in einem derartigen Uranbrenner konzentrieren und die Frage der Gewinnung von Uran 235 anderen überlassen. Denn diese Isotopentrennung wird, wenn sie überhaupt gelingt, nur nach sehr langer Zeit technisch relevante Ergebnisse liefern.«

»Du würdest also glauben, daß der technische Aufwand für einen solchen Uranbrenner, wenn er überhaupt gebaut werden kann, sehr viel geringer wäre als für Atombomben?«

»Das scheint mir völlig sicher. Die Trennung von zwei schweren, in der Masse so nahe benachbarten Isotopen wie Uran 235 und Uran 238, noch dazu in Mengen mindestens in der Größenordnung von einigen Kilogramm Uran 235 – das ist doch ein horrendes technisches Problem. Beim Uranbrenner aber handelt es sich vielleicht nur um die Herstellung von chemisch sehr reinem natürlichen Uran, Graphit und schwerem Wasser, in der Größenordnung von einigen Tonnen. Da könnte der Aufwand doch leicht um einen Faktor 100 oder 1000 geringer sein. Ich finde also, daß sowohl euer Berliner Kaiser-Wilhelm-Institut als auch unsere Leipziger Arbeitsgruppe sich vorerst auf die Vorarbeiten zum Uranbrenner beschränken sollten. Auch müssen wir natürlich eng zusammenarbeiten.«

»Was du sagst, leuchtet mir ein und klingt sehr beruhigend«, antwortete Carl Friedrich, »besonders, weil die Arbeiten am Uranbrenner auch für die Zeit nach dem Kriege nützlich werden. Wenn es eine friedliche Atomtechnik geben wird, so muß sie wohl vom Uranbrenner ausgehen, der dann als energielieferndes Element in Kraftwerken, für Schiffsantriebe und ähnliche Zwecke verwendet wird. Die Arbeiten im Kriege könnten vielleicht dazu führen, daß eine junge Mannschaft ausgebildet wird, die sich in den Anfängen der Atomtechnik auskennt und die eine Keimzelle für eine spätere technische Entwicklung bilden kann.

Wenn wir diese Linie verfolgen wollen, wird es wichtig sein, schon jetzt in den Verhandlungen mit dem Heereswaffenamt nur selten und nur nebenbei von der Möglichkeit der Atombomben zu sprechen. Natürlich müssen wir auch diese Möglichkeit dauernd im Auge behalten, schon um nicht unvorbereitet zu sein auf das, was die andere Seite eventuell tut. Ich finde es übrigens auch vom historischen Standpunkt aus unplausibel, daß unser jetziger Krieg durch die Erfindung von Atombomben entschieden werden könnte. Dieser Krieg ist so sehr von irrationalen Kräften gesteuert, von utopischen Hoffnungen der Jugend und bösartigen Ressentiments einer Schicht von Älteren, daß die Entscheidung der Machtfrage durch Atombomben noch weniger zur Lösung der Probleme beitragen würde als eine Entscheidung durch Selbstbesinnung oder Erschöpfung. Aber die Zeit nach dem Kriege könnte durch die Atomtechnik und andere technische Fortschritte geprägt werden.«

»Du rechnest also auch nicht mit der Möglichkeit, daß Hitler seinen Krieg gewinnen könnte?« fragte ich zurück.

»Ehrlich gesagt, ich habe darüber ganz widerstreitende Gefühle. Die politisch urteilsfähigen Menschen, die ich gut kenne, an der Spitze mein Vater, glauben nicht, daß Hitler den Krieg gewinnen kann. Mein Vater hat Hitler immer für einen Narren und einen Verbrecher gehalten, mit dem es nur ein schlechtes Ende nehmen kann; er ist in dieser Überzeugung nie wankend geworden. Aber wenn das die ganze Wahrheit wäre, so wären Hitlers bisherige Erfolge unbegreiflich. Ein verbrecherischer Narr bringt so etwas nicht auf die Beine. Ich finde seit 1933, daß diese erfahrenen liberalen und konservativen Kritiker Hitlers irgendetwas Entscheidendes an ihm, den Grund seiner seelischen Macht über Menschen, überhaupt nicht begreifen. Aber ich begreife ihn auch nicht, ich spüre nur diese Macht. Er hat die Vorhersagen so oft durch seine Erfolge Lügen gestraft; vielleicht wird er dies auch jetzt noch einmal können.«

»Nein«, antwortete ich, »jedenfalls dann nicht, wenn die Machtfrage bis zu Ende durchgespielt wird. Denn das technisch-militärische Potential der englisch-amerikanischen Seite ist unvergleichlich viel größer als das deutsche. Man könnte höchstens an die Möglichkeit denken, daß die andere Seite aus politischen Gründen, die sich auf eine fernere Zukunft beziehen, davor zurückscheut, in Mitteleuropa ein machtpolitisches Vakuum zu schaffen. Aber die Bösartigkeit des nationalsozialistischen Systems, besonders in der Rassenfrage, wird solche Auswege mit großer Wahrscheinlichkeit verhindern. Wie schnell der Krieg zu Ende gehen wird, weiß natürlich niemand. Vielleicht unterschätze ich die Widerstandskraft des von Hitler aufgebauten Machtapparats. Aber auf jeden Fall müssen wir bei dem, was wir jetzt tun, vor allem an die Zeit nach dem Krieg denken.«

»Du hast vielleicht recht«, meinte Carl Friedrich schließlich. »Es kann ja sein, daß ich insgeheim hier einem Wunschdenken verfalle. Sowenig wir Hitlers Sieg wünschen können, sowenig können wir doch auch die völlige Niederlage unseres Landes mit allen ihren schrecklichen Folgen wünschen. Mit Hitler werden wir freilich auch keinen Kompromißfrieden bekommen. Aber wie das auch ausgehen mag, daß wir jetzt den Wiederaufbau nach dem Krieg vorbereiten müssen, das ist sicher.«

Die experimentellen Arbeiten wurden in Leipzig und Berlin relativ bald aufgenommen. Ich beteiligte mich vor allem an den Messungen der Eigenschaften von schwerem Wasser, die Döpel in Leipzig mit großer Sorgfalt vorbereitet hatte, fuhr aber auch oft nach Berlin, um die Untersuchungen am Kaiser-Wilhelm-Institut für Physik in Dahlem zu verfolgen, an denen verschiedene meiner früheren Mitarbeiter und Freunde außer Carl Friedrich vor allem Karl Wirtz, beteiligt waren.

Es war für mich eine große Enttäuschung, daß ich in Leipzig Hans Euler nicht für die Mitarbeit an dem Uranprojekt gewinnen konnte. Die Gründe dafür müssen wohl etwas ausführlicher geschildert werden. In den Monaten vor Kriegsausbruch, in denen ich in Amerika war, hatte Euler sich eng mit einem meiner Doktoranden, dem Finnen Grönblom, angefreundet. Grönblom war ein ungewöhnlich gesund und kräftig aussehender junger Mensch von blühenden Farben, voll Optimismus, daß die Welt letzten Endes gut sei und er in ihr etwas Gutes leisten könne. Als Sohn eines finnischen Großindustriellen war er vielleicht am Anfang überrascht, einen überzeugten Kommunisten kennenzulernen, mit dem er sich so gut verstehen konnte. Aber da ihm die menschlichen Qualitäten von vorneherein viel wichtiger waren als Meinungen oder Glaubenssätze, akzeptierte er Euler so wie er war, mit der ganzen Unbefangenheit und Direktheit, die unter jungen Menschen möglich ist. Als der Krieg ausbrach, war es für Euler ein schwerer Schlag, daß das kommunistische Rußland sich mit Hitler verbündet hatte, um Polen zu teilen. Einige Monate später, als die russischen Truppen Finnland angriffen, wurde auch Grönblom zu seinem Regiment einberufen und mußte für die Freiheit seines Landes kämpfen. Durch diese

Ereignisse wurde Euler zutiefst verändert. Er sprach wenig, und ich spürte, daß er sich nicht nur von mir, sondern auch von den anderen Freunden, eigentlich von der ganzen Welt, entfernte.

Er war bis dahin, wohl aufgrund seiner geschwächten Gesundheit, nicht zum Wehrdienst einberufen worden. Ich hatte aber Sorge, daß es doch noch geschehen könnte, und fragte ihn eines Tages, ob ich versuchen dürfe, ihn zur Mitarbeit am Uranproblem zu reklamieren. Zu meiner Überraschung teilte er mir mit, daß er sich freiwillig zur Luftwaffe gemeldet habe. Da er wohl merkte, wie betroffen ich davon war, fing er an, mir seine Gründe ausführlich auseinanderzusetzen.

»Sie wissen, daß ich das nicht getan habe, um für den Sieg zu kämpfen. Denn erstens glaube ich nicht an diese Möglichkeit, und zweitens wäre mir ein Sieg des nationalsozialistischen Deutschlands genauso schrecklich wie ein Sieg der Russen über die Finnen. Der hemmungslose Zynismus, mit dem die Machthaber nur um einer Gelegenheit willen allen Grundsätzen zuwiderhandeln, die sie ihren Völkern verkündet haben, läßt mir keine Hoffnung mehr. Ich habe mich natürlich auch nicht zu einer Truppe gemeldet, in der ich andere Menschen töten müßte. Bei den Beobachtungsfliegern, bei denen ich dienen will, kann ich zwar selbst abgeschossen werden, aber ich brauche weder zu schießen noch Bomben abzuwerfen. Insofern ist das also in Ordnung. Aber in diesem Meer von Sinnlosigkeit wüßte ich auch nicht, wozu es gut sein könnte, wenn ich hier über die Ausnützung der Atomenergie arbeitete.«

»An der Katastrophe, die jetzt abläuft, können wir alle nichts ändern«, wandte ich ein, »Sie nicht und ich nicht. Aber danach geht das Leben wieder weiter, hier und in Rußland und in Amerika, überall. Bis dahin werden sehr viele Menschen untergehen; tüchtige und untüchtige, schuldige und unschuldige. Aber die Überlebenden werden dann versuchen müssen, eine bessere Welt aufzubauen. Auch die wird nicht besonders gut sein, und man wird erkennen, daß der Krieg fast kein Problem gelöst hat. Aber man wird doch einige Fehler vermeiden und einiges besser machen können. Warum wollen Sie nicht dabei sein?«

»Ich mache ja niemandem einen Vorwurf, der sich eine solche Aufgabe stellt. Wer schon früher bereit war, sich mit der Unzulänglichkeit der Verhältnisse abzufinden, und wer die mühsamen kleinen Schritte zur Verbesserung stets der Revolution im Großen vorgezogen hat, der wird seine Resignation bestätigt sehen, und er wird nach dem Kriege wieder die mühsamen kleinen Schritte tun, die auf die Dauer vielleicht mehr bessern als alle Revolutionen. Aber für mich sieht das anders aus. Ich hatte ja auch gehofft, daß die kommunistische Idee das Zusammenleben der Menschen von Grund auf erneuern könnte. Daher möchte ich es jetzt nicht leichter haben als die vielen Unschuldigen, die an den Fronten, sei es in Polen, in Finnland oder anderswo, geopfert werden. Hier in Leipzig sehe ich, daß sich im Institut manche vom Wehrdienst haben freistellen lassen, die das nationalsozialistische Parteiabzeichen tragen, die also doch am Krieg etwas mehr schuld sind als die anderen. Diesen Gedanken finde ich ganz unerträglich, und ich möchte wenigstens, soweit es mich betrifft, meinen Hoffnungen treu bleiben. Wenn man die Welt zu einem Schmelztiegel machen will, so muß man auch bereit sein, sich selbst in den Schmelztiegel zu werfen. Das müssen Sie doch verstehen.«

»Doch, hier verstehe ich Sie sehr gut. Aber um bei dem Bild des Schmelztiegels zu bleiben: Man darf nicht hoffen, daß die Schmelze, wenn sie einmal wieder erstarrt, gerade die Formen annimmt, die man sich selbst gewünscht hat. Denn die Kräfte, die beim Erstarren maßgebend sind, stammen aus den Wünschen aller Menschen, nicht nur aus den eigenen.«

»Wenn ich noch solche Hoffnungen hätte, würde ich wohl auch anders handeln. Aber ich empfinde die Sinnlosigkeit dessen was geschieht zu sehr, als daß ich noch den Mut für die Zukunft aufbringen könnte. Doch finde ich es schön, wenn Sie es tun.«

Es gelang mir nicht, Euler umzustimmen. Er kam dann bald zur Ausbildung nach Wien, und seine Briefe, die am Anfang noch genauso belastet waren wie unser Gespräch, wurden im Laufe der Monate freier und gelöster. Ich habe ihn dann noch einmal in Wien getroffen, als ich dort einen Vortrag zu halten hatte. Euler lud mich zu einem Glas Heurigen in eine Gartenwirtschaft ein, die auf der Höhe hinter Grinzing lag. Über den Krieg wollte er nicht sprechen. Als wir dort auf die Stadt hinunter schauten, brauste plötzlich ein Flugzeug nur wenige Meter über uns hinweg. Euler lachte, es war ein Flugzeug aus seiner Staffel, die uns damit ihren Gruß entbieten wollte. Ende Mai 1941 schrieb Euler mir dann noch einmal aus dem Süden. Die Staffel hatte den Auftrag, von Griechenland aus Erkundungsflüge über Kreta und die Ägäis auszuführen. Der Brief war in einer freien Heiterkeit geschrieben, die nur noch die Gegenwart sah, nicht mehr das Vergangene oder Zukünftige:

»Nach 14 Tagen Griechenland haben wir bald alles vergessen, was jenseits dieses herrlichen Südens liegt. Sogar den Wochentag wissen wir nicht mehr. Wir hausen in einigen Villen an der Bucht von Eleusis, und wenn wir mal gerade nicht drankommen, ist es ein herrliches Leben an den blauen Wellen und in der Sonne. Ein Segelboot haben wir schon erworben, und großen Spaß machen unsere Züge, auf denen wir uns Fleisch und Apfelsinen holen. Wir wünschen uns, daß wir immer hier bleiben. Nur wenig Zeit ist übrig, zwischen den alten Marmorsäulen zu träumen, aber hier unter den Bergen und bei den Wellen ist zwischen Vergangenheit und Gegenwart kaum ein Unterschied.«

Als ich darüber nachdachte, welche Veränderungen in Hans Euler vorgegangen waren, wanderten meine Gedanken wieder zurück zu meinem Gespräch mit Niels am Öresund, und aus dem Schillerschen Gedicht, aus dem Niels mir damals zitiert hatte, kam mir die Strophe in den Sinn:

> Des Lebens Ängsten, er wirft sie weg,
> Hat nicht mehr zu fürchten, zu sorgen,
> Er reitet dem Schicksal entgegen keck,
> Trifft's heute nicht, trifft es doch morgen,
> Und trifft es morgen, so lasset uns heut,
> Noch schlürfen die Neige der köstlichen Zeit.

Wenige Wochen später brach der Krieg mit Rußland aus. Von dem ersten Erkundungsflug über das Asowsche Meer ist Eulers Maschine nicht zurückgekehrt. Von Flugzeug und Besatzung fehlt seitdem jede Spur. Auch Eulers Freund Grönblom ist einige Monate später gefallen.

# 15
# Der Weg zum neuen Anfang (1941–1945)

Gegen Ende des Jahres 1941 waren für unseren »Uranverein« die physikalischen Grundlagen der technischen Ausnützung der Atomenergie weitgehend geklärt. Wir wußten, daß man aus natürlichem Uran und schwerem Wasser einen Atomreaktor bauen kann, der Energie liefert, und daß in einem solchen Reaktor ein Folgeprodukt von Uran 239 entstehen muß, das sich ebenso wie Uran 235 als Sprengstoff für Atombomben eignet. Zu Anfang, das heißt Ende 1939, hatte ich aus theoretischen Gründen vermutet, daß man statt schweren Wassers auch ganz reinen Kohlenstoff als Bremsmittel verwenden kann. Aber aufgrund einer, wie sich später herausstellte, zu ungenauen Messung der Absorptionseigenschaften von Kohlenstoff, die in einem anderen sehr angesehenen Institut vorgenommen worden war und daher von uns nicht mehr nachgeprüft wurde, war dieser Weg vorzeitig aufgegeben worden. Für die Gewinnung von Uran 235 wußten wir damals kein Verfahren, das mit einem technisch in Deutschland und unter Kriegsverhältnissen realisierbaren Aufwand zu nennenswerten Quantitäten geführt hätte. Da auch die Gewinnung des Atomsprengstoffs aus Reaktoren offenbar nur durch den jahrelangen Betrieb von riesigen Reaktoren verwirklicht werden konnte, waren wir uns also jedenfalls klar darüber, daß die Herstellung von Atombomben nur mit einem ungeheuren technischen Aufwand möglich sein würde. Zusammenfassend kann man daher sagen: Wir wußten um diese Zeit, daß man grundsätzlich Atombomben machen kann, und kannten ein realisierbares Verfahren, wir haben aber den dazu nötigen technischen Aufwand eher für noch größer gehalten, als er dann tatsächlich war. So waren wir in der glücklichen Lage, unserer Regierung völlig ehrlich über den Stand des Problems berichten zu können und gleichzeitig sicher zu wissen, daß ein ernsthafter Versuch zur Konstruktion von Atombomben in Deutschland nicht angeordnet werden würde. Denn ein so großer technischer Aufwand für ein in unsicherer Ferne liegendes Ziel war bei der angespannten Kriegslage für die deutsche Regierung kaum akzeptabel.

Trotzdem hatten wir das Gefühl, an einer sehr gefährlichen wissenschaftlich-technischen Entwicklung beteiligt zu sein, und es waren besonders Carl Friedrich von Weizsäcker, Karl Wirtz, Jensen und Houtermans, mit denen ich gelegentlich auch über die Frage beriet, ob es erlaubt sei, so zu handeln, wie wir uns vorgenommen hatten. Ich kann mich an ein Gespräch erinnern, das ich in meinem Zimmer im Kaiser-Wilhelm-Institut für Physik in Dahlem mit Carl Friedrich führte, nachdem Jensen uns gerade verlassen hatte. Carl Friedrich mag mit der Feststellung begonnen haben:

»Wir sind ja einstweilen in bezug auf die Atombomben noch nicht wirklich in der Gefahrenzone; denn der technische Aufwand scheint viel zu groß, um ernstlich in Angriff genommen zu werden. Aber auch dies könnte sich im Laufe der Zeit ändern. Machen wir es also richtig, wenn wir hier weiter arbeiten? Und was werden unsere Bekannten in Amerika tun? Werden die mit voller Kraft auf die Atombombe zusteuern?«

Ich versuchte mich in ihre Lage hineinzudenken:

»Die psychologische Situation für die Physiker in Amerika, besonders für die aus Deutschland ausgewanderten, ist ja von der unseren völlig verschieden. Sie müssen drüben überzeugt sein, für die gute und gegen die schlechte Sache zu kämpfen, und gerade die Emigranten werden, weil sie von Amerika gastlich aufgenommen worden sind, sich mit Recht verpflichtet fühlen, alle Kräfte für die gute Sache Amerikas einzusetzen. Aber ist eine Atombombe, von der mit einem Schlag vielleicht hunderttausend Zivilisten getötet werden, eine Waffe wie jede andere? Darf man auf sie die alte aber problematische Regel anwenden: ›Für die gute Sache darf man mit allen Mitteln kämpfen, für die schlechte nicht‹? Darf man also für die gute Sache Atombomben machen, für die schlechte nicht? Und wenn man sich zu dieser Ansicht entschließt, die sich ja in der Weltgeschichte leider immer wieder durchgesetzt hat, wer entscheidet darüber, welche Sache gut oder schlecht ist? Es wird ja hier leicht genug sein festzustellen, daß die Sache Hitlers und der Nationalsozialisten schlecht ist. Aber ist die amerikanische Sache in jeder Beziehung gut? Gilt nicht auch hier der Satz, daß man erst aus der Wahl der Mittel erkennt, ob eine Sache gut oder schlecht sei? Natürlich, fast jeder Kampf muß auch mit schlechten Mitteln geführt werden; aber gibt es da nicht doch einen Gradunterschied, der gewisse schlechte Mittel rechtfertigt, andere nicht? Man hat ja im vergangenen Jahrhundert versucht, durch Verträge der Verwendung der schlechten Mittel Grenzen zu setzen. Aber diese Grenzen werden im gegenwärtigen Krieg wohl weder von Hitler noch von seinen Gegnern respektiert. Trotzdem, ich würde vermuten, daß auch in Amerika die Physiker nicht allzu eifrig bemüht sein werden, Atombomben zu produzieren. Aber sie könnten natürlich auch von der Angst getrieben werden, daß wir es tun.«

»Es wäre schön«, antwortete Carl Friedrich, »wenn du einmal mit Niels in Kopenhagen über dies alles sprechen könntest. Es würde mir sehr viel bedeuten, wenn Niels zum Beispiel zu der Ansicht käme, daß wir es hier falsch machen, daß wir diese Uranarbeiten lieber aufgeben sollten.«

Im Herbst 1941, in dem wir schon ein einigermaßen klares Bild von der möglichen technischen Entwicklung zu haben glaubten, verabredeten wir also, daß ich auf Einladung der deutschen Botschaft in Kopenhagen dort einen wissenschaftlichen Vortrag halten sollte. Dabei wollte ich die Gelegenheit benützen, mit Niels über das Uranproblem zu sprechen. Die Reise fand, wenn ich mich recht erinnere, im Oktober 1941 statt. Ich besuchte also Niels in seiner Wohnung in Carlsberg, schnitt aber das gefährliche Thema erst auf einem Spaziergang an, den wir am Abend in der Nähe seines Hauses unternahmen. Da ich fürchten mußte, daß Niels von deutschen Stellen überwacht würde, sprach ich mit äußerster Vorsicht, um nicht später auf irgendeine bestimmte Äußerung festgelegt werden zu können. Ich versuchte Niels anzudeuten, daß man grundsätzlich Atombomben machen könne, daß dazu ein enormer technischer Aufwand nötig sei und daß man sich als Physiker wohl fragen müsse, ob man an diesem Problem arbeiten dürfe. Leider war Niels nach meinen ersten Andeutungen über die grundsätzliche Möglichkeit, Atombomben zu bauen, so erschrocken, daß er den mir wichtigsten Teil meiner Information, daß nämlich dazu ein ganz enormer technischer Aufwand nötig sei, nicht mehr recht aufnahm. Mir schien es äußerst wichtig, daß diese tatsächliche Situation den Physikern bis zu einem gewissen Grad die Möglichkeit gab zu entscheiden, ob der Bau von Atombomben versucht werden solle oder nicht. Denn die Physiker konnten ihren Regierungen gegenüber mit Recht argumentieren, daß die Atombomben wahrscheinlich im Laufe des Krieges nicht mehr ins Spiel kommen würden, oder sie konnten auch argumentieren, daß es mit äußersten Anstrengungen vielleicht doch noch möglich sein werde, sie ins Spiel zu bringen. Beide Ansichten konnten mit gutem Gewissen vertreten werden, und tatsächlich hat ja auch der Verlauf des Krieges gezeigt, daß selbst in Amerika, wo die äußeren Voraussetzungen für den Versuch unvergleichlich viel günstiger waren als in Deutschland, die Atombomben nicht vor Beendigung des Krieges mit Deutschland fertig geworden sind.

Niels hat aber im Schrecken über die grundsätzliche Möglichkeit von Atombomben den angedeuteten Gedankengang nicht mehr aufgenommen, und vielleicht hinderte ihn auch die berechtigte Erbitterung über die gewaltsame Besetzung seines Landes durch deutsche Truppen daran, eine Verständigung der Physiker über die Grenzen der Länder hinweg überhaupt in Betracht zu ziehen. Es war für mich sehr schmerzlich zu sehen, wie vollständig die Isolierung war, in die unsere Politik uns Deutsche geführt hatte, und zu erkennen, daß die Wirklichkeit des Krieges auch Jahrzehnte alte menschliche Beziehungen wenigstens zeitweise zu unterbrechen vermag.

Trotz dieses Mißerfolgs meiner Kopenhagener Mission war für uns, das heißt für die Mitglieder des »Uranvereins« in Deutschland, die Lage im Grunde recht einfach. Die Regierung entschied (im Juni 1942), daß die Arbeiten am Reaktorprojekt nur in bescheidenem Rahmen weitergeführt werden sollten. Ein Versuch zur Konstruktion von Atombomben wurde nicht angeordnet. Die Physiker hatten keinen Grund, eine Revision dieser Entscheidung anzustreben. Damit wurde die Arbeit am Uranprojekt in der Folgezeit zu einer Vorbereitung für die friedliche Atomtechnik nach dem Kriege, und als solche hat sie trotz der Verwüstungen in den letzten Kriegsjahren noch brauchbare Früchte getragen. Es ist vielleicht kein Zufall, daß das erste Atomkraftwerk, das von einer deutschen Firma ins Ausland, nämlich nach Argentinien, geliefert wird, mit einem Reaktorkern versehen ist, der so, wie wir es im Kriege geplant hatten, aus Natur-Uran und schwerem Wasser besteht.

Unsere Gedanken waren also auf den neuen Anfang nach dem Kriege gerichtet. In diesem Zusammenhang ist mir ein Gespräch besonders deutlich in Erinnerung geblieben, das mich zum ersten Mal in engere Verbindung mit Adolf Butenandt brachte, der zu jener Zeit als Biochemiker in einem der Dahlemer Kaiser-Wilhelm-Institute arbeitete. Wir hatten zwar schon häufiger gemeinsam an einem regelmäßigen Kolloquium über Grenzfragen zwischen Biologie und Atomphysik teilgenommen, das damals in Dahlem veranstaltet wurde. Aber zu einem längeren Gespräch ist es erst in der Nacht des 1. März 1943 gekommen, als wir nach einem Luftangriff gemeinsam von der Berliner Innenstadt nach Dahlem zu Fuß wandern mußten.

Wir hatten an einer Sitzung der Akademie für Luftfahrt teilgenommen, die im Gebäude des Luftfahrtministeriums nahe beim Potsdamer Platz stattfand. Schardin hatte einen Vortrag über die physiologische Wirkung moderner Bomben gehalten und unter anderem darauf hingewiesen, daß der Tod durch Luftembolie, der bei schweren Detonationen in unmittelbarer Nähe durch die plötzliche Erhöhung des Luftdrucks eintreten könne, verhältnismäßig sanft und schmerzlos sei. Gegen Ende der Sitzung war Luftalarm gegeben worden, und wir zogen uns in den Luftschutzkeller des Ministeriums zurück, der mit Militärbetten und Strohsäcken ganz bequem eingerichtet war. Wir erlebten zum ersten Mal einen wirklich schweren Luftangriff. Einige Bomben schlugen in das Gebäude des Ministeriums ein, wir hörten das Zusammenbrechen von Wänden und Decken und wußten eine Zeitlang nicht, ob der Gang, der unseren Keller mit der Außenwelt verband, überhaupt noch passierbar wäre. Die Beleuchtung des Kellers hatte kurz nach Beginn des Angriffes ausgesetzt, der Raum wurde nur gelegentlich durch eine aufleuchtende Taschenlampe etwas erhellt. Einmal wurde eine stöhnende Frau hereingetragen und von zwei Sanitätern notdürftig versorgt. Während am Anfang noch gesprochen und gelegentlich sogar gelacht worden war, wurde es mit den häufiger werdenden Bombeneinschlägen in unmittelbarer Nähe immer stiller, und die Stimmung sank zusehends. Nach zwei schweren Detonationen, deren Luftdruck sehr spürbar in unseren Keller drang, hörte man aus einer Ecke plötzlich die Stimme Otto Hahns: »Der Schardin, der Schuft, der glaubt seine eigene Theorie nicht mehr.« Damit war das seelische Gleichgewicht wieder einigermaßen hergestellt.

Nach dem Ende des Angriffs konnten wir uns über ein Gewirr von Betonklötzen und verbogenen Eisenstangen einen Weg ins Freie bahnen. Dort bot sich ein phantastischer Anblick. Der ganze Platz vor dem Ministerium war hell rot erleuchtet von den Flammen, die in voller Breite die Dachstühle und obersten Stockwerke der umliegenden Gebäude ergriffen hatten. An einigen Stellen war das Feuer schon bis zum Erdgeschoß gedrungen, und es gab auch einzelne brennende Pfützen auf den Straßen, die wohl durch abgeworfene Phosphorkanister verursacht waren. Der Platz wimmelte von Menschen, die nach Hause flüchten wollten, aber es war offensichtlich, daß es keinerlei Verkehrsmittel gab, die den Transport in die Vorstädte hätten übernehmen können.

Butenandt und ich hatten gemeinsam den Weg über die halbverschütteten Gänge ins Freie gefunden, und wir beschlossen, auch den Weg zu unseren Wohnungen auf dem Fichteberg und in Dahlem so weit wie möglich gemeinsam zu Fuß zurückzulegen. Am Anfang hofften wir noch, daß der Angriff nur die Innenstadt getroffen hätte und daß die Villenviertel, in denen wir wohnten, verschont geblieben wären. Aber so weit wir die vor uns liegenden Kilometer der Potsdamer Straße überblicken konnten, so weit reichten auch die Flammengirlanden zu beiden Seiten. An einigen Stellen sah man auch Feuerwehrlöschzüge am Werk; deren Bemühungen wirkten aber eher absurd und lächerlich.

Selbst bei schnellem Gehen mußten wir vom Potsdamer Platz bis nach Dahlem mit einem Weg von anderthalb bis zwei Stunden rechnen, und so entspann sich ein längeres Gespräch; nicht über die Kriegslage, denn die war zu offensichtlich, um noch vieler Worte zu bedürfen, sondern über Hoffnungen und Pläne für die Zeit nach dem Kriege. Butenandt stellte mir die Frage:

»Wie beurteilen Sie eigentlich die Aussichten, nach dem Krieg in Deutschland noch Wissenschaft treiben zu können? Viele Institute werden zerstört, viele tüchtige junge Wissenschaftler werden gefallen sein, und die allgemeine Not wird den meisten Menschen andere Probleme dringender erscheinen lassen, als gerade die Förderung der Wissenschaft. Andererseits ist der Wiederaufbau der wissenschaftlichen Forschung in Deutschland doch wahrscheinlich eine der wichtigsten Voraussetzungen für eine dauerhafte Stabilisierung unserer wirtschaftlichen Verhältnisse und für eine vernünftige Eingliederung in die europäische Gemeinschaft.«

»Ich glaube, man darf schon hoffen«, erwiderte ich, »daß die Deutschen sich dann an den Wiederaufbau nach dem Ersten Weltkrieg erinnern werden, zu dem ja das Zusammenwirken von Wissenschaft und Technik, etwa in der chemischen oder in der optischen Industrie, die wichtigsten Beiträge geleistet hat. Unsere Landsleute werden also wohl schnell verstehen, daß man ohne eine erfolgreiche wissenschaftliche Forschung nicht mehr am modernen Leben teilnehmen kann, und sie werden vielleicht gerade im Zusammenhang mit der Atomphysik erkennen, daß die Vernachlässigung der Grundlagenforschung im jetzigen nationalsozialistischen System mit zur Katastrophe beigetragen hat oder wenigstens ein Symptom für sie gewesen ist.

Aber ich muß gestehen, eigentlich genügt mir diese Einsicht nicht. Die Wurzel des Übels liegt doch sicher noch ein erhebliches Stück tiefer. Was wir hier vor uns sehen, ist doch nur das konsequente Ende jenes Götterdämmerungsmythos, jener Philosophie des ›Alles oder nichts‹, der das deutsche Volk immer wieder verfallen ist. Der Glaube an einen Führer, an den Helden und Befreier, der das deutsche Volk durch Gefahr und Elend in eine bessere Welt führt, in der wir von aller äußeren Bedrängnis erlöst sind, oder der, wenn das Schicksal gegen uns entschieden hat, entschlossen in den Weltuntergang schreitet – dieser schreckliche Glaube und der mit ihm verbundene Absolutheitsanspruch verdirbt doch alles von Grund auf. Er ersetzt die Wirklichkeit durch eine gigantische Illusion und macht jede Verständigung mit den Völkern, zwischen denen und mit denen wir leben müssen, unmöglich. Ich möchte die Frage also lieber so stellen: Könnte dann, wenn die Illusion durch die Wirklichkeit restlos und gnadenlos zerstört ist, die Beschäftigung mit der Wissenschaft ein Weg für uns sein, der zu einer mehr nüchternen und kritischen Beurteilung der Welt und unserer eigenen Lage in ihr führt? Ich denke also an die pädagogische Seite der Wissenschaft noch mehr als an die wirtschaftliche; an die Erziehung zum kritischen Denken, die man von ihr vielleicht erhoffen kann. Natürlich ist die Zahl der Menschen, die wirklich aktiv Wissenschaft betreiben können, nicht allzu groß. Aber die Vertreter der Wissenschaft haben in Deutschland eigentlich immer in hohem Ansehen gestanden, sie sind gehört worden, und ihre Art zu denken könnte doch Einfluß auf viel weitere Kreise ausüben.«

»Die Erziehung zum rationalen Denken«, bestätigte Butenandt, »ist sicher ein ganz entscheidender Punkt, und eine unserer Hauptaufgaben nach dem Kriege wird sein, dieser Art des Denkens wieder mehr Raum zu verschaffen. Eigentlich sollte ja schon der bisherige Verlauf des Krieges den Menschen bei uns die Augen für die Wirklichkeit geöffnet haben, zum Beispiel dafür, daß der Glaube an den Führer keine Rohstoffquellen ersetzen, keine vernachlässigte wissenschaftliche und technische Entwicklung herbeizaubern kann. Ein Blick auf den Globus, auf die riesigen Territorien, die von den Vereinigten Staaten, England und Rußland kontrolliert werden, und auf das winzig kleine Gebiet, das dem deutschen Volk auf der Erde zugewiesen ist, ein solcher Blick hätte eigentlich genügen sollen, um von dem jetzt unternommenen Versuch abzuschrecken. Aber das nüchterne logische Denken fällt uns schwer. Es fehlt ja bei uns sicher nicht an einer hinreichenden Zahl von intelligenten Menschen; aber als Volk neigen wir dazu, uns in Träume zu verlieren, die Phantasie höher zu schätzen als den Intellekt und Gefühle für tiefer zu halten als Gedanken. Daher wird es dringend nötig sein, dem wissenschaftlichen Denken wieder mehr Ansehen zu gewinnen, und das sollte in der Not nach dem Kriege ja auch möglich sein.«

Wir wanderten noch immer zwischen brennenden Häuserfronten die Potsdamer Straße und ihre Fortsetzungen, Hauptstraße, Rheinstraße, Schloßstraße, entlang. Oft mußten wir Stöße von brennenden oder glühenden Balken umgehen, Reste der Dachstühle, die auf die Straße gestürzt waren. Oder wir wurden durch Absperrungen aufgehalten, die vor Spätzündern warnten. Eine weitere Verzögerung trat ein, als mein rechter Schuh zu brennen anfing, da ich ungeschickterweise in eine Phosphorpfütze getreten war. Zum Glück fand sich bald in der Nähe eine Wasserlache, in der ich ihn wieder löschen konnte.

»Wir Deutschen«, so versuchte ich das Gespräch fortzusetzen, »empfinden ja die Logik und die im Rahmen der Naturgesetze gegebenen Tatsachen – auch das, was wir hier vor uns sehen, sind ja Tatsachen – oft als eine Art Zwang, als eine Bedrückung, der wir uns nur ungern unterwerfen. Wir meinen, Freiheit gebe es nur dort, wo wir uns diesem Zwang entziehen können, also im Reich der Phantasie, im Traum, im Rausch der Hingabe an eine Utopie. Da hoffen wir endlich das Absolute zu verwirklichen, das wir ahnen und das uns immer wieder zu höchsten Leistungen, zum Beispiel in der Kunst, anspornt. Aber wir bedenken nicht, daß Verwirklichen ja gerade bedeutet, sich dem Zwang der Gesetzmäßigkeit unterzuordnen. Denn wirklich ist ja nur, was wirkt, und alle Wirkung beruht auf dem gesetzmäßigen Zusammenhang der Tatsachen oder der Gedanken.

Aber selbst, wenn wir diese merkwürdige Neigung bei uns Deutschen zu Traum und Mystik einrechnen, kann ich eigentlich nicht einsehen, warum viele unserer Landsleute das nur scheinbar nüchterne, wissenschaftliche Denken so enttäuschend finden. Es ist ja gar nicht richtig, daß es in der Wissenschaft nur auf das logische Denken und auf das Verständnis und die Anwendung der festgefügten Naturgesetze ankommt. In Wirklichkeit spielt doch die Phantasie im Reich der Wissenschaft und gerade auch der Naturwissenschaft eine entscheidende Rolle. Denn selbst wenn zur Gewinnung der Tatsachen viel nüchterne, sorgfältige, experimentelle Arbeit nötig ist, so gelingt das Zusammenordnen der Tatsachen doch nur, wenn man sich in die Phänomene eher hineinfühlen als hineindenken kann. Vielleicht haben wir Deutschen sogar an dieser Stelle eine besondere Aufgabe, gerade weil das Absolute auf uns eine solch merkwürdige Faszination ausübt. In der Welt draußen ist ja die pragmatische Denkweise weit verbreitet, und man weiß aus unserer Zeit wie aus der Geschichte – man braucht nur an das ägyptische, das römische und das angelsächsische Reich zu denken –, wie erfolgreich diese Denkweise in der Technik, in der Wirtschaft und in der Politik sein kann. Aber in der Wissenschaft und in der Kunst ist das prinzipielle Denken, so wie wir es in seiner großartigsten Form aus dem alten Griechenland kennen, doch noch erfolgreicher gewesen. Wenn in Deutschland wissenschaftliche oder künstlerische Leistungen entstanden sind, die die Welt verändert haben – man kann ja an Hegel und Marx, an Planck und Einstein, oder in der Musik an Beethoven und Schubert denken –, so ist das nur durch diese Beziehung zum Absoluten, durch das prinzipielle Denken bis zur letzten Konsequenz möglich gewesen. Also nur dort, wo sich das Streben nach dem Absoluten dem Zwang der Form unterordnet, in der Wissenschaft dem nüchternen logischen Denken und in der Musik den Regeln der Harmonielehre und der Kontrapunktik, nur dort, nur in dieser äußersten Spannung kann es seine wirkliche Kraft entfalten. Sobald es die Form sprengt, führt der Weg ins Chaos, so wie wir es hier vor uns sehen; und ich bin nicht bereit, dieses Chaos durch Begriffe wie Götterdämmerung oder Weltuntergang zu verherrlichen.«

Inzwischen hatte mein rechter Schuh wieder zu brennen angefangen, und es bedurfte einiger Anstrengung, ihn nicht nur zu löschen, sondern auch die phosphorhaltige Flüssigkeit gründlich zu entfernen. Butenandt meinte dazu:

»Es wird schon gut sein, wenn wir uns um die unmittelbar gegebenen Tatsachen kümmern. Für später müssen wir hoffen, daß es nach dem Kriege in Deutschland auch Politiker geben wird, die durch eine im Rahmen der Tatsachen wirkende Phantasie dem deutschen Volk wieder halbwegs erträgliche Lebensbedingungen schaffen können. Was die Wissenschaft betrifft, so würde ich übrigens glauben, daß die Kaiser-Wilhelm-Gesellschaft eine relativ gute Ausgangsbasis für den Wiederaufbau der Forschung in Deutschland darstellen könnte. Die Hochschulen haben sich den politischen Eingriffen ja viel weniger leicht entziehen können als die Kaiser-Wilhelm-Gesellschaft. Sie werden also mit größeren Schwierigkeiten rechnen müssen. Wenn unsere Gesellschaft auch im Kriege durch die Teilnahme an Rüstungsprojekten gewisse Kompromisse hat schließen müssen, so haben doch viele der in ihr Tätigen freundschaftliche Beziehungen zu ausländischen Gelehrten, die die Bedeutung des nüchternen, abwägenden Denkens in Deutschland und in ihren eigenen Ländern richtig einschätzen, die also bereit sein werden, nach Kräften zu helfen.«

»Sehen Sie in Ihrer eigenen Wissenschaft Anknüpfungspunkte für eine friedliche internationale Zusammenarbeit nach dem Kriege?«

»Es wird bestimmt eine friedliche Atomtechnik geben«, antwortete ich, »das heißt eine Ausnützung der Atomkernenergie durch den von Otto Hahn entdeckten Prozeß der Uranspaltung. Da man hoffen darf, daß eine direkte kriegerische Ausnützung wegen des dazu nötigen enormen technischen Aufwandes in diesem Krieg keine Rolle mehr spielen wird, könnte man sich auch gut eine internationale Zusammenarbeit vorstellen. Der entscheidende Schritt zu dieser Atomtechnik ist ja durch die Hahnsche Entdeckung geschehen, und die Atomphysiker haben eigentlich immer über die Landesgrenzen hinweg freundschaftlich zusammengearbeitet.«

»Nun ja, man muß abwarten, wie das nach dem Kriegsende aussehen wird. Jedenfalls müssen wir in der Kaiser-Wilhelm-Gesellschaft gut zusammenhalten.«

Damit trennten wir uns, da Butenandts Weg nach Dahlem und meiner auf den Fichteberg führte, wo ich für einige Zeit bei Elisabeths Eltern untergekommen war. Ich hatte vor kurzem meine beiden ältesten Kinder nach Berlin mitgebracht, sie sollten einige Tage später ihrem Großvater zum Geburtstag gratulieren, und so war ich jetzt in großer Sorge, wie es ihnen und den Großeltern im Luftangriff ergangen wäre. Meine Hoffnung, daß wenigstens der Fichteberg von der Zerstörung verschont geblieben wäre, erfüllte sich nicht. Schon von weitem erkannte ich, daß das Nachbarhaus in seiner ganzen Breite brannte und daß auch aus dem Dach unseres Hauses Flammen schlugen. Als ich am Nachbarhaus vorbeilief, hörte ich Hilferufe. Ich mußte aber doch zuerst nach den Kindern und ihren Beschützern sehen. Unser Haus war schwer mitgenommen, Türen und Fensterläden waren durch Luftdruck eingeschlagen, und ich fand zu meiner Verwirrung das Haus und den Luftschutzkeller zunächst leer. Erst auf dem Speicher entdeckte ich schließlich die tapfere Mutter meiner Frau, die, mit einem Stahlhelm vor herabfallenden Ziegeln geschützt, gegen das Feuer ankämpfte. Von ihr erfuhr ich, daß unsere Kinder in das noch relativ unbeschädigte Nachbarhaus nach dem Botanischen Garten zu gebracht worden waren und dort unter Obhut ihres Großvaters und der Besitzer, des Ministers Schmidt-Ott und seiner Frau, friedlich schliefen. Auch in unserem Haus war die Hauptarbeit des Löschens schon getan, und es genügte, noch ein paar Dachsparren abzureißen, um vor einer weiteren Ausbreitung des Feuers ziemlich sicher zu sein.

Erst jetzt ging ich den Hilferufen nach, die aus dem brennenden Nachbarhaus kamen. Der Dachstuhl war dort schon weitgehend zusammengestürzt, seine glühenden Balken lagen im Garten und erschwerten den Zugang. Das ganze Obergeschoß stand in hellen Flammen. Im Erdgeschoß traf ich die junge Frau, die um Hilfe rief, und hörte von ihr, daß ihr alter Vater noch oben auf dem früheren Speicher stünde und durch Wasser, das er aus einer noch funktionierenden Wasserleitung in einen Eimer füllte, sich gegen die von allen Seiten andrängenden Flammen wehrte. Das Treppenhaus sei aber schon heruntergebrannt, sie wisse nicht, wie man ihn noch retten könne. Zum Glück hatte ich drüben zum Löschen statt der Kleider einen alten, eng anliegenden Trainingsanzug übergestreift, und ich war daher gut beweglich. So konnte ich kletternd die Höhe des Dachgeschosses erreichen und sah hinter einer Wand von Feuer den alten weißhaarigen Herrn, wie er, fast besinnungslos Wasser um sich schüttend, immer noch einen kleiner werdenden Kreis gegen die Flammen verteidigte. Nach einem Sprung durch die Feuerwand stand ich vor ihm. Er stutzte einen Augenblick, als er völlig unerwartet einen fremden rußgeschwärzten Menschen sah, nahm aber sofort eine aufrechte Haltung ein, setzte den Eimer zur Seite, verbeugte sich höflich und sagte: »Mein Name ist von Enslin; sehr liebenswürdig, daß Sie helfen.« Das war wieder das alte Preußentum, Zucht, Ordnung und wenig Worte, so wie ich es immer bewundert hatte. Für einen Moment ging mir mein Gespräch mit Niels durch den Kopf, das wir am Strand des Öresunds geführt hatten und bei dem Niels die Preußen und die alten Wikinger verglichen hatte; dann noch jene lakonische Meldung eines in aussichtsloser Lage kämpfenden preußischen Offiziers: »Einstehe für Pflichterfüllung bis zum Äußersten.« Aber ich hatte keine Zeit, über die Kräfte alter Leitbilder nachzudenken. Hier und jetzt mußte gehandelt werden. Auf dem gleichen Weg, auf dem ich gekommen war, gelang es mir, den alten Herrn in Sicherheit zu bringen.

Einige Wochen später siedelte unsere Familie, den Vorkriegsplänen entsprechend, von Leipzig nach Urfeld am Walchensee über. Wir wollten die Kinder nach Möglichkeit vor dem Chaos der Luftangriffe bewahren. Auch unser Kaiser-Wilhelm-Institut für Physik in Dahlem erhielt den Auftrag, eine Ausweichstelle in einem Gebiet zu suchen, das weniger durch den Luftkrieg gefährdet war. Eine Textilfabrik in dem kleinen Städtchen Hechingen in Südwürttemberg hatte genug leeren Raum, um uns aufzunehmen. Wir verlagerten also unsere Laboratoriumseinrichtungen und unsere Mannschaft allmählich nach Hechingen.

Aus den chaotischen letzten Kriegsjahren sind mir nur einzelne Bilder deutlich im Gedächtnis geblieben. Sie gehören zu dem Hintergrund, auf dem sich später meine Meinungen zu den allgemeinen politischen Fragen gebildet haben, deshalb sollen sie mit wenigen Strichen angedeutet werden.

Zu den erfreulichsten Seiten meines Lebens in Berlin gehörten die Abende der sogenannten Mittwochsgesellschaft, zu deren Mitgliedern Generaloberst Beck, Minister Popitz, der Chirurg Sauerbruch, Botschafter v. Hassel, Eduard Spranger, Jessen, Schulenburg und andere zählten. Ich erinnere mich an eine abendliche Zusammenkunft bei Sauerbruch, der uns nach seinem wissenschaftlichen Vortrag über Lungenoperationen ein für die damalige Hungerzeit geradezu fürstliches Abendessen mit herrlichem Wein vorsetzte, so daß am Schluß Herr von Hassel auf dem Tisch stand und Studentenlieder sang; dann an den letzten Abend dieser Gesellschaft im Juli 1944, zu dem ich die Mitglieder ins Harnackhaus eingeladen hatte. Ich hatte den Nachmittag über in meinem Institutsgarten Himbeeren gepflückt, die Leitung des Harnackhauses hatte Milch und etwas Wein beigesteuert, so konnte ich meine Gäste wenigstens mit einem frugalen Mahl bewirten. Dann berichtete ich über die Atomenergie in den Sternen und ihre technische Ausnützung auf der Erde, soweit ich eben nach den Geheimhaltungsbestimmungen darüber reden durfte. An der Diskussion beteiligten sich vor allem Beck und Spranger. Beck sah sofort, daß sich von hier aus alle bisherigen militärischen Vorstellungen von Grund auf ändern müßten, und Spranger formulierte, was wir Physiker seit längerer Zeit vermuteten, daß die Entwicklung der Atomphysik Wandlungen im Denken der Menschen verursachen könnte, die weit in die gesellschaftlichen und philosophischen Strukturen reichen.

Am 19. Juli brachte ich das Protokoll der Sitzung noch zu Popitz in die Wohnung und fuhr anschließend in der Nacht mit dem Zug nach München und Kochel. Von dort mußte ich noch 2 Stunden zu Fuß gehen, um nach Urfeld zu gelangen. Auf dem Weg traf ich einen Soldaten, der sein Gepäck auf einem Handwagen den Kesselberg hinaufzog. Ich legte meinen schweren Koffer dazu und half ihm ziehen. Der Soldat erzählte mir, er habe gerade im Radio gehört, daß ein Attentat auf Hitler gemacht worden sei. Hitler sei zwar nur leicht verletzt, aber in Berlin gebe es eine Revolte in der Spitze der Wehrmacht. Ich fragte ihn vorsichtig, was er dazu meine. Er antwortete nur: »'s is scho guat, bald si' was rührt.« Einige Stunden später saß ich in Urfeld vor dem Rundfunkgerät und hörte, daß Generaloberst Beck im Wehrmachtsgebäude in der Bendlerstraße gefallen sei. Popitz, Hassel, Schulenburg, Jessen wurden als Mitwisser des Komplotts genannt, und ich wußte, was das zu bedeuten hatte. Auch Reichwein, der mich Anfang Juli noch im Harnackhaus besucht hatte, war verhaftet.

Einige Tage später fuhr ich nach Hechingen, wo schon der größere Teil meines Berliner Instituts versammelt war. Wir bereiteten dort den nächsten Versuch für den Atomreaktor in einem Felsenkeller vor, der in dem malerischen Städtchen Haigerloch im Berg unter der Schloßkirche guten Schutz gegen alle Luftangriffe bot. Die regelmäßigen Fahrten zwischen Hechingen und Haigerloch mit dem Fahrrad, die Obstgärten der Bauern, die Wälder, in denen wir an den Feiertagen Pilze suchten, all das war so gegenwärtig, wie die Wellen in der Bucht von Eleusis für Hans Euler gewesen waren, und wir konnten für Tage Vergangenheit und Zukunft vergessen. Als im April 1945 die Obstbäume zu blühen begannen, ging der Krieg seinem Ende zu. Ich verabredete mit meinen Mitarbeitern, daß ich dann, wenn dem Institut und seinen Angehörigen keine unmittelbaren Gefahren mehr drohten, mit dem Fahrrad Hechingen verlassen würde, um beim Einmarsch der fremden Truppen meiner Familie in Urfeld beistehen zu können.

Mitte April zogen die letzten Reste aufgelöster deutscher Truppen durch Hechingen nach Osten. An einem Nachmittag hörten wir die ersten französischen Panzer. Im Süden waren sie wohl schon an Hechingen vorbei bis zur Kammhöhe der Rauhen Alb vorgestoßen. Die Zeit meiner Abreise schien gekommen. Gegen Mitternacht kam Carl Friedrich noch von einer zu Rad unternommenen Erkundungsfahrt nach Reutlingen zurück. Im

Luftschutzkeller des Instituts feierten wir einen kurzen Abschied, und gegen drei Uhr morgens brach ich in Richtung Urfeld auf. Als ich im Morgengrauen Gammertingen erreichte, hatte ich die Kampflinie wohl schon hinter mir gelassen. Nur der Bedrohung durch Tiefflieger mußte ich immer wieder ausweichen. In den folgenden beiden Tagen reiste ich, eben wegen dieser Bedrohung, meistens nachts; am Tage versuchte ich durch Ausruhen und Besorgen von Essen meine Kräfte in Ordnung zu halten. Ich erinnere mich an einen Hügel bei Krugzell, auf dem ich nach dem Essen bei herrlich warmem Sonnenschein unter dem Schutz einer Hecke schlafen wollte. Unter dem wolkenlosen Himmel lag die ganze Alpenkette vor mir ausgebreitet, Hochvogel, Mädelegabel und alle die Berge, auf denen ich sieben Jahre vorher als Gebirgsjäger herumgestiegen war, und weiter unten blühten die Kirschbäume. Der Frühling hatte nun wirklich begonnen, und meine schnell zerfließenden Gedanken blickten in eine lichte Zukunft, bis ich endlich einschlief.

Einige Stunden später erwachte ich von einem donnerähnlichen Getöse und sah über dem in der Ferne erkennbaren Städtchen Memmingen dichte Rauchschwaden aufsteigen. Ein Bombenteppich war dort über das Kasernenviertel ausgebreitet worden. Es war also noch Krieg, und ich mußte weiter nach Osten fahren. Am dritten Tag kam ich dann nach Urfeld und fand die Familie wohlbehalten vor. Die folgende Woche galt der Vorbereitung für das Kriegsende. Die Kellerfenster wurden mit Sandsäcken geschützt, alle irgendwie erreichbaren Lebensmittel mußten ins Haus geschafft werden. Die Nachbarhäuser wurden leer, da ihre Bewohner auf das andere Seeufer flüchteten. In den Wäldern gab es versprengte Soldaten und SS-Einheiten und vor allem große Mengen weggeworfener Munition, die mir wegen der Kinder Sorgen machten. Am Tag mußte man mancherlei Gefahren ausweichen, da doch immer wieder geschossen wurde, und die Nächte, in denen unser Haus im Niemandsland lag, waren voll unheimlicher Spannung. Als am 4. Mai der amerikanische Oberst Pash mit einigen Soldaten in unser Haus eindrang, um mich gefangenzunehmen, hatte ich ein Gefühl, wie es etwa ein zu Tode erschöpfter Schwimmer haben mag, der zum ersten Mal wieder den Fuß auf festes Land setzt.

In der Nacht vorher war noch Schnee gefallen, aber am Tag meiner Abreise schien die Frühlingssonne aus einem dunkelblauen Himmel und tauchte die überschneite Landschaft in ein helles glänzendes Licht. Ich fragte einen meiner amerikanischen Bewacher, der schon in vielen Teilen der Welt gekämpft hatte, wie ihm unser See zwischen den Bergen gefalle, und er meinte, hier sei das schönste Fleckchen Erde, das er bisher kennengelernt habe.

## Über die Verantwortung des Forschers (1945–1950)

Die Gefangenschaft führte mich nach einigen kürzeren Zwischenaufenthalten in Heidelberg, Paris und Belgien schließlich für längere Zeit auf dem Landsitz Farm-Hall mit einigen alten Freunden und jüngeren Mitarbeitern des »Uranvereins« zusammen. Zu ihnen gehörten Otto Hahn, Max von Laue, Walter Gerlach, Carl Friedrich v. Weizsäcker, Karl Wirtz. Der Gutshof Farm-Hall liegt am Rande des Dorfes Godmanchester, nur etwa 25 Meilen von der alten Universitätsstadt Cambridge in England entfernt. Ich kannte die Landschaft von früheren Besuchen am Cavendish-Laboratorium. Hier, im Kreise der zehn gefangenen Atomphysiker, besaß Otto Hahn durch die Anziehungskraft seiner Persönlichkeit und durch seine ruhige besonnene Haltung in schwierigen Lagen von selbst das Vertrauen jedes einzelnen unserer kleinen Gruppe. Er verhandelte also mit unseren Bewachern, wo immer das sich als notwendig erwies; und eigentlich gab es nur selten Schwierigkeiten, da die uns betreuenden Offiziere ihre Aufgabe mit ungewöhnlich viel Takt und Menschlichkeit lösten, so daß sich nach kurzer Zeit ein echtes Vertrauensverhältnis zwischen ihnen und uns einstellte. Wir waren nur wenig über unsere Arbeiten am Atomenergieproblem ausgefragt worden, und wir empfanden einen gewissen Widerspruch zwischen dem geringen Interesse an unseren Arbeiten und der ungewöhnlich großen Sorgfalt, mit der wir bewacht und von jeder Berührung mit der Außenwelt ferngehalten wurden. Auf meine Gegenfrage, ob man sich denn in Amerika und England während des Krieges nicht auch mit dem Uranproblem beschäftigt habe, erhielt ich von den uns befragenden amerikanischen Physikern immer nur die Antwort, dort sei es anders als bei uns gewesen, die Physiker hätten Aufgaben übernehmen müssen, die mehr unmittelbar der Kriegsführung gegolten hätten. Das klang nicht unplausibel, weil ja auch während des ganzen Krieges keine Auswirkungen amerikanischer Arbeiten über Kernspaltung sichtbar geworden waren.

Am Nachmittag des 6. August 1945 kam plötzlich Karl Wirtz zu mir mit der Mitteilung, eben habe der Rundfunk verkündet, es sei eine Atombombe über der japanischen Stadt Hiroshima abgeworfen worden. Ich wollte diese Nachricht zunächst nicht glauben; denn ich war sicher, daß zur Herstellung von Atombomben ein ganz enormer technischer Aufwand nötig gewesen wäre, der vielleicht viele Milliarden Dollar gekostet hätte. Ich fand es auch psychologisch unplausibel, daß die mir so gut bekannten Atomphysiker in Amerika alle Kräfte für ein solches Projekt eingesetzt haben sollten, und ich war daher geneigt, lieber den amerikanischen Physikern zu glauben, die mich verhört hatten, als einem Radioansager, der vielleicht irgendeine Art Propaganda zu verbreiten hatte. Auch sei, so wurde mir gesagt, das Wort »Uran« in der Meldung nicht vorgekommen. Das schien mir darauf hinzudeuten, daß mit dem Wort »Atombombe« irgendetwas anderes gemeint gewesen sei. Erst am Abend, als der Berichterstatter im Rundfunk den riesigen technischen Aufwand schilderte, der geleistet worden sei, mußte ich mich mit der Tatsache abfinden, daß die Fortschritte der Atomphysik, die ich 25 Jahre lang miterlebt hatte, nun den Tod von weit über hunderttausend Menschen verursacht hatten.

Am tiefsten getroffen war begreiflicherweise Otto Hahn. Die Uranspaltung war seine bedeutendste wissenschaftliche Entdeckung, sie war der entscheidende und von niemandem vorhergesehene Schritt in die Atomtechnik gewesen. Und dieser Schritt hatte jetzt einer Großstadt und ihrer Bevölkerung, unbewaffneten Menschen, von denen die meisten sich am Kriege unschuldig fühlten, ein schreckliches Ende bereitet. Hahn zog sich erschüttert und verstört in sein Zimmer zurück, und wir waren ernstlich in Sorge, daß er sich etwas antun könnte. Von uns anderen wurde an diesem Abend in der Erregung wohl manches unüberlegte Wort gesprochen. Erst am nächsten Tag gelang es uns, unsere Gedanken zu ordnen und sorgfältig auf das einzugehen, was geschehen war.

Hinter unserem Landsitz Farm-Hall, einem altertümlichen Bau aus rotem Backstein, lag eine nicht mehr gut gepflegte Rasenfläche, auf der wir Faustball zu spielen pflegten. Zwischen dieser Rasenfläche und der efeubewachsenen Mauer, die unser Grundstück vom Nachbargarten trennte, gab es noch ein langgestrecktes Rosenbeet, um dessen Pflege sich vor allem Gerlach bemühte. Der Weg um dieses Rosenbeet spielte bei uns Gefangenen eine ähnliche Rolle wie etwa der Kreuzgang in mittelalterlichen Klöstern. Er war der geeignete Ort für ernste Gespräche zu zweit. Am Morgen nach der erschreckenden Nachricht gingen dort Carl Friedrich und ich lange Zeit sinnend und redend auf und ab. Das Gespräch begann mit der Sorge um Otto Hahn, und Carl Friedrich mag es mit einer schwierigen Frage begonnen haben.

»Man kann ja verstehen, daß Otto Hahn darüber verzweifelt ist, daß seine größte wissenschaftliche Entdeckung jetzt mit dem Makel dieser unvorstellbaren Katastrophe behaftet ist. Aber hat er Grund, sich in irgendeiner Weise schuldig zu fühlen? Hat er mehr Grund dazu als irgendeiner von uns anderen, die wir an der Atomphysik mitgearbeitet haben? Sind wir alle an diesem Unglück mitschuld, und worin besteht diese Schuld?«

»Ich glaube nicht«, versuchte ich zu antworten, »daß es Sinn hat, hier das Wort ›Schuld‹ zu verwenden, selbst wenn wir in irgendeiner Weise in diesen ganzen Kausalzusammenhang verwoben sind. Otto Hahn und wir alle haben an der Entwicklung der modernen Naturwissenschaft teilgenommen. Diese Entwicklung ist ein Lebensprozeß, zu dem sich die Menschheit, oder wenigstens die europäische Menschheit, schon vor Jahrhunderten entschlossen hat – oder wenn man vorsichtiger formulieren will, auf den sie sich eingelassen hat. Wir wissen aus Erfahrung, daß dieser Prozeß zum Guten und Schlechten führen kann. Aber wir waren überzeugt – und das war insbesondere der Fortschrittsglaube des 19. Jahrhunderts –, daß mit wachsender Kenntnis das Gute überwiegen werde und daß man die möglichen schlechten Folgen in der Gewalt behalten könne. An die Möglichkeit von Atombomben hat vor der Hahnschen Entdeckung weder Hahn noch irgendein anderer von uns ernstlich denken können, da die damalige Physik keinen Weg dahin sichtbar machte. An diesem Lebensprozeß der Entwicklung der Wissenschaft teilzunehmen, kann nicht als Schuld angesehen werden.«

»Es wird natürlich jetzt radikale Geister geben«, setzte Carl Friedrich das Gespräch fort, »die meinen, man müsse sich in Zukunft von diesem Entwicklungsprozeß der Wissenschaft abwenden, da er zu solchen Katastrophen führen könne. Es gebe wichtigere Aufgaben sozialer, wirtschaftlicher und politischer Art als den Fortschritt der Naturwissenschaft. Damit mögen sie sogar recht haben. Aber wer so denkt, verkennt dabei, daß in der heutigen Welt das Leben der Menschen weitgehend auf dieser Entwicklung der Wissenschaft beruht. Würde man sich schnell von der ständigen Erweiterung der Kenntnisse abwenden, so müßte die Zahl der Menschen auf der Erde in kurzer Zeit radikal reduziert werden. Das aber könnte wohl nur durch Katastrophen geschehen, die denen der Atombombe durchaus vergleichbar oder noch schlimmer wären.

Dazu kommt, daß bekanntlich Wissen auch Macht ist. Solange auf der Erde um Macht gerungen wird – und einstweilen ist davon kein Ende abzusehen – muß also auch um Wissen gerungen werden. Vielleicht kann viel später, wenn es so etwas wie eine Weltregierung geben sollte, also eine zentrale, hoffentlich möglichst freiheitliche Ordnung der Verhältnisse auf der Erde, das Streben nach Erweiterung des Wissens schwächer werden. Aber das ist jetzt nicht unser Problem. Einstweilen gehört die Entwicklung der Wissenschaft zum Lebensprozeß der Menschheit, also kann der Einzelne, der in ihm wirkt, auch nicht dafür schuldig gesprochen werden. Die Aufgabe muß daher nach wie vor darin bestehen, diesen Entwicklungsprozeß zum Guten zu lenken, die Erweiterung des Wissens nur zum Wohl der Menschen auszunutzen, nicht aber diese Entwicklung selbst zu verhindern. Die Frage lautet also: Was kann der Einzelne dafür tun; welche Verpflichtung entsteht hier für den, der in der Forschung tätig mitwirkt?«

»Wenn wir die Entwicklung der Wissenschaft in dieser Weise als einen historischen Prozeß im Weltmaßstab ansehen, so erinnert deine Frage an das alte Problem von der Rolle des Individuums in der Weltgeschichte. Sicher wird man auch hier annehmen müssen, daß die Individuen im Grunde weitgehend ersetzbar sind. Wenn Einstein nicht die Relativitätstheorie entdeckt hätte, so wäre sie früher oder später von anderen, vielleicht von Poincaré oder Lorentz formuliert worden. Wenn Hahn nicht die Uranspaltung gefunden hätte, so wären vielleicht einige Jahre später Fermi oder Joliot auf dieses Phänomen gestoßen. Ich glaube, man schmälert die große Leistung des Einzelnen nicht, wenn man dies ausspricht. Daher kann man auch dem Einzelnen, der den entscheidenden Schritt wirklich tut, nicht mehr Verantwortung für seine Folgen aufbürden als allen anderen, die ihn vielleicht auch hätten tun können. Der Einzelne ist von der geschichtlichen Entwicklung an die entscheidende Stelle gesetzt worden, und er hat den Auftrag, der ihm hier gegeben war, auch ausführen können; mehr nicht. Er wird dadurch vielleicht etwas mehr Einfluß auf die spätere Ausnutzung seiner Entdeckung gewinnen können als andere. Tatsächlich hat Hahn ja auch in Deutschland, wo immer er gefragt wurde, sich für die Anwendung der Uranspaltung nur auf die friedliche Atomtechnik ausgesprochen, er hat vom Versuch kriegerischer Anwendung überall abgeraten und gewarnt. Aber auf die Entwicklung in Amerika hat er natürlich keinen Einfluß nehmen können.«

»Man wird hier«, so führte Carl Friedrich die Gedanken weiter fort, »wohl einen grundsätzlichen Unterschied machen müssen zwischen dem Entdecker und dem Erfinder. Der Entdecker kann in der Regel vor der Entdeckung nichts über die Anwendungsmöglichkeiten wissen, und auch nachher kann der Weg bis zur praktischen Ausnützung noch so weit sein, daß Voraussagen unmöglich sind. So haben etwa Galvani und Volta sich keine Vorstellung von der späteren Elektrotechnik machen können. Sie hatten also auch nicht die geringste Verantwortung für den Nutzen und die Gefahren der späteren Entwicklung. Aber bei den Erfindern ist es in der Regel anders. Der Erfinder – und so will ich das Wort verwenden – hat ja ein bestimmtes praktisches Ziel vor Augen. Er muß überzeugt sein, daß die Erreichung dieses Zieles einen Wert darstellt, und man wird ihn mit Recht mit der Verantwortung dafür belasten. Allerdings wird gerade beim Erfinder deutlich, daß er eigentlich nicht als Einzelner, sondern im Auftrag einer größeren menschlichen Gemeinschaft handelt. Der Erfinder des Telephons etwa wußte, daß die menschliche Gesellschaft eine schnelle Kommunikation für wünschenswert hält. Und auch der Erfinder der Feuerwaffen handelte im Auftrag einer kriegerischen Macht, die ihre Kampfkraft steigern wollte. Man kann dem Einzelnen also sicher nur einen Teil der Verantwortung aufbürden. Dazu kommt, daß auch hier weder der Einzelne noch die Gemeinschaft alle späteren Folgen der Erfindung wirklich überschauen kann. Ein Chemiker etwa, der eine Substanz findet, mit der er große landwirtschaftliche Kulturen vor Schädlingen schützen kann, wird ebensowenig wie die Besitzer oder Verwalter der angebauten Landflächen wirklich vorausrechnen können, welche Folgen aus den Veränderungen der Insektenwelt in dem betreffenden Gebiet schließlich entstehen. An den Einzelnen wird man also nur die Forderung stellen können, daß er sein Ziel im großen Zusammenhang sehen müsse; daß er nicht um des Interesses irgendeiner kleinen Gruppe willen andere, viel weitere Gemeinschaften unbedacht in Gefahr bringt. Was verlangt wird, ist also im Grunde nur die sorgfältige und gewissenhafte Berücksichtigung des großen Zusammenhangs, in dem sich der technisch-wissenschaftliche Fortschritt vollzieht. Dieser Zusammenhang muß auch dort beachtet werden, wo er dem eigenen Interesse nicht unmittelbar entgegenkommt.«

»Wenn du in dieser Weise zwischen Entdeckung und Erfindung unterscheidest, wohin stellst du dann dieses neueste und schrecklichste Ergebnis des technischen Fortschritts, die Atombombe?«

»Hahns Experiment über die Spaltung des Atomkerns war eine Entdeckung, die Herstellung der Bombe eine Erfindung. Für die Atomphysiker in Amerika, die die Bombe konstruiert haben, wird also auch gelten, was wir eben über die Erfinder gesagt haben. Sie haben nicht als Einzelne sondern im ausdrücklichen oder vorweggenommenen Auftrag einer kriegführenden menschlichen Gemeinschaft gehandelt, die eine äußerste Stärkung ihrer Kampfkraft wünschen mußte. Du hast früher einmal gesagt, du könntest dir schon aus psychologischen Gründen nicht vorstellen, daß die amerikanischen Atomphysiker mit voller Kraft die Herstellung von Atombomben anstrebten. Auch gestern hast du zunächst nicht an die Atombombe glauben wollen. Wie erklärst du dir jetzt die Vorgänge in Amerika?«

»Wahrscheinlich haben die Physiker drüben am Anfang des Krieges wirklich gefürchtet, daß die Herstellung von Atombomben in Deutschland versucht werden könnte. Das ist verständlich; denn die Uranspaltung ist von Hahn in Deutschland entdeckt worden, und die Atomphysik war bei uns, vor der Vertreibung vieler tüchtiger Physiker durch Hitler, auf einem hohen Niveau. Man hat also einen Sieg Hitlers durch die Atombombe für eine so entsetzliche Gefahr gehalten, daß zur Abwendung dieser Katastrophe auch das Mittel der eigenen Atombombe gerechtfertigt schien. Ich weiß nicht, ob man dagegen etwas sagen könnte, besonders wenn man bedenkt, was in den nationalsozialistischen Konzentrationslagern wirklich geschehen ist. Nach dem Ende des Krieges mit Deutschland haben wahrscheinlich viele Physiker in Amerika von der Anwendung dieser Waffe abgeraten, aber sie hatten um diese Zeit keinen entscheidenden Einfluß mehr. Auch daran steht uns keine Kritik zu. Denn wir haben ja auch die schrecklichen Dinge, die von unserer Regierung getan worden sind, nicht verhindern können. Die Tatsache, daß wir ihr Ausmaß nicht kannten, ist keine Entschuldigung, denn wir hätten uns ja noch mehr anstrengen können, sie in Erfahrung zu bringen.

Das Schreckliche an diesem ganzen Gedankengang ist, daß man erkennt, wie ungeheuer zwangsläufig er ist. Man versteht, daß in der Weltgeschichte immer wieder der Grundsatz praktiziert worden ist: Für die gute Sache darf man mit allen Mitteln kämpfen, für die schlechte nicht. Oder in noch bösartigerer Form: Der Zweck heiligt die Mittel. Aber was hätte man schon diesem Gedankengang entgegensetzen können?«

»Wir haben vorher davon gesprochen«, antwortete Carl Friedrich, »daß man vom Erfinder verlangen könnte, er solle sein Ziel im großen Zusammenhang des technischen Fortschritts auf der Erde sehen. Wollen wir prüfen, was dabei herauskommt. Im ersten Augenblick werden ja nach solchen Katastrophen immer reichlich billige Rechnungen aufgestellt. Es wird etwa gesagt, durch den Einsatz der Atombombe sei der Krieg schneller beendet worden. Vielleicht wären die Opfer im ganzen noch größer gewesen, wenn man ihn ohne diese Waffen hätte langsam zu Ende gehen lassen. Ich glaube, du hast gestern abend dieses Argument auch erwähnt. Solche Rechnungen sind aber deshalb ganz ungenügend, weil man ja die späteren politischen Folgen der Katastrophe nicht kennt. Werden durch die entstandene Erbitterung vielleicht spätere Kriege vorbereitet, die noch viel größere Opfer erfordern? Werden durch die neuen Waffen Machtverschiebungen hervorgerufen, die später, wenn alle Großmächte über diese Waffen verfügen, unter verlustreichen Auseinandersetzungen wieder rückgängig gemacht werden müssen? Niemand kann solche Entwicklungen vorausrechnen, und daher kann ich mit solchen Argumenten nichts anfangen. Ich möchte lieber von dem anderen Satz ausgehen, über den wir auch gelegentlich gesprochen haben: daß erst die Wahl der Mittel darüber entscheidet, ob eine Sache gut oder schlecht sei. Könnte dieser Satz nicht auch hier wirksam werden?«

Ich versuchte diesen Gedanken etwas näher auszuführen. »Der wissenschaftlich-technische Fortschritt wird doch zweifellos zur Folge haben, daß die unabhängigen politischen Einheiten auf der Erde immer größer werden und daß ihre Zahl immer geringer wird; daß schließlich eine zentrale Ordnung der Verhältnisse angestrebt wird, von der wir nur hoffen können, daß sie noch genügend Freiheit für den Einzelnen und für das einzelne Volk läßt. Eine Entwicklung in dieser Richtung scheint mir völlig unausweichlich, und es ist eigentlich nur die Frage, ob auf dem Wege bis zum geordneten Endzustand noch viele Katastrophen passieren müssen. Man wird also annehmen können, daß die wenigen Großmächte, die nach diesem Kriege übrigbleiben, versuchen werden, ihren Einflußbereich so weit wie möglich auszudehnen. Das kann eigentlich nur durch Bündnisse geschehen, die durch gemeinsame Interessen, durch verwandte soziale Strukturen, gemeinsame Weltanschauungen oder auch durch wirtschaftlichen und politischen Druck zustande kommen. Wo außerhalb des unmittelbaren Einflußbereichs einer

Großmacht schwächere Gruppen durch stärkere bedroht oder unterdrückt werden, liegt es für die Großmacht nahe, die Schwächeren zu unterstützen, damit das Gleichgewicht zugunsten der Schwächeren zu verschieben und so schließlich wieder mehr Einfluß zu gewinnen. In dieser Weise wird man doch wohl auch das Eingreifen Amerikas in die beiden Weltkriege deuten müssen. Ich würde also annehmen, daß die Entwicklung in dieser Richtung weitergeht; und ich sehe auch nicht, warum ich mich dagegen innerlich wehren sollte. Gegen Großmächte, die eine derartige Expansionspolitik treiben, wird natürlich der Vorwurf des Imperialismus erhoben werden. Aber gerade an dieser Stelle scheint mir die Frage nach der Wahl der Mittel entscheidend. Eine Großmacht, die ihren Einfluß nur ganz vorsichtig geltend macht, die in der Regel nur wirtschaftliche und kulturpolitische Mittel einsetzt und die jeden Anschein vermeidet, mit brutaler Gewalt in das innere Leben der betreffenden Völker eingreifen zu wollen, wird sich diesem Vorwurf viel weniger leicht aussetzen als eine andere, die Gewalt anwendet. Die Ordnungsstrukturen im Einflußbereich einer Großmacht, die nur vertretbare Mittel verwendet, werden am ehesten als Vorbilder für die Strukturen in der künftigen einheitlichen Ordnung der Welt anerkannt werden.

Nun sind gerade die Vereinigten Staaten von Amerika von vielen als ein Hort der Freiheit angesehen worden, als jene soziale Struktur, in der sich der Einzelne am leichtesten frei entfalten kann. Die Tatsache, daß in Amerika jede Meinung frei geäußert werden kann, daß die Initiative des Einzelnen oft wichtiger ist als die staatliche Anordnung, daß auf den einzelnen Menschen Rücksicht genommen wird, daß zum Beispiel die Kriegsgefangenen besser behandelt werden als in anderen Ländern, all dies und noch manches andere hat bei vielen die Hoffnung erweckt, daß die innere Struktur Amerikas schon so etwas wie ein Vorbild für die zukünftige innere Struktur der Welt sein könnte. An diese Hoffnung hätte man denken sollen, als man über die Entscheidung beriet, ob eine Atombombe über Japan abgeworfen werden soll. Denn ich fürchte, daß diese Hoffnung durch die Anwendung der Atombombe einen schweren Stoß erlitten hat. Der Vorwurf des Imperialismus wird von anderen, mit Amerika in Konkurrenz stehenden Mächten nun mit aller Schärfe erhoben werden, und er wird durch den Abwurf der Atombombe an Überzeugungskraft gewinnen. Gerade weil die Atombombe ja offenbar zum Sieg nicht mehr nötig war, wird ihr

Abwurf als eine reine Machtdemonstration verstanden werden, und es ist schwer zu sehen, wie von hier ein Weg zu einer freiheitlichen Ordnung der Welt führen könnte.«

»Du meinst also«, wiederholte Carl Friedrich, »man hätte die technische Möglichkeit der Atombombe im großen Zusammenhang sehen sollen, nämlich als Teil der globalen wissenschaftlichtechnischen Entwicklung, die letzten Endes unausweichlich zu einer einheitlichen Ordnung auf der Erde führen muß. Man hätte dann verstanden, daß der Einsatz der Bombe zu einem Zeitpunkt, in dem über den Sieg bereits entschieden ist, einen Rückfall in die Zeit der um Macht ringenden Nationalstaaten darstellt und vom Ziel einer einheitlichen und freiheitlichen Ordnung der Welt wegführt; denn er schwächt eben das Zutrauen zur guten Sache Amerikas, er macht die Mission Amerikas unglaubhaft. Die Existenz der Atombombe an sich ist hier kein Unglück. Denn sie wird in Zukunft die volle politische Unabhängigkeit auf einige wenige Großmächte mit einer riesigen Wirtschaftskraft beschränken. Für die kleineren Staaten wird es nur noch eine begrenzte Unabhängigkeit geben können. Aber dieser Verzicht braucht keine Einschränkung für die Freiheit des Einzelnen zu bedeuten und kann als Preis für die allgemeine Verbesserung der Lebensbedingungen hingenommen werden.

Aber wir kommen, wenn wir so reden, immer wieder von unserer eigentlichen Frage ab. Wir wollten doch wissen, wie sich der Einzelne verhalten muß, der in dieses Getriebe einer von widerstreitenden Ideen geformten, ihren Leidenschaften und Wahnvorstellungen ausgelieferten und doch am technischen Fortschritt interessierten Menschheit hineingestellt ist. Darüber haben wir noch zu wenig erfahren.«

»Wir haben immerhin verstanden«, versuchte ich zu erwidern, »daß es für den Einzelnen, dem der wissenschaftliche oder technische Fortschritt eine wichtige Aufgabe gestellt hat, nicht genügt, nur an diese Aufgabe zu denken. Er muß die Lösung als Teil einer großen Entwicklung sehen, die er offenbar bejaht, wenn er überhaupt an solchen Problemen mitarbeitet. Er wird leichter zu den richtigen Entscheidungen kommen, wenn er diese allgemeinen Zusammenhänge mit bedenkt.«

»Das würde wohl bedeuten, daß er sich auch um eine Verbindung mit dem öffentlichen Leben, um Einfluß auf die staatliche Verwaltung bemühen muß, wenn er das Richtige nicht nur denken, sondern auch tun und bewirken will. Aber vielleicht ist eine solche Verbindung auch nicht unvernünftig. Sie paßt gut in die allgemeine Entwicklung, die wir uns vorher vorzustellen suchten. In dem Maß, in dem der wissenschaftliche und technische Fortschritt für die Allgemeinheit wichtig wird, könnte sich auch der Einfluß der Träger dieses Fortschritts auf das öffentliche Leben vergrößern. Natürlich wird man nicht annehmen können, daß die Physiker und Techniker wichtige politische Entscheidungen besser fällen könnten als die Politiker. Aber sie haben in ihrer wissenschaftlichen Arbeit besser gelernt, objektiv, sachlich und, was das wichtigste ist, in großen Zusammenhängen zu denken. Sie mögen also in die Arbeit der Politiker ein konstruktives Element von logischer Präzision, von Weitblick und von sachlicher Unbestechlichkeit bringen, das dieser Arbeit förderlich sein könnte. Wenn man so denkt, könnte man allerdings den amerikanischen Atomphysikern den Vorwurf nicht ersparen, daß sie sich nicht genug um politischen Einfluß bemüht, daß sie die Entscheidung über die Verwendung der Atombombe zu früh aus der Hand gegeben haben. Denn ich kann nicht daran zweifeln, daß sie die negativen Folgen dieses Bombenabwurfs sehr früh verstanden haben.«

»Ich weiß nicht, ob wir in diesem Zusammenhang das Wort ›Vorwurf‹ überhaupt in den Mund nehmen dürfen. Wahrscheinlich haben wir an dieser einen Stelle einfach mehr Glück gehabt als unsere Freunde auf der anderen Seite des Ozeans.« –

Unsere Gefangenschaft ging im Januar 1946 zu Ende, und wir kehrten nach Deutschland zurück. Damit begann der Wiederaufbau, auf den wir seit 1933 einen großen Teil unserer Gedanken gerichtet hatten, der sich aber zunächst doch als schwieriger erwies, als es uns in unseren Hoffnungen und Wünschen erschienen war. Fürs erste handelte es sich um den kleinen Kreis meines wissenschaftlichen Instituts. Die Kaiser-Wilhelm-Gesellschaft konnte in der alten Form in Berlin nicht wiedererstehen, teils weil die politische Zukunft Berlins ganz unsicher war, teils weil der Name, die Erinnerung an den Kaiser als nationales Symbol, von den Besatzungsmächten mißbilligt wurde. Die britische Besatzungsmacht gab uns die Möglichkeit, in Göttingen in Gebäuden der früheren Aerodynamischen Versuchsanstalt mit der Wiedereinrichtung von wissenschaftlichen Instituten anzufangen. Wir siedelten also nach Göttingen über, wo ich zwei Jahrzehnte früher Niels Bohr kennengelernt und später bei Born und Courant studiert hatte. Auch der inzwischen fast 90-jährige Max Planck war beim Ende des Krieges nach Göttingen gerettet worden und bemühte sich mit uns um die Schaffung einer Organisation, die in Fortsetzung der Aufgaben der früheren Kaiser-Wilhelm-Gesellschaft alte und neue Forschungsinstitute betreuen konnte. Ich hatte das Glück, für meine Familie ein Haus in unmittelbarer Nachbarschaft der Wohnung Plancks mieten zu können, so daß Planck mich nicht selten vor dem Gartenzaun ansprach und auch gelegentlich abends zur Kammermusik in unser Haus herüberkam.

In jenen Jahren mußte natürlich viel Mühe und Kraft für die Befriedigung der primitivsten Lebensbedürfnisse oder im Institut für die Beschaffung einfachster Ausrüstungsgegenstände aufgewendet werden. Aber es war eine glückliche Zeit. Es hieß nicht mehr, wie in den zwölf Jahren vorher, daß dies oder jenes noch möglich sei, sondern es hieß, daß es schon wieder möglich sei, und man konnte fast mit jedem Monat in der wissenschaftlichen Arbeit oder im privaten Leben die Verbesserungen und Erleichterungen spüren, die man durch vertrauensvolle und freudige Zusammenarbeit errungen hatte. Die vielfache Unterstützung, die uns dabei von den Vertretern der Besatzungsmacht gewährt wurde, erleichterte die Arbeit nicht nur materiell; sie gab uns auch die Möglichkeit, uns wieder als Teil einer größeren Gemeinschaft zu fühlen, die mit gutem Willen eine neue Welt aufbauen wollte, eine Welt, die sich an vernünftigen Zukunftsbildern und nicht an der Trauer über die zerstörte Vergangenheit orientiert.

Dieser Übergang von den Denkstrukturen der Vergangenheit in die einer erhofften Zukunft ist mir besonders in zwei Gesprächen deutlich geworden, deren Inhalt hier noch kurz verzeichnet werden soll. Bei dem einen handelt es sich um die erste Begegnung, die mich nach dem Kriege wieder mit Niels in Kopenhagen zusammenführte. Der äußere Anlaß war ziemlich absurd und soll hier nur erwähnt werden, um die Atmosphäre des Göttinger Lebens in jenen Sommermonaten des Jahres 1947 zu kennzeichnen. Der englische Geheimdienst hatte von einer uns unbekannten Seite den Wink erhalten, daß auf Otto Hahn und mich von russischer Seite ein Anschlag geplant sei. Wir sollten von Agenten mit Gewalt über die nur wenige Kilometer entfernte Grenze in die russische Besatzungszone entführt werden. Als die englischen Beamten begründeten Anlaß zu der Vermutung hatten, daß die fremden Agenten bereits in Göttingen eingetroffen seien, wurden Hahn und ich kurzerhand von Göttingen weggebracht, zunächst nach Herford, in die Nähe des Verwaltungszentrums der britischen Besatzungszone. Dort erfuhr ich, daß die Tage des Wartens für mich zu einem Besuch bei Niels Bohr in Kopenhagen ausgenutzt werden sollten. Ronald Fraser, der als englischer Offizier uns in Göttingen in freundlichster Weise betreute, wollte mit Bohr und mir noch einmal über meinen Besuch in Kopenhagen im Oktober 1941 sprechen. Ein britisches Militärflugzeug brachte uns von Bückeburg nach Kopenhagen, und vom Flugplatz fuhren wir im Wagen zu Bohrs Landhaus in Tisvilde. Dort saßen wir also wieder vor dem gleichen Kamin, an dem wir so oft über die Quantentheorie philosophiert hatten, und wir wanderten auf den gleichen schmalen sandigen Waldwegen, auf denen wir 20 Jahre früher mit Bohrs Kindern an der Hand zum Baden gelaufen waren. Aber als wir versuchten, unser Gespräch vom Herbst 1941 zu rekonstruieren, merkten wir, daß die Erinnerung in eine weite Ferne gerückt schien. Ich war überzeugt, daß wir das kritische Thema beim nächtlichen Spaziergang auf der Pileallee angeschnitten hätten, während Niels bestimmt zu wissen glaubte, es sei in seinem Arbeitszimmer in Carlsberg gewesen. Niels konnte sich gut an den Schrecken erinnern, den meine allzu vorsichtigen Sätze bei ihm ausgelöst hatten, aber er wußte nicht mehr, daß ich auch von dem großen technischen Aufwand gesprochen hatte und von der Frage, was die Physiker in dieser Lage tun sollten. Bald hatten wir beide das Gefühl, es sei besser, die Geister der Vergangenheit nicht mehr weiter zu beschwören.

Es war wieder, wie seinerzeit auf der Steilen Alm in Bayern, der Fortschritt der Physik, der unsere Gedanken von der Vergangenheit auf die Zukunft lenkte. Niels hatte gerade von Powell aus England photographische Aufnahmen der Bahnspuren von Elementarteilchen erhalten, die er für eine neue, bisher unbekannte Sorte solcher Teilchen hielt. Es handelte sich um die Entdeckung der sogenannten Pi-Mesonen, die seither in der Elementarteilchenphysik eine große Rolle gespielt haben. Wir sprachen also über die Beziehungen, die vielleicht zwischen diesen Teilchen und den Kräften im Atomkern bestünden; und da die Lebensdauer der neuen Gebilde kürzer schien als die aller bisher bekannten Elementarteilchen, erörterten wir die Möglichkeit, daß es noch viele weitere Sorten solcher Teilchen geben könnte, die nur deshalb bisher der Beobachtung entgängen wären, weil sie noch viel kurzlebiger sind. Wir sahen also vor uns ein weites Feld interessanter Forschung, dem wir uns mit frischen Kräften und zusammen mit neuen jungen Menschen für viele Jahre hinaus widmen konnten. In Göttingen wollte ich in meinem dort entstehenden Institut jedenfalls solche Probleme in Angriff nehmen.

Als ich nach Göttingen zurückkehrte, erfuhr ich von Elisabeth, daß dort tatsächlich so etwas wie ein Anschlag auf mich stattgefunden hatte. Zwei Hamburger Hafenarbeiter waren vor meinem Haus in der Nacht verhaftet worden und hatten gestanden, daß ihnen hohe Geldsummen versprochen worden waren, wenn sie mich zu einem in der Nähe wartenden Auto brächten. Mir schien dieses abenteuerliche Unternehmen zu schlecht vorbereitet, um glaubhaft zu sein, und erst ein halbes Jahr später fanden unsere englischen Betreuer des Rätsels Lösung. Ein etwas verquerer Mensch, der als früherer Nationalsozialist stark belastet war und daher keine Stellung finden konnte, war auf den Einfall gekommen, den ganzen Anschlag zu fingieren und sich dadurch beim englischen Geheimdienst eine Stellung zu verschaffen. Er hatte die beiden Hafenarbeiter angeworben, aber gleichzeitig dem englischen Geheimdienst über den bevorstehenden Anschlag berichtet. Sein Plan hatte zunächst Erfolg. Aber solche Erfolge pflegen doch kurzlebig zu sein, und wir hatten später oft Gelegenheit, über das kleine Abenteuer zu lachen.

Das zweite Gespräch, das mir die Notwendigkeit einer Wendung von der Vergangenheit in die Zukunft deutlich machte, betraf schon den Wiederaufbau der großen Forschungsorganisationen in der entstehenden Bundesrepublik. Nach Plancks Tod hatte Otto Hahn entscheidenden Anteil an den Bestrebungen, die Aufgaben der alten Kaiser-Wilhelm-Gesellschaft durch eine neue Organisation übernehmen zu lassen. Sie wurde unter dem Namen Max-Planck-Gesellschaft Göttingen neu gegründet, und Otto Hahn wurde ihr erster Präsident. Ich selbst bemühte mich damals zusammen mit dem Physiologen Rein von der Universität Göttingen um die Gründung eines Forschungsrates, der in der neu entstehenden Bundesrepublik für eine enge Verbindung zwischen der Bundesverwaltung und der wissenschaftlichen Forschung sorgen sollte. Es war ja leicht zu erkennen, daß die aus dem wissenschaftlichen Fortschritt entstehende Technik eine außerordentlich wichtige Rolle, nicht nur beim materiellen Aufbau der Städte und der Industrie, sondern darüber hinaus auch in der ganzen sozialen Struktur unseres Landes und Europas spielen würde. Ganz im Sinne des Gesprächs, das ich seinerzeit nach dem Luftangriff in Berlin mit Butenandt geführt hatte, kam es mir nicht primär darauf an, eine möglichst weitgehende Unterstützung der wissenschaftlichen Forschung durch die Öffentlichkeit zu erreichen, sondern mir war das Eindringen des wissenschaftlichen, insbesondere des naturwissenschaftlichen Denkens in die Regierungsarbeit mindestens ebenso wichtig. Denen, die bei uns die Verantwortung für das Funktionieren des Staatswesens übernahmen, müßte, so glaubte ich, immer wieder ins Bewußtsein gebracht werden, daß es sich nicht nur um den Ausgleich widerstreitender Interessen handelt, sondern daß es oft sachlich bedingte Notwendigkeiten gibt, die in der Struktur der modernen Welt begründet sind und bei denen ein irrationales Ausweichen in gefühlsbestimmtes Denken nur zu Katastrophen führen könne.

Ich wollte also der Wissenschaft ein gewisses Recht zur Initiative in öffentlichen Angelegenheiten verschaffen. Bei Adenauer, mit dem ich damals oft beriet, fand ich Vertrauen und Unterstützung für diesen Plan. Zu gleicher Zeit aber waren Bestrebungen im Gange, die in den Zwanziger Jahren von Schmidt-Ott geleitete Notgemeinschaft der Deutschen Wissenschaft wieder erstehen zu lassen, die nach dem Ersten Weltkrieg der deutschen Wissenschaft unschätzbare Dienste erwiesen hatte. Diese Bemühungen, die vor allem von Vertretern der Hochschulen und der Länderverwaltungen getragen wurden, machten mir insofern Sorge, als ich in ihnen ein stark restauratives Element zu spüren glaubte. Der Gedanke, zwar eine starke Unterstützung der wissenschaftlichen Forschung durch die Öffentlichkeit zu erstreben, aber sonst für eine weitgehende Trennung der beiden Bereiche zu plädieren, schien mir nicht mehr in unsere Zeit zu passen.

In den Auseinandersetzungen, die sich aus diesem Dilemma ergaben, kam es einmal in Göttingen zu einem eingehenden Gespräch zwischen dem Juristen Raiser, dem späteren langjährigen Vorsitzenden des Wissenschaftsrates, und mir. Ich erklärte Raiser meine Befürchtungen, daß die von ihm befürwortete Notgemeinschaft wieder einem Denken Vorschub leisten könne, das sich gegen die harte wirkliche Welt in einem Elfenbeinturm abschließt und liebgewonnenen Träumen nachhängt. Darauf meinte Raiser: »Aber wir beide können doch nicht hoffen, den deutschen Volkscharakter zu ändern.« Ich spürte deutlich, daß er recht hatte und daß wohl nie der gute Wille Einzelner, sondern immer nur der harte Zwang der äußeren Verhältnisse die notwendigen Änderungen in der Struktur des Denkens vieler Menschen bewirken könnte. Tatsächlich sind unsere Pläne dann trotz der Unterstützung durch Adenauer gescheitert. Es gelang mir nicht, die Vertreter der Hochschulen von den neuen Notwendigkeiten zu überzeugen, und es entstand eine Forschungsgemeinschaft, die zunächst doch die alten Traditionen der früheren Notgemeinschaft in wesentlichen Punkten fortsetzte. Erst zehn Jahre später erzwangen dann die äußeren Notwendigkeiten die Gründung eines Forschungsministeriums, in dem durch die Einrichtung von Beratungsgremien wenigstens ein Teil unserer Pläne verwirklicht werden konnte. Die neugegründete Max-Planck-Gesellschaft konnte leichter den Notwendigkeiten der modernen Welt angepaßt werden. Aber hinsichtlich der Hochschulen mußten wir uns damit abfinden, daß der schließlich doch notwendige Erneuerungsprozeß sich vielleicht später unter schweren Kämpfen und Auseinandersetzungen vollziehen werde.

# 17
## Positivismus, Metaphysik und Religion (1952)

Der Wiederaufbau der internationalen Beziehungen in der Wissenschaft führte die alten Freunde aus der Atomphysik von neuem in Kopenhagen zusammen. Im Frühsommer des Jahres 1952 fand dort eine Tagung statt, auf der über den Bau eines europäischen Großbeschleunigers beraten werden sollte. Ich war an diesen Plänen aufs äußerste interessiert, da ich mir von einem solchen Großbeschleuniger experimentelle Aufschlüsse über die Frage erhoffte, ob wirklich, wie ich annahm, beim energiereichen Zusammenstoß zweier Elementarteilchen viele solche Teilchen erzeugt werden können und ob es wirklich viele verschiedene Sorten von Elementarteilchen gibt, die sich, ähnlich wie die stationären Zustände eines Atoms oder Moleküls, durch ihre Symmetrieeigenschaften, ihre Masse und ihre Lebensdauer unterscheiden. Obwohl mir also der Gegenstand der Tagung in jeder Weise wichtig war, soll hier doch nicht über ihren Inhalt berichtet werden, sondern über den eines Gesprächs, das ich bei dieser Gelegenheit einmal mit Niels und Wolfgang führte. Auch Wolfgang war von Zürich zur Tagung herübergekommen. Wir saßen zu dritt in dem kleinen Wintergarten, der sich an Bohrs Ehrenwohnung nach dem Park zu anschloß, und sprachen über das alte Thema, ob die Quantentheorie eigentlich vollständig verstanden und ob die Deutung, die wir ihr hier vor 25 Jahren gegeben hatten, inzwischen allgemein anerkanntes Gedankengut der Physik geworden sei. Niels erzählte:

»Vor einiger Zeit war hier in Kopenhagen eine Philosophentagung, zu der vor allem Anhänger der positivistischen Richtung gekommen waren. Vertreter der Wiener Schule spielten dabei eine wichtige Rolle. Ich habe versucht, vor diesen Philosophen über die Interpretation der Quantentheorie zu sprechen. Es gab nach meinem Vortrag keine Opposition und keine schwierigen Fragen; aber ich muß gestehen, daß eben dies für mich das Schrecklichste war. Denn wenn man nicht zunächst über die Quantentheorie entsetzt ist, kann man sie doch unmöglich verstanden haben. Wahrscheinlich habe ich so schlecht vorgetragen, daß niemand gemerkt hat, wovon die Rede war.«

Wolfgang meinte: »Das muß nicht unbedingt an deinem schlechten Vortrag gelegen haben. Es gehört doch zum Glaubensbekenntnis der Positivisten, daß man die Tatsachen sozusagen unbesehen hinnehmen soll. Soviel ich weiß, stehen bei Wittgenstein etwa die Sätze: ›Die Welt ist alles, was der Fall ist.‹ ›Die Welt ist die Gesamtheit der Tatsachen, nicht der Dinge.‹ Wenn man so anfängt, so wird man auch eine Theorie ohne Zögern hinnehmen, die eben diese Tatsachen darstellt. Die Positivisten haben gelernt, daß die Quantenmechanik die atomaren Phänomene richtig beschreibt; also haben sie keinen Grund, sich gegen sie zu wehren. Was wir dann noch so dazu sagen, wie Komplementarität, Interferenz der Wahrscheinlichkeiten, Unbestimmtheitsrelationen, Schnitt zwischen Subjekt und Objekt usw., gilt den Positivisten als unklares lyrisches Beiwerk, als Rückfall in ein vorwissenschaftliches Denken, als Geschwätz; es braucht jedenfalls nicht ernst genommen zu werden und ist im günstigsten Fall unschädlich. Vielleicht ist eine solche Auffassung in sich logisch ganz geschlossen. Nur weiß ich dann nicht mehr, was es heißt, die Natur zu verstehen.«

»Die Positivisten würden wohl sagen«, versuchte ich zu ergänzen, »daß Verstehen gleichbedeutend sei mit Vorausrechnen-Können. Wenn man nur ganz spezielle Ereignisse vorausrechnen kann, so hat man nur einen kleinen Ausschnitt verstanden; wenn man viele verschiedene Ereignisse vorausrechnen kann, hat man weitere Bereiche verstanden. Es gibt eine kontinuierliche Skala zwischen Ganz-wenig-Verstehen und Fast-alles-Verstehen, aber es gibt keinen qualitativen Unterschied zwischen Vorausrechnen-Können und Verstehen.«

»Findest du denn, daß es einen solchen Unterschied gibt?«

»Ja, davon bin ich überzeugt«, erwiderte ich, »und ich glaube, wir haben schon einmal vor 30 Jahren auf der Radtour am Walchensee darüber gesprochen. Vielleicht kann ich das, was ich meine, durch einen Vergleich deutlich machen. Wenn wir ein Flugzeug am Himmel sehen, so können wir mit einem gewissen Grad von Sicherheit vorausrechnen, wo es nach einer Sekunde sein wird. Wir werden zunächst die Bahn einfach in einer geraden Linie fortsetzen; oder, wenn wir schon erkennen, daß das Flugzeug eine Kurve beschreibt, so werden wir auch die Krümmung mit einrechnen. Damit werden wir in den meisten Fällen guten Erfolg haben. Aber wir haben doch die Bahn noch nicht verstanden. Erst wenn wir vorher mit dem Piloten gesprochen und von ihm eine Erklärung über den beabsichtigten Flug erhalten haben, dann haben wir die Bahn wirklich verstanden.«

Niels war nur halb zufrieden. »Es wird vielleicht schwierig sein, ein solches Bild auf die Physik zu übertragen. Mir geht es eigentlich so, daß ich mich mit den Positivisten sehr leicht über das einigen kann, was sie wollen, aber nicht so leicht über das, was sie nicht wollen. Darf ich das etwas genauer erklären. Diese ganze Haltung, die wir besonders aus England und Amerika so gut kennen und die von den Positivisten eigentlich nur noch in ein System gebracht worden ist, geht ja auf das Ethos der beginnenden neuzeitlichen Naturwissenschaft zurück. Bis dahin hatte man sich immer nur für die großen Zusammenhänge der Welt interessiert und sie im Anschluß an die alten Autoritäten, vor allem an Aristoteles und an die kirchliche Lehre erörtert, sich aber um die Einzelheiten der Erfahrung sehr wenig gekümmert. Die Folge war, daß sich allerhand Aberglauben breitgemacht hatte, der das Bild der Einzelheiten verwirrte, und daß man auch in den großen Fragen nicht weiterkam, weil ja den alten Autoritäten kein neuer Wissensstoff zugefügt werden konnte. Erst im 17. Jahrhundert hat man sich dann entschlossen von den Autoritäten abgelöst und der Erfahrung, das heißt der experimentellen Untersuchung der Einzelheiten, zugewandt.

Es wird erzählt, daß man sich in den Anfängen der wissenschaftlichen Gesellschaften, etwa der Royal Society in London, damit beschäftigt hat, Aberglauben dadurch zu bekämpfen, daß man die Behauptungen, die in irgendwelchen magischen Büchern standen, durch Experimente widerlegte. So war etwa behauptet worden, daß ein Hirschkäfer, den man unter bestimmten Beschwörungsformeln um Mitternacht in die Mitte eines Kreidekreises auf den Tisch setzt, diesen Kreis nicht verlassen könne. Also zeichnete man einen Kreidekreis auf den Tisch, setzte unter genauer Beachtung der geforderten Beschwörungsformeln den Käfer in die Mitte und beobachtete dann, wie er sehr vergnügt über den Kreis weglief. Auch mußten sich an einigen Akademien die Mitglieder verpflichten, nie über die großen Zusammenhänge zu sprechen, sondern sich nur mit den einzelnen Tatsachen abzugeben. Theoretische Überlegungen über die Natur galten daher nur der einzelnen Gruppe von Erscheinungen, nicht dem Zusammenhang des Ganzen. Eine theoretische Formel wurde mehr als eine Handlungsanweisung aufgefaßt – so wie etwa heutzutage im Taschenbuch für Ingenieure nützliche Formeln für die Knickfestigkeit von Stäben zu finden sind. Auch der bekannte Ausspruch von Newton, daß er sich vorkomme wie ein Kind, das am Meeresstrand spielt und sich freut, wenn es dann und wann einen glatteren Kiesel oder eine schönere Muschel als gewöhnlich findet, während der große Ozean der Wahrheit unerforscht vor ihm liegt, auch dieser Ausspruch drückt das Ethos der beginnenden neuzeitlichen Naturwissenschaft aus. Natürlich hat Newton in Wirklichkeit sehr viel mehr getan. Er hat für einen ganz großen Bereich von Naturerscheinungen die zugrunde liegende Gesetzmäßigkeit mathematisch formulieren können. Aber davon sollte man eben nicht reden.

In diesem Kampf gegen frühere Autorität und Aberglauben im Bereich der Naturwissenschaft ist man natürlich auch manchmal über das Ziel hinausgeschossen. So gab es zum Beispiel alte Berichte, die bezeugten, daß gelegentlich Steine vom Himmel fielen, und in einigen Klöstern und Kirchen wurden solche Steine als Reliquien aufbewahrt. Solche Berichte wurden im 18. Jahrhundert als Aberglauben beiseite geschoben und die Klöster aufgefordert, die wertlosen Steine wegzuwerfen. Die französische Akademie hat sogar einmal den ausdrücklichen Beschluß gefaßt, Mitteilungen über Steine, die vom Himmel gefallen seien, nicht mehr entgegenzunehmen. Selbst der Hinweis, daß in gewissen alten Sprachen das Eisen definiert ist als der Stoff, der gelegentlich vom Himmel fällt, vermochte die Akademie nicht von ihrem Beschluß abzubringen. Erst als dann bei einem größeren Meteorfall in der Nähe von Paris viele Tausende von kleinen Meteoreisensteinen niedergingen, mußte die Akademie ihren Widerstand aufgeben. Ich wollte das nur erzählen, um die geistige Haltung der beginnenden neuzeitlichen Naturwissenschaft zu charakterisieren; und wir alle wissen ja, welche Fülle von neuen Erfahrungen und wissenschaftlichen Fortschritten aus dieser Haltung erwachsen ist.

Die Positivisten versuchen nun, das Vorgehen der neuzeitlichen Naturwissenschaft mit einem philosophischen System zu begründen und gewissermaßen zu rechtfertigen. Sie weisen darauf hin, daß die Begriffe, die in der früheren Philosophie verwendet wurden, nicht den gleichen Grad von Präzision haben wie die Begriffe der Naturwissenschaft, und so meinen sie, daß die Fragen, die dort gestellt und erörtert wurden, häufig gar keinen Sinn hätten, daß es sich um Scheinprobleme handelte, mit denen man sich nicht beschäftigen sollte. Mit der Forderung, äußerste Klarheit in allen Begriffen anzustreben, kann ich mich natürlich einverstanden erklären; aber das Verbot, über die allgemeineren Fragen nachzudenken, weil es dort keine in diesem Sinne klaren Begriffe gebe, will mir nicht einleuchten; denn bei einem solchen Verbot könnte man auch die Quantentheorie nicht verstehen.«

»Wenn du sagst, daß man dann die Quantentheorie nicht mehr verstehen könnte«, fragte Wolfgang zurück, »meinst du damit, daß eben die Physik nicht nur aus Experimentieren und Messen auf der einen, einem mathematischen Formelapparat auf der anderen Seite bestehe, sondern daß an der Nahtstelle zwischen beiden echte Philosophie getrieben werden müsse? Das heißt, daß man dort unter Benützung der natürlichen Sprache versuchen müsse zu erklären, was bei diesem Spiel zwischen Experiment und Mathematik eigentlich geschieht. Ich vermute auch, daß alle Schwierigkeiten im Verständnis der Quantentheorie eben an dieser Stelle auftauchen, die von den Positivisten meist mit Stillschweigen übergangen wird; und zwar deswegen übergangen wird, weil man hier nicht mit so präzisen Begriffen operieren kann. Der Experimentalphysiker muß über seine Versuche reden können, und dabei verwendet er de facto die Begriffe der klassischen Physik, von denen wir schon wissen, daß sie nicht genau auf die Natur passen. Das ist das fundamentale Dilemma, und das darf man nicht einfach ignorieren.«

»Die Positivisten«, fügte ich ein, »sind ja außerordentlich empfindlich gegen alle Fragestellungen, die, wie sie sagen, einen vorwissenschaftlichen Charakter tragen. Ich erinnere mich an ein Buch von Philipp Frank über das Kausalgesetz, in dem einzelne Fragestellungen oder Formulierungen immer wieder abgetan werden mit dem Vorwurf, es handele sich um Relikte aus der Metaphysik, aus einer vorwissenschaftlichen oder animistischen Epoche des Denkens. So werden etwa die biologischen Begriffe ›Ganzheit‹ und ›Entelechie‹ als vorwissenschaftlich abgelehnt, und es wird der Beweis versucht, daß den Aussagen, in denen diese Begriffe gewöhnlich verwendet werden, keine nachprüfbaren Inhalte entsprechen. Das Wort ›Metaphysik‹ ist dort gewissermaßen nur noch ein Schimpfwort, mit dem völlig unklare Gedankengänge gebrandmarkt werden sollen.«

»Mit dieser Einengung der Sprache kann ich natürlich auch nichts anfangen«, nahm Niels wieder das Wort. »Du kennst doch das Schillersche Gedicht ›Spruch des Konfuzius‹, und du weißt, daß ich da besonders die Zeilen liebe ›Nur die Fülle führt zur Klarheit, und im Abgrund wohnt die Wahrheit‹. Die Fülle ist hier nicht nur die Fülle der Erfahrung, sondern auch die Fülle der Begriffe, der verschiedenen Arten, über unser Problem und über die Phänomene zu reden. Nur dadurch, daß man über die merkwürdigen Beziehungen zwischen den formalen Gesetzen der Quantentheorie und den beobachteten Phänomenen immer wieder mit verschiedenen Begriffen spricht, sie von allen Seiten beleuchtet, ihre scheinbaren inneren Widersprüche bewußt macht, kann die Änderung in der Struktur des Denkens bewirkt werden, die für ein Verständnis der Quantentheorie die Voraussetzung ist.

Es wird doch zum Beispiel immer wieder gesagt, daß die Quantentheorie unbefriedigend sei, weil sie nur eine dualistische Beschreibung der Natur mit den komplementären Begriffen ›Welle‹ und ›Teilchen‹ gestattete. Wer die Quantentheorie wirklich verstanden hat, würde aber gar nicht mehr auf den Gedanken kommen, hier von einem Dualismus zu sprechen. Er wird die Theorie als eine einheitliche Beschreibung der atomaren Phänomene empfinden, die nur dort, wo sie zur Anwendung auf die Experimente in die natürliche Sprache übersetzt wird, recht verschieden aussehen kann. Die Quantentheorie ist so ein wunderbares Beispiel dafür, daß man einen Sachverhalt in völliger Klarheit verstanden haben kann und gleichzeitig doch weiß, daß man nur in Bildern und Gleichnissen von ihm reden kann. Die Bilder und Gleichnisse, das sind hier im wesentlichen die klassischen Begriffe, also auch ›Welle‹ und ›Korpuskel‹. Die passen nicht genau auf die wirkliche Welt, auch stehen sie zum Teil in einem komplementären Verhältnis zueinander und widersprechen sich deshalb. Trotzdem kann man, da man bei der Beschreibung der Phänomene im Raum der natürlichen Sprache bleiben muß, sich nur mit diesen Bildern dem wahren Sachverhalt nähern.

Wahrscheinlich ist es doch bei den allgemeinen Problemen der Philosophie, insbesondere auch der Metaphysik, ganz ähnlich. Wir sind gezwungen, in Bildern und Gleichnissen zu sprechen, die nicht genau das treffen, was wir wirklich meinen. Wir können auch gelegentlich Widersprüche nicht vermeiden, aber wir können uns doch mit diesen Bildern dem wirklichen Sachverhalt irgendwie nähern. Den Sachverhalt selbst dürfen wir nicht verleugnen. ›Im Abgrund wohnt die Wahrheit.‹ Das bleibt eben genauso wahr, wie der erste Teil des Satzes.

Du sprachst vorher von Philipp Frank und seinem Buch über Kausalität. Auch Philipp Frank hat damals an dem Philosophenkongreß in Kopenhagen teilgenommen und einen Vortrag gehalten, in dem der Problemkreis Metaphysik, wie du erzählst, eigentlich nur als Schimpfwort oder wenigstens als Beispiel für unwissenschaftliche Denkweise vorkam. Ich mußte hinterher zu dem Vortrag Stellung nehmen und habe dann etwa folgendes gesagt:

Zunächst könne ich nicht recht einsehen, warum die Vorsilben Meta nur vor Begriffe wie Logik oder Mathematik gesetzt werden dürften – Frank hatte von Metalogik und Metamathematik gesprochen –, nicht aber vor den Begriff Physik. Das Präfix Meta soll doch nur andeuten, daß es sich um die Fragen handelt, die danach kommen, also die Fragen nach den Grundlagen des betreffenden Gebiets; und warum soll man nicht nach dem suchen dürfen, was sozusagen hinter der Physik kommt? Ich wolle aber lieber mit einem ganz anderen Ansatz beginnen, um meine eigene Stellung zu diesem Problem deutlich zu machen. Ich wolle fragen: ›Was ist ein Fachmann?‹ Viele würden vielleicht antworten, ein Fachmann sei ein Mensch, der sehr viel über das betreffende Fach weiß. Diese Definition könne ich aber nicht zugeben, denn man könne eigentlich nie wirklich viel über ein Gebiet wissen. Ich möchte lieber so formulieren: Ein Fachmann ist ein Mann, der einige der gröbsten Fehler kennt, die man in dem betreffenden Fach machen kann und der sie deshalb zu vermeiden versteht. In diesem Sinne würde ich also Philipp Frank einen Fachmann der Metaphysik nennen, da er sicher einige der gröbsten Fehler in der Metaphysik zu vermeiden weiß. – Ich bin nicht sicher, ob Frank ganz glücklich über dieses Lob war, aber ich meinte es nicht ironisch, sondern ganz ehrlich. Mir ist bei solchen Diskussionen vor allem wichtig, daß man nicht versuchen darf, den Abgrund, in dem die Wahrheit wohnt, einfach wegzureden. Man darf es sich an keiner Stelle zu leicht machen.«

Am Abend des gleichen Tages setzten Wolfgang und ich das Gespräch noch zu zweit fort. Die Luft war warm, es war die Zeit der hellen Nächte. Die Luft war warm, die Dämmerung dehnte sich fast bis zur Mitternacht aus, und die dicht unter dem Horizont wandernde Sonne tauchte die Stadt in ein gedämpftes bläuliches Licht. So entschlossen wir uns noch zu einem Spaziergang auf der Langen Linie, einem langgestreckten Kai am Hafen, an dem meist Schiffe liegen und entladen werden. Im Süden beginnt die Lange Linie etwa an der Stelle, bei der auf einem Felsen am Strand das Bronzeabbild der Kleinen Meerjungfrau aus Andersens Märchen sitzt, und im Norden endet sie mit einer ins Hafenbecken ausschwingenden Mole, auf der ein kleines Leuchtfeuer die Einfahrt bezeichnet. Wir sahen zunächst den im Dämmerlicht aus- und einfahrenden Schiffen nach, dann begann Wolfgang das Gespräch mit der Frage:

»Warst du eigentlich zufrieden mit dem, was Niels heute über die Positivisten gesagt hat? Ich hatte den Eindruck, daß du eigentlich den Positivisten gegenüber noch kritischer bist als Niels, oder genauer gesagt, daß dir ein ganz anderer Wahrheitsbegriff vorschwebt als den Philosophen dieser Richtung; und ich weiß nicht, ob Niels bereit wäre, auf den von dir angedeuteten Wahrheitsbegriff einzugehen.«

»Das weiß ich natürlich auch nicht. Niels ist ja noch in einer Zeit aufgewachsen, in der es einer großen Anstrengung bedurfte, um sich vom traditionellen Denken der bürgerlichen Welt des 19. Jahrhunderts, insbesondere auch von den Gedankengängen der christlichen Philosophie zu lösen. Da er diese Anstrengung geleistet hat, wird er sich immer scheuen, die Sprache der älteren Philosophie oder gar der Theologie ohne Vorbehalt zu benützen. Für uns ist das aber anders, weil wir nach zwei Weltkriegen und zwei Revolutionen wohl keine Anstrengung mehr brauchen, um uns von irgendwelchen Traditionen zu befreien. Mir würde es – aber darin sind wir ja auch mit Niels einig – völlig absurd vorkommen, wenn ich mir die Fragen oder die Gedankengänge der früheren Philosophien verbieten wollte, weil sie nicht in einer präzisen Sprache ausgedrückt worden sind. Ich habe zwar manchmal Schwierigkeiten zu verstehen, was mit diesen Gedankengängen gemeint ist, und ich versuche dann, sie in eine moderne Terminologie zu übersetzen und nachzusehen, ob wir jetzt neue Antworten geben können. Aber ich habe keine Hemmung, die alten Fragen wieder aufzugreifen, so wie ich auch keine Hemmung habe, die traditionelle Sprache einer der alten Religionen zu verwenden. Wir wissen, daß es sich bei der Religion um eine Sprache der Bilder und Gleichnisse handeln muß, die nie genau das darstellen können, was gemeint ist. Aber letzten Endes geht es wohl in den meisten alten Religionen, die aus einer Epoche vor der neuzeitlichen Naturwissenschaft stammen, um den gleichen Inhalt, den gleichen Sachverhalt, der eben in Bildern und Gleichnissen dargestellt werden soll und der an zentraler Stelle mit der Frage der Werte zusammenhängt. Die Positivisten mögen recht damit haben, daß es heute oft schwer ist, solchen Gleichnissen einen Sinn zu geben. Aber es bleibt doch die Aufgabe gestellt, diesen Sinn zu verstehen, da er offenbar einen entscheidenden Teil unserer Wirklichkeit bedeutet; oder ihn vielleicht in einer neuen

Sprache auszudrücken, wenn er in der alten nicht mehr ausgesprochen werden kann.«

»Wenn du über solche Fragen nachdenkst, dann versteht man ja sofort, daß du mit einem Wahrheitsbegriff nichts anfangen kannst, der von der Möglichkeit des Vorausrechnens ausgeht. Aber was ist nun dein Wahrheitsbegriff in der Naturwissenschaft? Du hast ihn vorhin in Bohrs Haus mit dem Vergleich von der Bahn des Flugzeugs angedeutet. Ich weiß nicht, wie du so einen Vergleich meinst. Was in der Natur soll der Absicht oder dem Auftrag des Piloten entsprechen?«

»Solche Wörter wie ›Absicht‹ oder ›Auftrag‹«, versuchte ich zu antworten, »stammen ja aus der menschlichen Sphäre und können für die Natur bestenfalls als Metaphern verstanden werden. Aber vielleicht können wir wieder mit unserem alten Vergleich zwischen der Astronomie des Ptolemäus und der Lehre von den Planetenbewegungen seit Newton weiterkommen. Vom Wahrheitskriterium des Vorausrechnens aus war die Ptolemäische Astronomie nicht schlechter als die spätere Newtonsche. Aber wenn wir heute Newton und Ptolemäus vergleichen, so haben wir doch den Eindruck, daß Newton die Bahn der Gestirne in seinen Bewegungsgleichungen umfassender und richtiger formuliert hat, daß er sozusagen die Absicht beschrieben hat, nach der die Natur konstruiert ist. Oder um ein Beispiel aus der heutigen Physik zu nehmen: Wenn wir lernen, daß die Erhaltungssätze, etwa für die Energie oder die Ladung, einen ganz universellen Charakter tragen, daß sie über alle Gebiete der Physik hinweg gelten und durch Symmetrieeigenschaften in den Grundgesetzen zustande kommen, so liegt es nahe zu sagen, daß diese Symmetrien entscheidende Elemente des Planes sind, nach dem die Natur geschaffen worden ist. Dabei bin ich mir völlig klar darüber, daß die Wörter ›Plan‹ und ›geschaffen‹ wieder aus der menschlichen Sphäre genommen sind und daher bestenfalls als Metaphern gelten können. Aber es ist ja auch begreiflich, daß die Sprache uns hier keine außermenschlichen Begriffe zur Verfügung stellen kann, mit denen wir näher an das Gemeinte herankommen können. Was soll ich also mehr über meinen naturwissenschaftlichen Wahrheitsbegriff sagen?«

»Ja, ja, die Positivisten können natürlich jetzt einwenden, daß du unklar daherschwafelst, und sie können stolz sein, daß ihnen so etwas nicht passieren kann. Aber wo ist mehr Wahrheit, im Unklaren oder im Klaren? Niels zitiert: ›Im Abgrund wohnt die Wahrheit‹. Aber gibt es einen Abgrund, und gibt es eine Wahrheit? Und hat dieser Abgrund etwas mit der Frage nach Leben und Tod zu tun?«

Das Gespräch stockte für kurze Zeit, weil im Abstand von wenigen hundert Metern ein großer Passagierdampfer an uns vorbeiglitt, der mit seinen vielen Lichtern in der hellblauen Dämmerung märchenhaft und fast unwirklich aussah. Ich träumte einige Augenblicke den menschlichen Schicksalen nach, die sich hinter den erleuchteten Kabinenfenstern abspielen mochten, dann verwandelten sich Wolfgangs Fragen in meiner Phantasie in Fragen über den Dampfer. Was war der Dampfer wirklich? War er eine Masse Eisen mit einer Kraftzentrale, einem elektrischen Leitungssystem und Glühbirnen? Oder war er der Ausdruck einer menschlichen Absicht, eine Gestalt, die sich als Ergebnis der zwischenmenschlichen Beziehungen gebildet hat? Oder war er die Folge der biologischen Naturgesetze, die als Objekt für ihre Gestaltungskraft diesmal nicht nur Eiweißmoleküle, sondern Stahl und elektrische Ströme verwendet hatten? Stellt das Wort ›Absicht‹ also nur den Reflex dieser gestaltenden Kraft oder der Naturgesetze im menschlichen Bewußtsein dar? Und was bedeutet das Wort ›nur‹ in diesem Zusammenhang?

Von hier wandte sich das Selbstgespräch wieder den allgemeineren Fragen zu. Ist es völlig sinnlos, sich hinter den ordnenden Strukturen der Welt im Großen ein »Bewußtsein« zu denken, dessen »Absicht« sie sind? Natürlich ist auch die so gestellte Frage eine Vermenschlichung des Problems, denn das Wort »Bewußtsein« ist ja aus menschlichen Erfahrungen gebildet. Also dürfte man diesen Begriff eigentlich nicht außerhalb des menschlichen Bereichs verwenden. Wenn man so stark einschränkt, würde es aber auch unerlaubt werden, zum Beispiel vom Bewußtsein eines Tieres zu reden. Man hat aber doch das Gefühl, daß eine solche Redeweise einen gewissen Sinn enthält. Man spürt, daß der Sinn des Begriffs »Bewußtsein« weiter und zugleich nebelhafter wird, wenn wir ihn außerhalb des menschlichen Bereichs anzuwenden suchen.

Für den Positivisten gibt es dann eine einfache Lösung: Die Welt ist einzuteilen in das, was man klar sagen kann, und das, worüber man schweigen muß. Also müßte man hier eben schweigen. Aber es gibt wohl keine unsinnigere Philosophie als diese. Denn man kann ja fast nichts klar sagen. Wenn man alles Unklare ausgemerzt hat, bleiben wahrscheinlich nur völlig uninteressante Tautologien übrig.

Die Gedankenkette wurde dadurch unterbrochen, daß Wolfgang das Gespräch wieder aufnahm.

»Du hast vorhin gesagt, daß dir auch die Sprache der Bilder und Gleichnisse nicht fremd sei, in der die alten Religionen sprechen, und daß du deshalb mit der Einschränkung der Positivisten nichts anfangen könntest. Du hast auch angedeutet, daß die verschiedenen Religionen mit ihren sehr verschiedenen Bildern nach deiner Ansicht schließlich fast den gleichen Sachverhalt meinen, der, so hast du formuliert, an zentraler Stelle mit der Frage nach den Werten zusammenhängt. Was hast du damit sagen wollen, und was hat dieser ›Sachverhalt‹, um deinen Ausdruck zu gebrauchen, mit deinem Wahrheitsbegriff zu tun?«

»Die Frage nach den Werten – das ist doch die Frage nach dem, was wir tun, was wir anstreben, wie wir uns verhalten sollen. Die Frage ist also vom Menschen und relativ zum Menschen gestellt; es ist die Frage nach dem Kompaß, nach dem wir uns richten sollen, wenn wir unseren Weg durchs Leben suchen. Dieser Kompaß hat in den verschiedenen Religionen und Weltanschauungen sehr verschiedene Namen erhalten: das Glück, der Wille Gottes, der Sinn, um nur einige zu nennen. Die Verschiedenheit der Namen weist auf sehr tiefgehende Unterschiede in der Struktur des Bewußtseins der Menschengruppen hin, die ihren Kompaß so genannt haben. Ich will diese Unterschiede sicher nicht verkleinern. Aber ich habe doch den Eindruck, daß es sich in allen Formulierungen um die Beziehungen der Menschen zur zentralen Ordnung der Welt handelt. Natürlich wissen wir, daß für uns die Wirklichkeit von der Struktur unseres Bewußtseins abhängt; der objektivierbare Bereich ist nur ein kleiner Teil unserer Wirklichkeit. Aber auch dort, wo nach dem subjektiven Bereich gefragt wird, ist die zentrale Ordnung wirksam und verweigert uns das Recht, die Gestalten dieses Bereichs als Spiel des Zufalls oder der Willkür zu betrachten. Allerdings kann es im subjektiven Bereich, sei es des Einzelnen oder der Völker, viel Verwirrung geben. Es können sozusagen die Dämonen regieren und ihr Unwesen treiben, oder um es mehr naturwissenschaftlich auszudrücken, es können Teilordnungen wirksam werden, die mit der zentralen Ordnung nicht zusammenpassen, die von ihr abgetrennt sind. Aber letzten Endes setzt sich doch wohl immer die zentrale Ordnung durch, das ›Eine‹, um in der antiken Terminologie zu reden, zu dem wir in der Sprache der Religion in Beziehung treten. Wenn nach den Werten gefragt wird, so scheint also die Forderung zu lauten, daß wir im Sinne dieser zentralen Ordnung handeln sollen – eben um die Verwirrung zu vermeiden, die durch abgetrennte Teilordnungen entstehen kann. Die Wirksamkeit des Einen zeigt sich schon darin, daß wir das Geordnete als das Gute, das Verwirrte und Chaotische als schlecht empfinden. Der Anblick einer von einer Atombombe zerstörten Stadt erscheint uns schrecklich; – aber wir freuen uns, wenn es gelungen ist, aus einer Wüste eine blühende, fruchtbare Landschaft zu entwickeln. In der Naturwissenschaft ist die zentrale Ordnung daran zu erkennen, daß man schließlich solche Metaphern verwenden kann wie ›die Natur ist nach diesem Plan geschaffen‹. Und an dieser Stelle ist mein Wahrheitsbegriff mit dem in den Religionen gemeinten Sachverhalt verbunden. Ich finde, daß man diese ganzen Zusammenhänge sehr viel besser denken kann, seit man die Quantentheorie verstanden hat. Denn in ihr können wir in einer abstrakten mathematischen Sprache einheitliche Ordnungen über sehr weite Bereiche formulieren; wir erkennen aber gleichzeitig, daß wir dann, wenn wir in der natürlichen Sprache die Auswirkungen dieser Ordnungen beschreiben wollen, auf Gleichnisse angewiesen sind, auf komplementäre Betrachtungsweisen, die Paradoxien und scheinbare Widersprüche in Kauf nehmen.«

»Ja, dieses Denkmodell ist durchaus verständlich«, erwiderte Wolfgang, »aber was meinst du damit, daß sich, wie du sagst, die zentrale Ordnung immer wieder durchsetzt? Diese Ordnung ist da, oder sie ist nicht da. Aber was soll durchsetzen heißen?«

»Damit meine ich etwas ganz Banales, nämlich zum Beispiel die Tatsache, daß nach jedem Winter doch wieder Blumen auf den Wiesen blühen und daß nach jedem Krieg die Städte wieder aufgebaut werden, daß also Chaotisches sich immer wieder in Geordnetes verwandelt.«

Wir gingen nun eine Zeitlang schweigend nebeneinander her und hatten bald das nördliche Ende der Langen Linie erreicht. Von dort setzten wir unseren Weg auf der ins Hafenbecken ausbiegenden schmalen Mole bis zu dem kleinen Leuchtfeuer fort. Im Norden zeigte immer noch ein heller rötlicher Streifen über dem Horizont an, daß die Sonne nicht allzu tief unter dieser Linie nach Osten wanderte. Die Konturen der Bauten im Hafenbecken waren in aller Schärfe zu erkennen. Als wir eine Weile am Ende der Mole gestanden hatten, fragte Wolfgang mich ziemlich unvermittelt:

»Glaubst Du eigentlich an einen persönlichen Gott? Ich weiß natürlich, daß es schwer ist, einer solchen Frage einen klaren Sinn zu geben, aber die Richtung der Frage ist doch wohl erkennbar.«

»Darf ich die Frage auch anders formulieren?« erwiderte ich. »Dann würde sie lauten: Kannst du, oder kann man der zentralen Ordnung der Dinge oder des Geschehens, an der ja nicht zu zweifeln ist, so unmittelbar gegenübertreten, mit ihr so unmittelbar in Verbindung treten, wie dies bei der Seele eines anderen Menschen möglich ist? Ich verwende hier ausdrücklich das so schwer deutbare Wort ›Seele‹, um nicht mißverstanden zu werden. Wenn du so fragst, würde ich mit Ja antworten. Und ich könnte, weil es ja auf meine persönlichen Erlebnisse hier nicht ankommt, an den berühmten Text erinnern, den Pascal immer bei sich trug und den er mit dem Wort ›Feuer‹ begonnen hatte. Aber dieser Text würde nicht für mich gelten.«

»Du meinst also, daß dir die zentrale Ordnung mit der gleichen Intensität gegenwärtig sein kann wie die Seele eines anderen Menschen?«

»Vielleicht.«

»Warum hast du hier das Wort ›Seele‹ gebraucht und nicht einfach vom anderen Menschen gesprochen?«

»Weil das Wort ›Seele‹ eben hier die zentrale Ordnung, die Mitte bezeichnet bei einem Wesen, das in seinen äußeren Erscheinungsformen sehr mannigfaltig und unübersichtlich sein mag.«

»Ich weiß nicht, ob ich da ganz mit dir gehen kann. Man darf seine eigenen Erlebnisse ja auch nicht überschätzen.«

»Sicher nicht, aber auch in der Naturwissenschaft beruft man sich ja auf die eigenen Erlebnisse oder auch auf die der anderen, über die uns glaubwürdig berichtet wird.«

»Vielleicht hätte ich nicht so fragen sollen. Aber ich will lieber wieder auf unser Ausgangsproblem zurückkommen, die positivistische Philosophie. Sie ist dir fremd, weil du dann, wenn du ihren Verboten genügen wolltest, von all den Dingen nicht sprechen könntest, von denen wir eben gesprochen haben. Aber würdest du daraus schließen, daß diese Philosophie mit der Welt der Werte überhaupt nichts zu tun hat? Daß es in ihr grundsätzlich keine Ethik geben kann?«

»Das sieht zunächst so aus, aber es ist hier wohl historisch umgekehrt. Dieser Positivismus, über den wir sprechen und der uns heute begegnet, ist ja aus dem Pragmatismus und aus der zu ihm gehörigen ethischen Haltung erwachsen. Der Pragmatismus hat den Einzelnen gelehrt, die Hände nicht untätig in den Schoß zu legen, sondern selbst Verantwortung zu übernehmen, sich um das Nächstliegende zu bemühen, ohne gleich an Weltverbesserung zu denken, und dort, wo die Kräfte reichen, tätig für eine bessere Ordnung im kleinen Bereich zu wirken. An dieser Stelle scheint mir der Pragmatismus sogar vielen der alten Religionen überlegen. Denn die alten Lehren verführen doch leicht zu einer gewissen Passivität, dazu, sich ins scheinbar Unvermeidliche zu fügen, wo man mit eigener Aktivität noch vieles bessern könnte. Daß man im Kleinen anfangen muß, wenn man im Großen bessern will, ist im Gebiet des praktischen Handelns doch sicher ein guter Grundsatz; und selbst in der Wissenschaft mag dieser Weg auf weiten Strecken richtig sein, wenn man nur den großen Zusammenhang nicht aus den Augen verliert. In Newtons Physik ist doch sicher beides wirksam gewesen, das sorgfältige Studium der Einzelheiten und der Blick auf das Ganze. Der Positivismus in seiner heutigen Prägung aber macht den Fehler, daß er den großen Zusammenhang nicht sehen will, daß er ihn – ich übertreibe vielleicht jetzt mit meiner Kritik – bewußt im Nebel halten will; zumindest ermutigt er niemanden, über ihn nachzudenken.«

»Deine Kritik am Positivismus ist mir, wie du weißt, durchaus verständlich. Aber du hast doch meine Frage noch nicht beantwortet. Wenn es in dieser aus Pragmatismus und Positivismus gemischten Haltung eine Ethik gibt – und du hast sicher recht, daß es sie gibt und daß man sie in Amerika und England dauernd am Werke sieht –, woher nimmt diese Ethik den Kompaß, nach dem sie sich richtet? Du hast behauptet, daß der Kompaß letzten Endes immer nur aus der Beziehung zur zentralen Ordnung komme; aber wo findest du diese Beziehung im Pragmatismus?«

»Hier halte ich es mit der These Max Webers, daß die Ethik des Pragmatismus letzten Endes aus dem Calvinismus, also aus dem Christentum stammt. Wenn man in dieser westlichen Welt fragt, was gut und was schlecht, was erstrebenswert und was zu verdammen ist, so findet man doch immer wieder den Wertmaßstab des Christentums auch dort, wo man mit den Bildern und Gleichnissen dieser Religion längst nichts mehr anfangen kann. Wenn einmal die magnetische Kraft ganz erloschen ist, die diesen Kompaß gelenkt hat – und die Kraft kann doch nur von der zentralen Ordnung her kommen –, so fürchte ich, daß sehr schreckliche Dinge passieren können, die über die Konzentrationslager und die Atombomben noch hinausgehen. Aber wir wollten ja nicht über diese düstere Seite unserer Welt sprechen, und vielleicht wird der zentrale Bereich inzwischen an anderer Stelle wieder von selbst sichtbar. In der Wissenschaft ist es jedenfalls so, wie Niels gesagt hat: Mit den Forderungen der Pragmatiker und Positivisten, Sorgfalt und Genauigkeit im Einzelnen und äußerste Klarheit in der Sprache, wird man sich gern einverstanden erklären. Ihre Verbote aber wird man übertreten müssen; denn wenn man nicht mehr über die großen Zusammenhänge sprechen und nachdenken dürfte, ginge auch der Kompaß verloren, nach dem wir uns richten können.«

Trotz der vorgerückten Stunde legte noch einmal ein kleines Boot an der Mole an, das uns zum Kongens Nytorv zurückbrachte, und von dort konnten wir Bohrs Haus leicht erreichen.

## Auseinandersetzungen in Politik und Wissenschaft (1956–1957)

Zehn Jahre nach dem Ende des Krieges waren die schlimmsten Zerstörungen beseitigt. Der Wiederaufbau war wenigstens in der westlichen Hälfte Deutschlands, in der Bundesrepublik, so weit fortgeschritten, daß auch an eine Beteiligung der deutschen Industrie an der sich entwickelnden Atomtechnik gedacht werden konnte. Im Herbst 1954 hatte ich im Auftrag der Bundesregierung an ersten Verhandlungen in Washington über die Wiederaufnahme derartiger Arbeiten in der Bundesrepublik teilgenommen. Die Tatsache, daß in Deutschland während des Krieges keine Versuche zur Konstruktion von Atombomben gemacht worden waren, obwohl die grundsätzlichen Kenntnisse dazu vorhanden waren, wirkte sich wohl günstig auf diese Verhandlungen aus. Jedenfalls wurde uns der Bau eines kleineren Atomreaktors zugestanden, und es sah so aus, als würden die Schranken für die friedliche Atomtechnik in Deutschland bald ganz fallen.

Unter diesen Umständen mußten auch in der Bundesrepublik die Weichen für die zukünftige Entwicklung auf diesem Gebiet gestellt werden. Die erste Aufgabe war naturgemäß der Bau eines Forschungsreaktors, an dem die Physiker und die Ingenieure, allgemeiner die deutsche Industrie, die technischen Probleme dieses neuen Gebiets kennenlernen konnten. Es lag nahe, der von Karl Wirtz geleiteten Abteilung unseres Göttinger Max-Planck-Instituts für Physik eine wichtige Rolle in diesem Projekt zuzuweisen. Denn hier lagen noch die ganzen Erfahrungen aus der Reaktorentwicklung während des Krieges vor, und hier waren auch, soweit möglich, die späteren Fortschritte aus der Literatur oder auf wissenschaftlichen Tagungen verfolgt worden. Daher wurde ich damals von Adenauer häufiger zu Verhandlungen mit Behörden oder mit der Industrie zugezogen, um mit dafür zu sorgen, daß die ersten Pläne auch von wissenschaftlichen Gesichtspunkten aus den sachlichen Notwendigkeiten entsprächen. Es war mir eine neue, wenn auch nicht unerwartete Erfahrung, daß selbst in einem demokratisch regierten Staatswesen mit geordneten Rechtsformen solche wichtigen Entscheidungen wie die über die Anfänge der neuen Atomtechnik nicht nach den Gesichtspunkten der sachlichen Zweckmäßigkeit allein gefällt werden können; daß es sich vielmehr auch um einen komplizierten Ausgleich von Einzelinteressen handelt, die schwer zu durchschauen sind und die oft der sachlichen Zweckmäßigkeit im Wege stehen. Es wäre auch ungerecht, den Politikern daraus einen Vorwurf machen zu wollen. Die Harmonisierung widerstreitender Interessen zu einer funktionierenden Lebensgemeinschaft gehört ja im Gegenteil zu ihren wichtigsten Aufgaben, deren Erfüllung man ihnen nach Möglichkeit erleichtern muß. Im Ausgleich wirtschaftlicher oder politischer Interessen war ich allerdings ungeübt, daher konnte ich zu solchen Verhandlungen weniger beitragen, als ich gehofft hatte.

In den Gesprächen, die ich in jener Zeit oft mit meinen nächsten Mitarbeitern führte, hatte ich mir die Vorstellung gebildet, es würde zweckmäßig sein, den ersten für technische Ziele bestimmten Forschungsreaktor in unmittelbarer Nähe unseres Instituts zu errichten. Zu diesem Zwecke müßte wohl für das Institut und die später sich erweiternden technischen Einrichtungen an neuer Stelle ein größeres Gelände gesucht werden, und ich plädierte für einen Standort in der Nähe von München. Bei meinem Vorschlag spielten zugestandenermaßen auch persönliche Motive eine Rolle, da ich aus meiner Jugend- und Studentenzeit alte Bindungen an die Stadt hatte. Aber auch unabhängig davon schien mir die Nähe eines solch wichtigen und der modernen Welt aufgeschlossenen Kulturzentrums wie München für die Institutsarbeit eine günstige Voraussetzung. Andererseits sprach für eine enge Zusammenarbeit zwischen dem Institut und dem neu zu gründenden Zentrum für Atomtechnik die Überlegung, daß so die Erfahrungen des Instituts aus der Kriegszeit am besten ausgenützt werden könnten und daß die für solche Aufgaben ausgebildete Mannschaft unseres Instituts wirklich Atomtechnik treiben wollte, also nicht in Versuchung geraten konnte, die großen Mittel des technischen Zentrums für andere Zwecke verwenden zu wollen. Ich bemerkte aber bald, daß die einflußreichsten Vertreter der Industrie kein rechtes Interesse für eine derartige technische Entwicklung in Bayern bekundeten; sie nahmen zu Recht oder zu Unrecht an, daß die Voraussetzungen in Baden-Württemberg günstiger seien, und daher fiel die Wahl schließlich auf Karlsruhe. Merkwürdigerweise wurde aber für unser Max-Planck-Institut ein Neubau in München vorgesehen, dessen Errichtung die bayerische Landesregierung erfreulicherweise angeboten hatte. Karl Wirtz wurde gebeten, mit seiner in der Reaktortechnik ausgebildeten Mannschaft aus dem Institut auszuscheiden und nach Karlsruhe überzusiedeln. Carl Friedrich erhielt einen Ruf als Professor der Philosophie an die Universität Hamburg.

Mir war nicht recht wohl bei diesen Entscheidungen, die zwar meine persönlichen Wünsche hinsichtlich des Standortes München berücksichtigten, aber die sachlichen Gründe für die Entwicklung der Atomtechnik in der Nähe unseres Instituts ignorierten. Ich war betrübt darüber, daß die langjährige enge Zusammenarbeit mit Carl Friedrich und Karl Wirtz nunmehr ein Ende finden würde, und ich machte mir Sorgen, ob das in Karlsruhe neu zu errichtende Zentrum für friedliche Atomtechnik sich auf die Dauer dem Zugriff derer würde entziehen können, die so große Mittel lieber für andere Zwecke verwenden wollten. Es beunruhigte mich, daß für die Menschen, die hier die wichtigsten Entscheidungen zu treffen hatten, die Grenzen zwischen friedlicher Atomtechnik und atomarer Waffentechnik ebenso fließend waren wie die zwischen Atomtechnik und atomarer Grundlagenforschung.

Diese Besorgnisse wurden noch dadurch verstärkt, daß zwar nicht in der deutschen Bevölkerung, wohl aber gelegentlich in Kreisen der Politik oder der Wirtschaft die Meinung laut wurde, eine atomare Bewaffnung sei eben in unserer Welt eines der üblichen Mittel zur Sicherung gegen äußere Bedrohung und daher auch für die Bundesrepublik nicht auszuschließen. Im Gegensatz dazu war ich ebenso wie die meisten meiner Freunde überzeugt, daß eine atomare Bewaffnung die außenpolitische Stellung der Bundesrepublik nur schwächen, daß wir uns also mit einem Streben nach Atomwaffen in irgendeiner Form nur schaden könnten. Denn das Entsetzen über die Handlungen unserer Landsleute in den Jahren des Krieges war noch viel zu verbreitet, um Atomwaffen in deutschen Händen zuzulassen. In den verschiedenen Unterredungen, die ich in jener Zeit mit dem Bundeskanzler führte, schien mir Adenauer auch durchaus dem Argument zugänglich, daß in den Fragen der Bewaffnung die Bundesrepublik immer nur das Minimum dessen tun sollte, was von ihr durch ihre Bundesgenossen verlangt würde. Aber auch hier handelte es sich natürlich um den Ausgleich sehr verschiedener und schwer vereinbarer Interessen.

Unter meinen Freunden war es vor allem Carl Friedrich, der immer wieder auf dieses Thema zurückkam und der auch später die Initiative zu einem politischen Schritt ergriffen hat. Vielleicht hat eines unserer vielen Gespräche mit meiner Frage an Carl Friedrich begonnen: »Wie beurteilst du eigentlich die Zukunft unseres Instituts? Mir macht es Sorge, daß die atomtechnischen Arbeiten von unserem Institut ganz getrennt werden sollen. Natürlich gibt es sonst noch genug wissenschaftliche Aufgaben. Aber wer will denn diese Trennung? War es nur mein vielleicht etwas egoistischer Vorschlag München, der die Trennung bewirkt hat? Oder gibt es sachliche Gründe dafür, das zukünftige Zentrum für friedliche Atomtechnik getrennt von der Max-Planck-Gesellschaft entstehen zu lassen?«

»In solchen halb politischen Fragen«, meinte Carl Friedrich, »ist das Wort ›sachlich‹ nur schwer zu definieren. Eine derartige technische Entwicklung hat ja erhebliche wirtschaftliche Veränderungen zur Folge an der Stelle, die als Standort gewählt wird. Viele Menschen werden dort ihre Arbeit erhalten, für sie werden vielleicht neue Siedlungen erbaut werden, die Industrie, die sich mit der Energieerzeugung und Weiterverwendung befaßt, wird dort neue Einrichtungen und Aufträge erhalten. Es sind also durchaus ›sachliche‹ Gründe, die es einer Stadt oder einem Land wünschenswert erscheinen lassen, als Standort für eine solche Entwicklung bestimmt zu werden. Man wird hier – ähnlich wie wir es bei unserem Gespräch in Farm-Hall für die Atombomben erörtert haben – die Entscheidung über die Entwicklungsstätte für die friedliche Atomtechnik als Teil der Planung für die ganze wirtschaftlich-technische Entwicklung der Bundesrepublik sehen müssen; es genügt nicht zu fragen, wo man am schnellsten zu funktionierenden Reaktoren kommt. Man wird andere Gründe gelten lassen, die aus dem Zusammenwirken des Ganzen abgeleitet sind.«

»Solche Gründe wird man wohl anerkennen müssen; und du meinst, sie haben hier die Hauptrolle gespielt?« fragte ich zurück.

»Das weiß ich nicht, und hier fangen meine eigentlichen Besorgnisse an. Wie du aus vielen Besprechungen weißt, ist es für die meisten Außenstehenden schwer, eine scharfe Grenze der geplanten Entwicklung gegen die Waffentechnik einerseits, gegen die Grundlagenforschung andererseits zu ziehen. Es wird also – aber das ist vielleicht nicht allzu wichtig – Bestrebungen geben, Gebiete der Grundlagenforschung, die gar nicht unmittelbar mit dieser technischen Entwicklung zu tun haben, in das neue Zentrum einzubeziehen, und es könnte – und das ist viel gefährlicher – andere Bestrebungen geben, bei der friedlichen Atomtechnik doch auch schon an spätere waffentechnische Anwendungen zu denken, zum Beispiel im Zusammenhang mit der Gewinnung von Plutonium. Karl Wirtz wird sicher die äußersten Anstrengungen machen, hier die Linie der ausschließlich friedlichen Atomtechnik ohne Kompromisse durchzuhalten. Aber es könnte da starke Kräfte in anderer Richtung geben, gegen die sich ein Einzelner kaum durchsetzen kann. Wir sollten versuchen, von unserer Regierung eine bindende Erklärung dafür zu erhalten, daß eine Produktion von Atomwaffen nicht angestrebt wird. Aber eine Regierung neigt begreiflicherweise dazu, sich möglichst viele Wege offenzuhalten. Sie wird sich kaum die Hände binden lassen. Man könnte auch an eine öffentliche Erklärung denken. Aber haben solche Aufrufe irgendeine Bedeutung? Du hast doch im vergangenen Jahr bei einer Erklärung mitgewirkt, die von einer Reihe von Physikern auf der Insel Mainau unterzeichnet worden ist. Warst du damit zufrieden?«

»Ich habe zwar dabei mitgetan, aber im Grunde hasse ich solche Kundgebungen. Wenn man öffentlich ausspricht, daß man für den Frieden und gegen die Atombombe sei, so ist das doch dummes Geschwätz. Denn jeder Mensch, der seine gesunden fünf Sinne beieinander hat, ist von selbst für den Frieden und gegen die Atombombe und braucht dazu keine Erklärung von Wissenschaftlern. Die Regierungen werden solche Kundgebungen in ihren politischen Kalkül einbeziehen, sie werden selbst für den Frieden und gegen die Atombombe sein und nur im Nebensatz hinzufügen, daß natürlich ein Friede gemeint sei, der für das eigene Volk günstig und ehrenvoll ist, und daß es sich vor allem um die verwerflichen Atombomben der anderen handle. Damit ist doch gar nichts gewonnen.«

»Immerhin wird die Bevölkerung wieder daran erinnert, wie absurd ein Krieg mit Atomwaffen wäre. Wenn eine solche Warnung nicht vernünftig wäre, hättest du die Erklärung von der Mainau wohl kaum unterschrieben.«

»Meinetwegen; aber je allgemeiner und unverbindlicher eine solche Erklärung ist, desto weniger bewirkt sie.«

»Gut, wir müßten uns eben etwas Besseres einfallen lassen, wenn wir erreichen wollen, daß bei uns wirklich etwas Neues versucht wird.«

»Die alte Politik: Wirtschaftliche und politische Macht, Erpressung durch Drohung mit den Waffen, gilt bei den meisten, insbesondere außerhalb Deutschlands, immer noch als realistisch, auch wo sie längst das Gegenteil davon geworden ist. Ich habe neulich von einem Mitglied unserer Bundesregierung das Argument gehört, wenn Frankreich über Atomwaffen verfügt, sollte die Bundesrepublik doch auch das gleiche verlangen können. Ich habe natürlich sofort widersprochen. Aber das erschreckende an diesem Argument war für mich nicht das angestrebte Ziel, sondern die Voraussetzung. Es wurde als selbstverständlich unterstellt, daß der Besitz von Atomwaffen für uns ein politischer Vorteil sei, und nur gefragt, wie man dieses vorteilhafte Ziel erreichen könnte. Ich fürchte, der Vertreter dieser Meinung hätte jeden, der anders denkt, der nämlich die Voraussetzung selbst anzweifelt, für einen hoffnungslosen Schwärmer gehalten – oder bestenfalls für einen durchtriebenen Gauner, der andere politische Ziele verfolgt als er angibt, nämlich zum Beispiel die Angliederung der Bundesrepublik an Rußland.«

»Jetzt übertreibst du, weil du dich geärgert hast. Die Politik unserer Bundesregierung ist sicher vernünftiger, und es gibt ja auch viele Zwischenstadien zwischen einer eigenen atomaren Bewaffnung und einer völligen Passivität, einem Verlaß nur auf die Hilfe der anderen. Immerhin, wir müssen alles tun, was in unseren Kräften steht, um hier eine Entwicklung in falscher Richtung zu verhindern.«

»Das wird sehr schwierig sein. Wenn ich etwas aus der Entwicklung in den letzten Monaten gelernt habe, so ist es dies, daß man nicht beides, Politik und Wissenschaft, gleichzeitig gut machen kann. Jedenfalls reichen bei mir dazu die Kräfte nicht. Das ist ja auch nicht unvernünftig. Es zählt immer nur der ganze Einsatz, bei den Politikern wie in der Wissenschaft; der halbe gilt nichts. Also werde ich wohl versuchen, mich wieder ganz in die Wissenschaft zurückzuziehen.«

»Damit würdest du nicht das Richtige tun. Die Politik ist nicht nur ein Beruf für Spezialisten und Fachleute, sondern, wenn wir ähnliche Katastrophen wie 1933 verhindern wollen, auch eine Verpflichtung für jedermann. Du darfst dich da nicht drücken, besonders wenn es um die Auswirkung der Atomphysik geht.«

»Gut, wenn du meine Hilfe brauchen kannst, will ich dabeisein.«

Im Sommer 1956, in dem diese Gespräche geführt wurden, fühlte ich mich müde und hatte das Empfinden, an den Rand meiner Kräfte gelangt zu sein. Unter anderem bedrückte mich eine wissenschaftliche Kontroverse mit Wolfgang Pauli, den ich in einer mir sehr wichtigen wissenschaftlichen Frage nicht von meinen Ansichten überzeugen konnte. Ich hatte auf der Tagung in Pisa, ein Jahr vorher, recht unkonventionelle Vorschläge für die mathematische Struktur einer Theorie der Elementarteilchen gemacht, die Wolfgang nicht gutheißen wollte. Wolfgang hatte selbst verwandte Möglichkeiten an einem mathematischen Modell untersucht, das der ausgezeichnete amerikanisch-chinesische Physiker Lee entworfen hatte, und war zu dem Schluß gekommen, daß es sich hier um ein Suchen in der falschen Richtung handeln müsse. Das konnte ich ihm nicht glauben. Wolfgang kritisierte mich also mit der bei ihm in solchen Fällen üblichen Schärfe.

»Diese Bemerkungen«, so schrieb er in einem Brief aus Zürich, »sollen hauptsächlich den Nachweis erbringen, daß du zur Zeit der Pisa-Konferenz so gut wie nichts von deinen eigenen Arbeiten verstanden hast.«

Ich war zunächst zu erschöpft, um das hier aufgeworfene schwierige mathematische Problem mit voller Kraft anzugehen, und beschloß, eine längere Erholungspause einzulegen.

Für die Ferien zog ich daher mit meiner ganzen Familie nach Liscleje, einem kleinen Badeort auf der Insel Sjaelland in Dänemark, in ein Landhaus, das nur etwa 10 km von Bohrs Sommerhaus in Tisvilde entfernt lag. Ich wollte noch einmal die Gelegenheit benutzen, viel mit Niels zusammenzusein, ohne doch seine Gastfreundschaft in Anspruch nehmen zu müssen. Das waren glückliche Wochen. Die gegenseitigen Besuche verscheuchten die Müdigkeit und gaben Gelegenheit, die Verbindung zwischen der vergangenen gemeinsamen Zeit und der inzwischen veränderten Welt herzustellen. Auf die schwierige mathematische Kontroverse, die ich mit Wolfgang auszufechten hatte, wollte Niels begreiflicherweise nicht eingehen. Er fühlte sich für Fragen, die mehr mathematischer als physikalischer Natur waren, nicht zuständig. Aber mit den philosophischen Gesichtspunkten, die ich der Physik der Elementarteilchen zugrunde legen wollte, war er einverstanden, und er ermutigte mich, in der eingeschlagenen Richtung weiterzugehen.

Wenige Wochen nach der Rückkehr von Dänemark erkrankte ich schwer und mußte für längere Zeit das Bett hüten. An Arbeiten war zunächst nicht zu denken, und auch die politischen Diskussionen, die Carl Friedrich mit den anderen Freunden über unsere Wünsche an die Regierung führte, konnte ich nur von ferne verfolgen. Am ersten Tag, an dem ich das Bett wieder verlassen konnte – es war inzwischen Ende November geworden –, fand in meinem Haus eine Besprechung der »18 Göttinger«, wie es später hieß, statt, in der ein Brief an den damaligen

Verteidigungsminister, früheren Atomminister Strauß formuliert und beschlossen wurde. Wenn wir auf diesen Brief keine uns befriedigende Antwort erhielten, wollten wir, so hatten wir geschrieben, uns das Recht vorbehalten, mit unseren Ansichten zur Frage der atomaren Bewaffnung an die Öffentlichkeit zu treten. Ich war froh, daß Carl Friedrich zu diesem Schritt die Initiative ergriffen hatte; denn ich konnte einstweilen nur zusehen und höchstens mit dem halben Einsatz dabeisein.

In den folgenden Wochen, in denen die Kräfte nur langsam wiederkehren wollten, versuchte ich, die Kontroverse mit Wolfgang zu einer Entscheidung zu führen. Es handelte sich um den Vorschlag, zur Formulierung der Naturgesetze für die Elementarteilchen den mathematischen Raum zu erweitern, der seit der Quantenmechanik für solche Zwecke benutzt wurde und der von den Physikern etwas ungenau als »Hilbert-Raum« bezeichnet wird. Die Anregung, diesen Raum dadurch zu erweitern, daß man eine etwas allgemeinere Metrik als in der Quantenmechanik zuließ, war schon 13 Jahre vorher von Paul Dirac gegeben worden. Aber Wolfgang hatte damals nachgewiesen, daß dann die Größen, die man in der Quantenmechanik als Wahrscheinlichkeiten interpretieren muß, gelegentlich auch negative Werte annehmen können, daß eine solche Mathematik also nicht mehr vernünftig physikalisch interpretiert werden kann. Wolfgang hatte etwa zur Zeit der Konferenz von Pisa an dem von Lee vorgeschlagenen Modell seine Einwände mathematisch bis in die Einzelheiten vorgeführt. In meinem Vortrag in Pisa hatte ich im Gegensatz dazu den Diracschen Vorschlag wieder aufgegriffen und behauptet, daß man in besonderen Fällen, die ich beschrieb, Wolfgangs Einwänden entgehen könnte. Das wurde mir von Wolfgang begreiflicherweise nicht geglaubt.

Ich nahm mir also vor, mit Wolfgangs eigenen mathematischen Methoden wieder unter Benutzung des Leeschen Modells nachzuweisen, daß man in den von mir genannten besonderen Fällen den Schwierigkeiten entgehen könnte. Erst Ende Januar war ich soweit, daß ich den Beweis in einem Brief an Wolfgang genauer formulieren konnte. Gleichzeitig wurde allerdings auch mein Gesundheitszustand wieder so schlecht, daß der Arzt mir riet, Göttingen zu verlassen und mich in Ascona am Lago Maggiore von Elisabeth pflegen zu lassen, um mich gründlich zu kurieren. Der Briefwechsel, den ich dann von Ascona aus mit Wolfgang führte, ist mir auch jetzt noch in schrecklichster Erinnerung. Denn es wurde von beiden Seiten erbittert gekämpft und mit äußerster mathematischer Anstrengung um Klarheit gerungen. Mein Beweis war am Anfang noch nicht in allen Punkten durchsichtig, und Wolfgang konnte nicht verstehen, worauf ich hinauswollte. Immer wieder versuchte ich, meine Überlegungen in aller Ausführlichkeit darzustellen, und immer wieder war Wolfgang empört, daß ich seine Einwände nicht akzeptieren konnte. Schließlich verlor er beinahe die Geduld und schrieb: »Das war ein schlimmer Brief von Dir. Fast alles darin halte ich für hoffnungslos falsch... Du wiederholst nur Deine fixen Ideen bzw. faulen Schlüsse, so als ob ich Dir nie geschrieben hätte. Auf diese Weise habe ich nur Zeit verloren, und ich muß unsere Diskussion jetzt unterbrechen...« Aber ich konnte hier nicht nachgeben, und obwohl meine Krankheit immer wieder aufflackerte und Schwindelanfälle und Depressionen hervorrief, wollte ich bis zur völligen Klarheit durchdringen. Schließlich gelang es mir, nach fast sechs Wochen äußerster Anspannung in Wolfgangs Verteidigung eine Bresche zu schlagen. Er verstand, daß ich mich nicht für die allgemeinste Lösung des gestellten mathematischen Problems interessieren wollte, sondern nur für eine spezielle Schar von Lösungen, und daß ich nur für diese spezielle Schar behauptete, man könne sie physikalisch interpretieren. Damit war der erste Schritt zur Einigung getan, und nach der Durcharbeitung verschiedener mathematischer Einzelheiten waren wir schließlich beide überzeugt, das Problem voll verstanden zu haben. Das unkonventionelle mathematische Schema, das ich der Theorie der Elementarteilchen zugrunde legen wollte, enthielt also jedenfalls keine unmittelbar erkennbaren inneren Widersprüche. Freilich war damit noch nicht bewiesen, daß es wirklich brauchbar war. Aber es gab andere Gründe dafür zu glauben, daß die Lösung an dieser Stelle gesucht werden müsse, und ich konnte nun in der einmal eingeschlagenen Richtung weiterarbeiten. Auf dem Rückweg von Ascona mußte ich mich noch einmal in der Universitätsklinik in Zürich gründlich untersuchen lassen. Ich benützte die Gelegenheit zu einer Begegnung mit Wolfgang, die nun ganz friedlich verlief, so daß Wolfgang am Schluß nur »langweilige Einigkeit« feststellte. Damit war die »Schlacht von Ascona«, wie wir später im Scherz unsere brieflichen Diskussionen nannten, zum Abschluß gekommen und entschieden.

Die folgenden Wochen verbrachte ich in Urfeld in unserer alten Walchenseeheimat und erholte mich dort sehr viel rascher als vorher in Ascona. Bei der Rückkehr nach Göttingen erfuhr ich, daß die politischen Diskussionen über die Frage der Atombewaffnung einer Krise zutrieben. Die Bundesregierung hatte sich uns Physikern gegenüber nicht auf einen bestimmten Kurs in der Frage der atomaren Bewaffnung festlegen lassen. Das war zwar verständlich, erhöhte aber unsere Sorge, daß die falsche Richtung eingeschlagen werden könnte. Dann aber hatte Adenauer in einer öffentlichen Rede davon gesprochen, daß Atomwaffen im Grunde nur eine Verbesserung und Verstärkung der Artillerie darstellten, daß es sich gegenüber der konventionellen Bewaffnung also nur um einen Gradunterschied handelte. Eine solche Darstellung schien uns das Maß des Erträglichen weit zu überschreiten. Denn sie mußte fast zwangsläufig der deutschen Bevölkerung ein völlig falsches Bild von der Wirkung der Atomwaffen vermitteln. Wir fühlten uns also verpflichtet zu handeln, und Carl Friedrich meinte, wir sollten eine öffentliche Erklärung abgeben.

Wir waren uns aber schnell darüber einig, daß es sich hier nicht um eine allgemeine wohlgemeinte Kundgebung für den Frieden und gegen die Atombombe handeln dürfe. Vielmehr mußten wir uns ganz bestimmte Ziele setzen, die unter den gegebenen Umständen auch wahrscheinlich erreicht werden konnten. Zwei Ziele boten sich von selbst dar. Erstens mußte die deutsche Bevölkerung über die Wirkung der Atomwaffen voll aufgeklärt werden, jeder Beschwichtigungs- oder Beschönigungsversuch mußte verhindert werden. Zweitens mußte eine veränderte Stellung der Bundesregierung zur Frage der atomaren Bewaffnung angestrebt werden. Daher durfte sich die Erklärung nur auf die Bundesrepublik beziehen, und wir mußten mit aller Deutlichkeit aussprechen, daß der Besitz atomarer Waffen für die Bundesrepublik keine Erhöhung der Sicherheit, sondern eine Gefährdung bedeuten würde. Wie andere Regierungen oder Völker über die Atomwaffen dächten, sollte uns in diesem Zusammenhang weitgehend gleichgültig sein. Schließlich glaubten wir, daß es unserer Erklärung Nachdruck verleihen könnte, wenn wir uns auch als Personen verpflichteten, jede Mitarbeit an atomarer Bewaffnung abzulehnen. Eine solche Weigerung lag für uns schon deshalb nahe, weil wir ja auch im Krieg – allerdings mit viel Glück – um die Mitarbeit an atomarer Bewaffnung herumgekommen waren. Carl Friedrich besprach die Einzelheiten mit unseren Freunden. Ich wurde, da ich noch immer schonungsbedürftig war, von den meisten Zusammenkünften dispensiert. Der Text der Erklärung wurde dann von

Carl Friedrich entworfen und nach Verbesserungen in gemeinsamer Besprechung von allen 18 Göttinger Physikern gutgeheißen.

Der Wortlaut wurde am 16. April 1957 in der Presse publiziert und hatte offenbar eine starke Wirkung in der Öffentlichkeit. Dem ersten unserer Ziele schienen wir schon nach wenigen Tagen nahegekommen zu sein, da von keiner Seite ernstlich versucht wurde, die Wirkung der Atomwaffen zu bagatellisieren. Die Haltung der Bundesregierung war uneinheitlich. Adenauer schien betroffen über eine Aktion, die den von ihm sorgfältig überlegten Kurs zu stören drohte, und er bat einige von uns Göttingern, darunter auch mich, zu einer Besprechung nach Bonn. Ich sagte ab, weil ich mir nicht vorstellen konnte, daß neue Gesichtspunkte zu einer Annäherung der Standpunkte führen könnten, und da ich mir auch aus gesundheitlichen Gründen noch keine harte Auseinandersetzung glaubte leisten zu können. Adenauer rief mich an, um mich umzustimmen, und es entspann sich eine lange politische Auseinandersetzung, die mir, wie ich glaube, in ihren wesentlichen Punkten in Erinnerung geblieben ist.

Adenauer wies zunächst darauf hin, daß wir uns doch bisher in allen grundsätzlichen Fragen gut verstanden hätten, daß für die friedliche Atomtechnik in der Bundesrepublik viel getan worden sei und daß unser Göttinger Aufruf wohl weitgehend auf Mißverständnissen beruhe. Er glaube also ein Recht darauf zu haben, daß wir uns die Argumente sorgfältig anhörten, die ihn veranlaßt hätten, sich in den Fragen der atomaren Bewaffnung einen freieren Spielraum bewahren zu wollen. Er glaube auch, daß es dann, wenn wir diese Argumente kennen lernten, schnell zu einer Einigung kommen werde, und es läge ihm viel daran, daß diese Einigung dann auch in der Öffentlichkeit bekannt würde. Ich erwiderte, ich sei krank gewesen und fühle mich einer Auseinandersetzung über so kritische Fragen, wie die atomare Bewaffnung, noch nicht gewachsen. Ich glaube auch nicht, daß eine Annäherung so leicht zustande kommen könnte. Denn die Argumente, die uns mitgeteilt werden sollten, könnten sich doch wohl kaum auf etwas anderes beziehen als auf die bisherige militärische Schwäche der Bundesrepublik, auf den Grad der russischen Überlegenheit und auf die Unbilligkeit, die darin läge, von den Amerikanern die Verteidigung der Bundesrepublik zu erwarten, wenn wir selbst nicht bereit wären, erhebliche Opfer dafür zu bringen. Diese Argumente aber hätten wir uns gründlich überlegt. Vielleicht wüßten wir auch besser als viele unserer

Landsleute über die Stimmung uns Deutschen gegenüber in Ländern wie England und Amerika Bescheid. Ich könne nach meinen Reisen in den vergangenen Jahren nicht daran zweifeln, daß jede atomare Bewaffnung der Bundeswehr zu einem Sturm von Protesten, besonders in Amerika, führen müßte und daß die daraus resultierende Verschlechterung des ohnehin noch sehr labilen politischen Klimas jeden militärischen Vorteil weit überkompensieren würde.

Adenauer antwortete, er wisse, daß wir Physiker Idealisten seien, die sich auf die guten Kräfte in den Menschen verlassen wollten und jede Gewaltanwendung verabscheuten. Er wäre auch sehr einverstanden gewesen, wenn wir einen allgemeinen Appell an alle Menschen gerichtet hätten, die atomare Bewaffnung zu unterlassen und sich um die Beilegung aller Interessenkonflikte mit friedlichen Mitteln zu bemühen. Das sei ja auch sein Wunsch. Bei dem aber, was wir geschrieben hätten, sehe es beinahe so aus, als hätten wir es geradezu auf eine Schwächung der Bundesrepublik abgesehen. Jedenfalls könne sich unser Aufruf so auswirken.

Gegen diesen Vorwurf setzte ich mich sehr energisch, fast zornig zur Wehr. Ich hoffte, sagte ich, daß wir gerade in diesem Falle nicht als Idealisten, sondern als nüchterne Realisten gehandelt hätten. Wir seien überzeugt, daß jede atomare Bewaffnung der Bundeswehr zu einer gefährlichen Schwächung der politischen Stellung der Bundesrepublik führen müßte, daß also gerade die Sicherheit, an der ihm mit Recht so viel gelegen sei, durch eine atomare Bewaffnung aufs äußerste gefährdet würde. Ich glaube, daß wir in einer Zeit leben, in der sich die Fragen der Sicherheit ebenso radikal veränderten, wie etwa beim Übergang vom Mittelalter in die Neuzeit, und man müsse sich in diese Veränderung erst gründlich hineindenken, bevor man leichtfertig den alten Denkmustern folgen dürfe. Es sei die Absicht unseres Aufrufs gewesen, eine Besinnung in dieser Richtung herbeizuführen und zu verhindern, daß aus taktischen Überlegungen alten Stils jetzt Weichen falsch gestellt würden.

Es fiel Adenauer schwer, auf meine Argumente einzugehen, und er empfand es als unbillig, daß eine kleine Gruppe von Menschen, in diesem Fall die Atomphysiker, sich anmaßte, in wohlüberlegte Planungen einzugreifen, die sich nach den Interessen großer politischer Gemeinschaften richten mußten. Gleichzeitig spürte er aber wohl auch aus der Wirkung unserer Erklärung in der Öffentlichkeit, daß wir im Sinne eines erheblichen Teils der Deutschen und auch vieler Menschen in anderen Ländern gesprochen hatten und daß man über unsere Argumente nicht einfach hinweggehen konnte. Er versuchte noch einmal, mich zur Fahrt nach Bonn zu überreden, sah aber dann ein, daß er mir nicht so viel zumuten dürfe.

Ich weiß nicht, wie unzufrieden Adenauer damals mit unserer Aktion wirklich war. Einige Jahre später hat er mir einmal einen Brief geschrieben, in dem er ausdrücklich sagte, daß er eine von der seinen abweichende politische Meinung durchaus achten könne. Aber er war wohl im Grunde ein Skeptiker, der sich über die engen Grenzen, die allem politischen Handeln gesetzt sind, völlig im klaren war. Außerdem hatte er eine gewisse Freude daran, innerhalb der gegebenen Möglichkeiten gangbare Wege zu finden, und er war enttäuscht, wenn diese Wege sich als mühsamer erwiesen, als er angenommen hatte. Der Kompaß, der ihn dabei leitete, reagierte nicht auf die alten preußischen Leitbilder, über die ich vor Jahrzehnten auf meiner Fußwanderung mit Niels Bohr in Dänemark gesprochen hatte, ebensowenig auf die Freiheitsvorstellungen der Wikinger aus den isländischen Sagen, an denen sich das englische Weltreich orientiert hatte. Vielmehr bestimmte er die Richtung aus der alten römisch-christlichen Tradition Europas, die in der katholischen Kirche immer noch lebendig ist, und aus den sozialen Vorstellungen, die sich im 19. Jahrhundert gebildet hatten und an denen Adenauer trotz Kommunismus und Atheismus den christlichen Kern erkennen konnte. Das katholische Denken enthält einen Anteil östlicher Philosophie und Lebensweisheit, und es war wohl gerade dieser Anteil, aus dem Adenauer in schwierigen Lagen Kraft schöpfte. Ich erinnere mich an ein Gespräch, in dem wir uns über die Erlebnisse in der Gefangenschaft unterhielten. Da Adenauer eine Zeitlang von der Gestapo in eine enge Gefängniszelle bei kärglichster Verpflegung eingesperrt worden war, ich aber nur eine relativ angenehme Internierung in England mitgemacht hatte, fragte ich ihn, ob ihm diese Zeit sehr schwer geworden sei. Adenauer meinte: »Ach, wissen Sie, wenn man so in einer engen Zelle eingeschlossen ist, Tage, Wochen, Monate, wenn man von keinem Telefonanruf und keinem Besucher gestört wird, dann kann man sinnieren, ganz still über das Vergangene nachdenken und über das, was vielleicht noch kommen kann, ganz ruhig, ganz mit sich allein, das ist doch eigentlich sehr schön.«

# 19
## Die einheitliche Feldtheorie (1957–1958)

Im Hafen von Venedig liegt, dem Dogenpalast und der Piazzetta gegenüber, die Insel San Giorgio. Sie gehört zum Besitz des Grafen Cini, der dort eine Schule für Waisen und Findelkinder unterhält, die als Heranwachsende zu Seeleuten oder Kunsthandwerkern ausgebildet werden, und der auch das alte Benediktinerkloster auf der Insel wieder instand gesetzt hat. Einige prächtige Räume im ersten Stock des Klosters hatte er als Gastzimmer herrichten lassen. Bei der Konferenz über Atomphysik, die im Herbst 1957 in Padua stattfand, wurden einige der älteren Teilnehmer, darunter Wolfgang und ich, vom Grafen Cini eingeladen, auf San Giorgio zu wohnen. Der stille Klosterhof, in den der Lärm des Hafens nur noch ganz gedämpft drang, und die gelegentlich gemeinsamen Fahrten nach Padua boten gute Gelegenheit zu Gesprächen über die damals aktuellen Probleme unserer Wissenschaft. Es war vor allem eine Entdeckung der jungen chinesisch-amerikanischen Physiker Lee und Yang, die uns alle beschäftigte. Diese beiden Theoretiker waren auf den Gedanken gekommen, daß die Symmetrie zwischen rechts und links, die bis dahin als ein fast selbstverständlicher Bestandteil der Naturgesetze gegolten hatte, bei den schwachen, das heißt für die radioaktiven Erscheinungen verantwortlichen Wechselwirkungen gestört sein könnte. Tatsächlich hatten die Experimente von Wu später ergeben, daß beim radioaktiven Betazerfall eine sehr starke Abweichung von der Rechts-Links-Symmetrie auftritt. Es sah so aus, als ob die beim Betazerfall ausgesandten masselosen Teilchen, die sogenannten Neutrinos, nur in einer Form, nennen wir sie die Linksform, existierten, während die Antineutrinos dann in der Rechtsform vorkämen. Für die Eigenschaften der Neutrinos interessierte sich nun Wolfgang besonders; schon deshalb, weil er die Existenz dieser Neutrinos 20 Jahre früher als erster vorhergesagt hatte. Inzwischen waren diese Teilchen längst nachgewiesen worden, aber die neue Entdeckung veränderte das Bild der Neutrinos in einer charakteristischen und erregenden Weise.

Wir, das heißt Wolfgang und ich, waren immer der Ansicht gewesen, daß die Symmetrieeigenschaften, die von diesen einfachsten masselosen Teilchen dargestellt werden, zugleich auch

Symmetrieeigenschaften der zugrunde liegenden Naturgesetze sein müssen. Wenn nun die Rechts-Links-Symmetrie bei diesen Teilchen fehlte, so müßte man mit der Möglichkeit rechnen, daß auch in den fundamentalen Naturgesetzen die Rechts-Links-Symmetrie zunächst fehlt und daß sie erst sekundär – zum Beispiel auf dem Umweg über die Wechselwirkung und die aus ihr folgende Masse – in die Naturgesetze hereinkommt. Sie wäre dann die Folge einer nachträglichen Verdoppelung, die mathematisch zum Beispiel dadurch entstehen könnte, daß eine Gleichung zwei gleichberechtigte Lösungen besitzt. Diese Möglichkeit war deswegen so erregend, weil sie auf eine Vereinfachung der fundamentalen Naturgesetze hinauslief. Wir hatten aus unseren früheren Erlebnissen in der Physik längst gelernt, daß immer dann, wenn in den experimentellen Erfahrungen eine unerwartete Einfachheit zum Vorschein kommt, äußerste Aufmerksamkeit geboten ist; denn man ist dann möglicherweise an eine Stelle gelangt, von der aus die großen Zusammenhänge sichtbar werden. Wir hatten also das Gefühl, daß hinter der Lee-Yangschen Entdeckung entscheidende Erkenntnisse stecken könnten.

Auch Lee, einer der beiden Entdecker, der an der Tagung teilnahm, schien diese Ansicht zu teilen. Ich sprach einmal lange mit ihm in unserem Klosterhof über die Folgerungen, die aus der beobachteten Unsymmetrie zu ziehen wären, und auch Lee meinte, daß wichtige neue Zusammenhänge »eben um die Ecke« erwartet werden könnten. Aber natürlich weiß man in einem solchen Fall nicht, wie leicht oder schwierig es sein wird, die Ecke zu passieren. Wolfgang war sehr optimistisch; teils weil er sich in den mit den Neutrinos zusammenhängenden mathematischen Strukturen besonders gut auskannte, teils weil er aus den Ergebnissen unserer früheren Diskussionen in der »Schlacht von Ascona« die Hoffnung schöpfte, daß relativistische Quantenfeldtheorien ohne mathematische Widersprüche konstruiert werden können. Er war besonders fasziniert von dem erwähnten Prozeß der Verdoppelung oder Zweiteilung, der, wie er glaubte, für das Auftreten der Rechts-Links-Symmetrie verantwortlich gemacht werden könne – obwohl man einstweilen noch keine konkrete mathematische Formulierung dafür angeben konnte. Die Zweiteilung sollte der Natur in einer noch zu untersuchenden Weise die Möglichkeit geben, nachträglich eine neue Symmetrieeigenschaft einzuführen. Wie die Störung der Symmetrie dann hinterher zustande käme, darüber hatten wir damals noch viel weniger klare Vorstellungen als über die Zweiteilung. Immerhin tauchte in unseren Gesprächen gelegentlich der Gedanke auf, daß die Welt im Ganzen, also der Kosmos, nicht symmetrisch zu sein braucht gegenüber den Operationen, unter denen die Naturgesetze invariant bleiben; daß also die Symmetrieverminderung möglicherweise auf die Unsymmetrie des Kosmos zurückgeführt werden könne. Alle diese Ideen waren damals in unseren Köpfen sicher noch viel unklarer, als sie hier aufgeschrieben worden sind. Aber es ging eben eine gewisse Faszination von ihnen aus, der man sich kaum entziehen konnte, wenn man einmal die Gedanken in diese Richtung gelenkt hatte. Daher waren sie für die Folgezeit wichtig. Ich fragte Wolfgang einmal, warum er auf diesen Prozeß der Zweiteilung so großen Wert lege, und erhielt etwa folgende Antwort:

»In der früheren Physik der Atomhülle hat man noch von anschaulichen Bildern ausgehen können, die aus dem Repertoire der klassischen Physik stammen. Das Bohrsche Korrespondenzprinzip behauptete gerade die wenn auch begrenzte Anwendbarkeit solcher Bilder. Aber auch in der Atomhülle ist die mathematische Beschreibung dessen, was geschieht, dann erheblich abstrakter gewesen als die Bilder. Man kann sogar ganz verschiedene, einander widersprechende Bilder, wie Teilchenbild und Wellenbild, dem gleichen wirklichen Sachverhalt zuordnen. In der Physik der Elementarteilchen aber wird man mit solchen Bildern praktisch gar nichts mehr anfangen können. Diese Physik ist noch viel abstrakter. Für die Formulierung der Naturgesetze in diesem Gebiet wird es also kaum einen anderen Ausgangspunkt geben können als die Symmetrieeigenschaften, die in der Natur verwirklicht sind, oder, um es anders auszudrücken, die Symmetrieoperationen (zum Beispiel Verschiebungen oder Drehungen), die den Raum der Natur erst aufspannen. Aber dann kommt man unweigerlich zu der Frage, warum es gerade diese Symmetrieoperationen gibt und keine anderen. Der Prozeß der Zweiteilung, den ich mir vorstelle, könnte hier weiterhelfen, weil er den Raum der Natur in einer vielleicht ungezwungenen Weise erweitert und damit die Möglichkeit für neue Symmetrien schafft. Man könnte sich im Idealfall denken, daß alle wirklichen Symmetrien der Natur durch eine Folge von Zweiteilungen zustande gekommen sind.«

Die eigentliche Arbeit an diesen Problemen konnte natürlich erst nach der Rückkehr von der Konferenz beginnen. Ich konzentrierte meine eigenen Anstrengungen in Göttingen darauf, eine Feldgleichung zu finden, die ein Materiefeld mit innerer Wechselwirkung beschreibt und möglichst alle in der Natur beobachteten Symmetrieeigenschaften in kompakter Form darstellt. Dabei benützte ich als Vorbild die empirisch für den Betazerfall maßgebende Wechselwirkung, die ihre einfachste und damit wohl endgültige Gestalt durch die Entdeckung von Lee und Yang erhalten hatte.

Im Spätherbst 1957 hatte ich einen Vortrag über derartige Probleme in Genf zu halten, und auf dem Rückweg machte ich in Zürich kurz Station, um mit Wolfgang über meine Versuche zu sprechen. Wolfgang ermutigte mich, in der eingeschlagenen Richtung weiterzugehen. Das war für mich sehr wichtig, und in den folgenden Wochen untersuchte ich immer wieder verschiedene Formen, in denen man die innere Wechselwirkung des Materiefeldes darstellen konnte. Plötzlich tauchte unter den schwankenden Bildern eine Feldgleichung von ungewöhnlich hoher Symmetrie auf. Sie war in der Darstellung kaum komplizierter als die alte Diracsche Gleichung des Elektrons, enthielt aber neben der Raum-Zeit-Struktur der Relativitätstheorie auch die Symmetrie zwischen Proton und Neutron, die in meinen Träumen auf der Steilen Alm in Bayern schon eine so große Rolle gespielt hatte – oder, um es mathematischer auszudrücken, sie enthielt neben der Lorentzgruppe auch die Isospingruppe – sie stellte also offenbar einen großen Teil der in der Natur vorkommenden Symmetrieeigenschaften wirklich dar. Auch Wolfgang, dem ich davon schrieb, war sofort aufs äußerste interessiert; denn es sah zum ersten Mal so aus, als sei hier vielleicht ein Rahmen gefunden, der weit genug war, um das ganze komplizierte Spektrum der Elementarteilchen und ihre Wechselwirkungen zu umspannen und gleichzeitig eng genug, um in diesem Bereich alles festzulegen, was nicht einfach als kontingent betrachtet werden mußte. Wir beschlossen also, gemeinsam der Frage nachzugehen, ob diese Gleichung zur Grundlage einer einheitlichen Feldtheorie der Elementarteilchen gemacht werden könne. Dabei hatte Wolfgang die Hoffnung, daß die wenigen noch fehlenden Symmetrien durch den Prozeß der Zweiteilung nachträglich beigesteuert werden könnten.

Mit jedem Schritt, den Wolfgang in dieser Richtung tat, geriet er in einen Zustand immer größerer Begeisterung. Ich habe nie vorher und nie nachher im Leben Wolfgang in einer solchen Erregung über Vorgänge in unserer Wissenschaft gesehen. Während er in den Jahren vorher allen theoretischen Versuchen kritisch und skeptisch gegenübergestanden hatte, die sich allerdings nur auf Teilordnungen in der Elementarteilchenphysik, aber nicht auf den Zusammenhang des Ganzen bezogen hatten, war er jetzt entschlossen, mit Hilfe der neuen Feldgleichung den großen Zusammenhang selbst zu formulieren. Er gewann die feste Hoffnung, daß diese Gleichung, die ja in ihrer Einfachheit und hohen Symmetrie ein einmaliges Gebilde ist, der richtige Ausgangspunkt für die einheitliche Feldtheorie der Elementarteilchen sein müßte. Auch ich war von der neuen Möglichkeit fasziniert, die wie der lang gesuchte Schlüssel zu dem Tor aussah, das bisher den Zugang zur Welt der Elementarteilchen versperrt hatte. Ich sah allerdings auch, wie viele Schwierigkeiten bis zur Erreichung des erhofften Zieles noch überwunden werden müßten. Kurz vor dem Weihnachtsfest 1957 erhielt ich einen Brief von Wolfgang, der viele mathematische Einzelheiten enthielt, der aber auch seine Hochstimmung in jenen Wochen wiedergibt:

»... Zweiteilung und Symmetrieverminderung, das ist des Pudels Kern. Zweiteilung ist ein sehr altes Attribut des Teufels (das Wort ›Zweifel‹ soll ursprünglich Zweiteilung bedeutet haben). Ein Bischof in einem Stück von Bernard Shaw sagt: ›A fair play for the devil please‹. Darum soll er auch zum Weihnachtsfest nicht fehlen. Die beiden göttlichen Herren – Christus und Teufel – sollen nur merken, daß sie inzwischen viel symmetrischer geworden sind. Sag bitte diese Häresien nicht Deinen Kindern, aber dem Freiherrn v. Weizsäcker kannst Du sie erzählen – jetzt haben wir uns gefunden. Sehr, sehr herzlich, Dein Wolfgang Pauli.«

In einem etwa acht Tage später geschriebenen Brief steht schon über der Anrede: »Alles Gute Dir und Deiner Familie im Neuen Jahr, das hoffentlich die volle Klärung der Physik der Elementarteilchen bringen wird.« Und weiter unten schreibt Wolfgang:

»Das Bild verschiebt sich mit jedem Tag. Alles ist im Fluß. Noch nicht publizieren, aber es wird etwas Schönes werden. Es ist ja noch gar nicht abzusehen, was da noch alles herauskommt. Wünsche mir Glück beim Gehenlernen.« Und er zitiert: »›Vernunft fängt wieder an zu sprechen und Hoffnung wieder an zu blüh'n, man sehnt sich nach des Lebens Bächen, ach, nach des Lebens Quellen hin...‹ Grüß die Morgenröte, wenn 1958 beginnt, vor Sonnenaufgang... Nun Schluß für heute. Der Stoff gibt viel her. Du wirst nun selbst viel herausfinden... Du wirst bemerkt haben, daß der Pudel fort ist. Er hat seinen Kern enthüllt, Zweiteilung und Symmetrieverminderung. Ich bin ihm da mit meiner Antisymmetrie entgegengekommen – ich gab ihm fair play – worauf er sanft entschwand ... Nun ein kräftiges Prosit Neujahr. Wir werden zu ihm marschieren. It's a long way to Tipperary, it's a long way to go. Herzlichst, Dein Wolfgang Pauli.«

Natürlich enthielten diese Briefe auch noch viele physikalische und mathematische Einzelheiten, die sich aber nicht für eine Wiedergabe an dieser Stelle eignen.

Einige Wochen später mußte Wolfgang nach Amerika abreisen, wo er sich für ein Vierteljahr zu Vorträgen verpflichtet hatte. Mir war es kein angenehmer Gedanke, daß Wolfgang sich in diesem erregenden Stadium einer unfertigen Entwicklung dem nüchternen Pragmatismus der Amerikaner aussetzen wollte. Ich versuchte, ihm von der Reise abzuraten. Aber an den Plänen war nichts mehr zu ändern. Wir bereiteten noch einen Entwurf für eine gemeinsame Veröffentlichung vor, der, wie es üblich ist, an einige befreundete und an diesem Gegenstand besonders interessierte Physiker verschickt wurde. Aber dann lag der doch ziemlich breite Atlantische Ozean zwischen uns, und Wolfgangs Briefe kamen spärlicher. Ich glaube in ihnen einen Unterton von Müdigkeit und Resignation zu spüren, aber inhaltlich hielt Wolfgang an der eingeschlagenen Richtung fest. Plötzlich schrieb er mir ziemlich brüsk, er habe sich entschlossen, sich weder an der Bearbeitung des Gegenstandes noch an der Veröffentlichung weiter zu beteiligen. Er habe auch den Physikern, die eine Abschrift unserer vorläufigen Veröffentlichung bekommen hätten, mitgeteilt, daß der Inhalt nicht mehr seiner jetzigen Meinung entspräche. Er gab mir volle Freiheit, mit dem bisherigen Ergebnis zu machen, was ich wolle. Damit brach der Briefwechsel für längere Zeit ab, und es gelang mir nicht, von Wolfgang nähere Auskunft über seine Sinnesänderung zu bekommen. Ich vermutete, daß es die Unklarheit des ganzen Gedankengebäudes war, die Wolfgang den Mut genommen hatte. Aber sein Verhalten war mir doch nicht recht verständlich. Der Unklarheiten war ich mir natürlich durchaus bewußt; aber wir hatten ja auch in früheren Zeiten gelegentlich im Nebel gemeinsam einen Weg gesucht, und eigentlich waren mir diese Situationen in der Forschung immer als die interessantesten erschienen.

Ich traf Wolfgang erst wieder auf einer Konferenz, die im Juli 1958 in Genf stattfand und auf der ich über den damaligen

Stand unserer Analyse jener Feldgleichung zu berichten hatte. Wolfgang stellte sich mir fast feindlich gegenüber. Er kritisierte Einzelheiten unserer Analyse auch dort, wo mir diese Kritik unberechtigt schien, und er war kaum zu einem eingehenden Gespräch über unsere Probleme zu bewegen. Einige Wochen später trafen wir uns noch einmal für etwas längere Zeit in Varenna am Comer See. Dort werden in einer Villa, von deren in Terrassen aufsteigendem Garten aus man große Teile des mittleren Sees überschauen kann, regelmäßig Sommerschulen abgehalten, und da der Gegenstand diesmal die Physik der Elementarteilchen betraf, gehörten Wolfgang und ich zu den geladenen Gästen. Wolfgang war mir gegenüber nun wieder freundlich, fast wie früher. Aber er war irgendwie ein anderer Mensch geworden. Wir gingen oft lange an dem rosenumrankten Steingeländer auf und ab, das den Park vom See trennt, oder wir saßen auf einer Bank zwischen den Blumen und schauten über die blaue Wasserfläche auf die Kammlinie der gegenüberliegenden Berge. Wolfgang fing noch einmal an, über unsere gemeinsamen Hoffnungen zu sprechen.

»Ich glaube«, sagte er, »es ist gut, daß du an diesen Fragen weiterarbeitest. Du weißt ja selbst, wieviel da noch zu tun ist, und im Laufe der Jahre wird es schon weitergehen. Vielleicht ist ja alles genauso, wie wir es erhofft haben, vielleicht hast du ganz recht mit deinem Optimismus. Aber ich kann nicht mehr dabeisein. Meine Kräfte reichen dazu nicht mehr aus. In der vergangenen Weihnachtszeit habe ich noch geglaubt, daß ich so wie früher mit voller Kraft in die Welt dieser ganz neuartigen Probleme eintreten könnte. Aber so ist das nicht mehr. Vielleicht wirst du es können, vielleicht erst deine jungen Mitarbeiter. Du scheinst in Göttingen ja einige ausgezeichnete junge Physiker in deinem Institut zu haben. Mir ist es jetzt zu schwer, und damit muß ich mich abfinden.«

Ich versuchte Wolfgang zu trösten. Er sei wohl nur etwas enttäuscht, daß es nicht so schnell gehen könnte, wie er es sich an Weihnachten erträumt hätte, und mit der Arbeit könnte doch wohl auch der Mut wieder zurückkommen. Aber er wollte das nicht gelten lassen.

»Nein, mit mir ist es alles anders als früher«, sagte er nur.

Elisabeth, die mich nach Varenna begleitet hatte, äußerte sich einmal sehr besorgt über Wolfgangs Gesundheitszustand. Sie hatte den Eindruck, er sei schwer krank. Aber ich konnte das nicht sehen. Die gemeinsamen Wege im Park von Varenna blieben die letzte Begegnung zwischen Wolfgang und mir. Gegen Ende 1958 erhielt ich die erschreckende Nachricht, Wolfgang sei im Anschluß an eine plötzlich notwendig gewordene Operation gestorben. Ich kann nicht daran zweifeln, daß der Beginn seiner Erkrankung in jenen Wochen gelegen hat, in denen er die Hoffnung auf eine baldige Vollendung der Theorie der Elementarteilchen aufgegeben hat. Aber was hier Ursache und was Wirkung gewesen ist, wage ich nicht zu beurteilen.

## 20
### Elementarteilchen und Platonische Philosophie (1961–1965)

Das Max-Planck-Institut für Physik und Astrophysik, das ich mit meinen Mitarbeitern nach dem Kriege in Göttingen aufgebaut hatte, war im Herbst 1958 nach München verlagert worden, und damit hatte ein neuer Abschnitt in unserem Leben begonnen. In dem modernen weiträumigen Institutsgebäude, das nach den Plänen eines alten Freundes aus der Jugendbewegung, Sep Ruf, im Norden der Stadt am Rande des Englischen Gartens errichtet worden war, hatte eine neue Generation junger Physiker die Aufgaben übernommen, die ihr durch die Entwicklung unserer Wissenschaft gestellt wurden. Für die Arbeiten an der einheitlichen Feldtheorie der Elementarteilchen interessierte sich vor allem Hans-Peter Dürr, der, als Kind in Deutschland aufgewachsen, seine wissenschaftliche Ausbildung in den Vereinigten Staaten von Amerika erhalten hatte und nach einer längeren Assistentenzeit bei Edward Teller in Kalifornien wieder in Deutschland tätig sein wollte. Schon in Kalifornien hatte er wohl von Teller über unseren früheren Leipziger Kreis gehört, und in München konnte er die Verbindung mit der Tradition durch Gespräche mit Carl Friedrich herstellen, der regelmäßig im Herbst für einige Wochen in unser Institut kam, um die Fäden zwischen Philosophie und Physik nicht abreißen zu lassen. So ergab es sich, daß die einheitliche Feldtheorie in ihren physikalischen und philosophischen Aspekten oft zum Gegenstand von Gesprächen zu dritt wurde, die Carl Friedrich, Dürr und ich in meinem Arbeitszimmer im neuen Institut führten. Eines dieser Gespräche soll als Beispiel für viele andere aufgezeichnet werden.

Carl Friedrich: »Seid ihr mit eurer einheitlichen Feldtheorie im letzten Jahr irgendwie weitergekommen? Ich will nicht gleich mit den philosophischen Fragen anfangen, die mich dabei im Grunde am meisten interessieren. Aber zunächst ist so eine Theorie ja handfeste Physik. Sie muß sich im Experiment bewähren, oder sie wird vom Experiment widerlegt. Also gibt es da irgendwelche Fortschritte, die ihr mir erzählen könnt? Insbesondere möchte ich wissen, ob ihr zu dem Paulischen Thema ›Zweiteilung und Symmetrieverminderung‹ etwas Neues herausbekommen habt.«

Dürr: »Wir glauben, daß wir die Zweiteilung wenigstens in dem einen Fall der Rechts-Links-Symmetrie jetzt verstanden haben. Sie kommt wirklich dadurch zustande, daß es in der Relativitätstheorie für die Masse eines Elementarteilchens eine quadratische Gleichung geben muß, die dann zwei Lösungen hat. Aber die Symmetrieverminderung ist eigentlich noch viel interessanter. Da sieht es so aus, als handele es sich um sehr allgemeine und wichtige Zusammenhänge, die man bisher nicht beachtet hatte. Wenn eine strenge Symmetrieeigenschaft der Naturgesetze im Spektrum der Elementarteilchen nur gestört in Erscheinung tritt, so kann das doch nur dadurch zustande kommen, daß die Welt oder der Kosmos, also der einmalige Untergrund, aus dem die Elementarteilchen entstehen, weniger symmetrisch ist als die Naturgesetze. Das ist ja auch durchaus möglich und mit der symmetrischen Feldgleichung verträglich. Wenn eine solche Situation vorliegt, so scheint notwendig zu folgen – den Beweis will ich jetzt nicht vorführen –, daß es dann Kräfte langer Reichweite oder Elementarteilchen von verschwindender Ruhmasse geben muß. Wahrscheinlich kann man die Elektrodynamik in dieser Weise verstehen. Auch die Gravitation kann so zustande kommen, und wir hoffen, daß an dieser Stelle die Verbindung zu den Ansätzen hergestellt werden kann, die Einstein seiner einheitlichen Feldtheorie und seiner Kosmologie zugrunde legen wollte.«

Carl Friedrich: »Wenn ich Sie richtig verstanden habe, nehmen Sie an, daß die Form des Kosmos durch die Feldgleichung noch nicht eindeutig bestimmt ist. Es könnte also verschiedene Formen des Kosmos geben, die mit der Feldgleichung verträglich wären. Das würde doch bedeuten, daß die Theorie ein Element von Kontingenz enthält, das heißt, daß der Zufall, oder sagen wir besser das nicht weiter erklärbare Einmalige in ihr eine Rolle spielt. Vom Standpunkt der bisherigen Physik aus ist das nicht weiter verwunderlich; denn auch in ihr sind die Anfangsbedingungen nicht durch die Naturgesetze festgelegt, sie sind kontingent, das heißt sie könnten auch anders sein. Auch ein Blick auf die heutige Gestalt des Kosmos, auf die unzählbaren Milchstraßensysteme mit einer weitgehend ungeordneten Verteilung von Sternen und Sternsystemen zwingt fast zu dem Gedanken, daß es auch anders sein könnte, das heißt, daß die Menge der Sterne, ihre Position, die Zahl und Größe der Milchstraßensysteme ebensogut auch etwas andere Werte annehmen könnten, ohne daß es eine Welt mit anderen Naturgesetzen sein müßte.

Nun wird es ja zum Glück, wenn es sich um das Spektrum der Elementarteilchen handelt, nicht auf die Einzelheiten der kosmischen Verhältnisse ankommen. Aber Sie meinen, daß die allgemeinen Symmetrieeigenschaften des Kosmos doch auf dieses Spektrum zurückwirken. Solche allgemeinen Eigenschaften könnte man vielleicht, ebenso wie in der allgemeinen Relativitätstheorie, durch vereinfachte Modelle des Kosmos darstellen, und die zugrunde liegende Feldgleichung würde gewisse Modelle zulassen, andere ausschließen. Das Spektrum der Elementarteilchen könnte für jedes dieser möglichen Modelle etwas verschieden aussehen. Dann könnten Sie also aus dem Spektrum der Elementarteilchen Rückschlüsse auf die Symmetrien des Kosmos ziehen.«

Dürr: »Ja, genau das ist unsere Hoffnung. Wir hatten zum Beispiel vor einiger Zeit Annahmen über diese Symmetrieeigenschaften gemacht, die später durch neuere Experimente an gewissen Elementarteilchen widerlegt wurden, und wir haben dann andere mögliche Annahmen gefunden, die zu den experimentellen Ergebnissen passen. Es sieht jetzt so aus, als könnte die ganze Elektrodynamik auf der Grundlage der Unsymmetrie der Welt gegenüber der Vertauschung von Proton und Neutron und allgemeiner gegenüber der Isospingruppe verstanden werden. An dieser Stelle besitzt die einheitliche Feldtheorie also einstweilen genügend Flexibilität, um die beobachteten Phänomene in den allgemeinen Zusammenhang einzuordnen.«

Carl Friedrich: »Wenn man in dieser Richtung weiterdenkt, kommt man zu einer sehr interessanten und schwierigen Frage. Ich glaube, man muß im kontingenten Bereich einen grundsätzlichen Unterschied machen zwischen einmalig und zufällig. Den Kosmos gibt es ja nur einmal. Also stehen am Anfang einmalige Entscheidungen über die Symmetrieeigenschaften des Kosmos. Später bilden sich viele Milchstraßensysteme und viele Sterne, da werden immer wieder gleichartige Entscheidungen getroffen, die man in einem gewissen Sinne, gerade wegen ihrer Fülle und ihrer Wiederholbarkeit, zufällig nennen kann. Erst bei ihnen werden die Häufigkeitsregeln der Quantenmechanik wirksam. Freilich ist dabei die Benutzung des Zeitbegriffs in den Ausdrücken ›am Anfang‹ und ›später‹ problematisch, da ja auch der Zeitbegriff erst durch das Modell des Kosmos einen klaren Sinn erhält. Aber vielleicht sollen wir davon jetzt nicht sprechen. Zu den einmaligen Entscheidungen, die sozusagen am Anfang stehen, gehören aber dann auch die Naturgesetze selbst, die ihr in eurer Feldgleichung beschreiben wollt. Denn man darf doch fragen, warum die Naturgesetze gerade diese Form haben und keine andere; ebenso wie man fragen darf, warum der Kosmos gerade diese Symmetrieeigenschaften hat und keine anderen. Vielleicht gibt es auf solche Fragen keine Antwort. Aber mir scheint es nicht befriedigend, eure Feldgleichung einfach hinzunehmen, selbst wenn sie durch ihre hohe Symmetrie und Einfachheit vor allen anderen möglichen Formen ausgezeichnet sein sollte. Vielleicht kann man durch den Paulischen Prozeß der Zweiteilung und Symmetrieverminderung auch eurer Feldgleichung noch eine tiefere Bedeutung geben.«

»Das will ich sicher nicht ausschließen«, antwortete ich. »Aber ich möchte für den Augenblick das einmalige dieser ersten Entscheidungen noch etwas unterstreichen. Diese Entscheidungen legen Symmetrien fest, einmal und für immer; sie setzen Formen, die das spätere Geschehen weitgehend bestimmen. ›Am Anfang war die Symmetrie‹, das ist sicher richtiger als die Demokritsche These ›Am Anfang war das Teilchen‹. Die Elementarteilchen verkörpern die Symmetrien, sie sind ihre einfachsten Darstellungen, aber sie sind erst eine Folge der Symmetrien. In der Entwicklung des Kosmos kommt später der Zufall ins Spiel. Aber auch der Zufall fügt sich den zu Anfang gesetzten Formen, er genügt den Häufigkeitsgesetzen der Quantentheorie. In der späteren, immer komplizierter werdenden Entwicklung kann sich dieses Spiel wiederholen. Es können wieder durch einmalige Entscheidungen Formen gesetzt werden, die das folgende Geschehen weitgehend bestimmen. So scheint es doch zum Beispiel bei der Entstehung der Lebewesen gegangen zu sein; und ich finde die Entdeckungen der modernen Biologie hier äußerst aufschlußreich. Die besonderen geologischen und klimatischen Bedingungen auf unserem Planeten haben eine komplizierte Kohlenstoffchemie möglich gemacht, die Kettenmoleküle zuläßt, in denen Information gespeichert werden kann. Die Nukleinsäure hat sich als ein geeigneter Informationsspeicher für Aussagen über die Struktur von Lebewesen erwiesen. An dieser Stelle ist eine einmalige Entscheidung gefallen, es ist eine Form gesetzt, die die ganze weitere Biologie bestimmt. In dieser späteren Entwicklung spielt aber der Zufall wieder eine wichtige Rolle. Wenn auf irgendeinem Planeten eines anderen Sternsystems die gleichen klimatischen und geologischen Bedingungen herrschen sollten wie auf unserer Erde und wenn auch dort die Kohlenstoffchemie zur Bildung der Nukleinsäureketten geführt haben sollte, so wird man doch nicht annehmen können, daß dort gerade die gleichen Lebewesen entstanden sind wie bei uns. Aber sie werden nach der gleichen Grundstruktur der Nukleinsäure gebildet sein. Ich kann gar nicht vermeiden, bei dieser Feststellung an die Naturwissenschaft Goethes zu denken, der ja die ganze Botanik aus der Urpflanze herleiten wollte. Die Urpflanze sollte ein Objekt sein, aber doch gleichzeitig auch die Grundstruktur bedeuten, nach der alle Pflanzen gebaut sind. In diesem Goetheschen Sinne könnte man die Nukleinsäure als Urlebewesen bezeichnen, da sie auch einerseits ein Objekt ist und andererseits eine Grundstruktur für die ganze Biologie darstellt. Wenn man so redet, steckt man natürlich schon mitten in der Platonischen Philosophie. Die Elementarteilchen können mit den regulären Körpern in Platos ›Timaios‹ verglichen werden. Sie sind die Urbilder, die Ideen der Materie. Die Nukleinsäure ist die Idee des Lebewesens. Diese Urbilder bestimmen das ganze weitere Geschehen. Sie sind die Repräsentanten der zentralen Ordnung. Und wenn auch in der Entwicklung der Fülle der Gebilde später der Zufall eine wichtige Rolle spielt, so könnte es sein, daß auch dieser Zufall irgendwie auf die zentrale Ordnung bezogen ist.«

Carl Friedrich: »Mit dem Wort ›irgendwie‹ an dieser Stelle bin ich nicht zufrieden. Könntest du genauer erklären, was du hier meinst? Ist nach deiner Ansicht dieser Zufall ganz sinnlos? Führt er sozusagen nur aus, was die quantentheoretischen Gesetze über die Häufigkeit der Vorgänge mathematisch formulieren? Bei dem was du sagst, klingt es manchmal so, als hieltest du darüber hinaus noch irgendeinen Zusammenhang mit dem Ganzen für möglich, von dem man sagen könnte, daß er dem Einzelereignis einen Sinn gibt.«

Dürr: »Jede Abweichung von den Häufigkeitsregeln der Quantenmechanik würde unverständlich machen, warum die Phänomene sich sonst in den Rahmen der Quantentheorie einordnen. Solche Abweichungen sollte man also nach den bisher vorliegenden Erfahrungen keinesfalls für möglich halten. Aber wahrscheinlich haben Sie auch daran gar nicht gedacht. Die Frage zielt vielleicht auf Ereignisse oder Entscheidungen, die ihrem Wesen nach einmalig sind, bei denen es sich also nicht um Häufigkeiten handelt. Aber das Wort ›Sinn‹, das Sie in Ihrer Formulierung verwendet haben, macht ja überhaupt diese Frage für die Naturwissenschaft etwas unzugänglich.«

An dieser Stelle brach das Gespräch zunächst ab. Aber einige

Tage später erhielt es eine Fortsetzung in Diskussionen, an denen ich im wesentlichen als Zuhörer beteiligt war. Im Max-Planck-Institut für Verhaltensforschung, das an einem kleinen waldumschlossenen See im Hügelland zwischen Starnberger- und Ammersee liegt, widmeten sich damals Konrad Lorenz und Erich von Holst zusammen mit ihren Mitarbeitern dem Verhalten der dort heimischen Tierwelt. Sie redeten – so lautet der Titel eines der Lorenzschen Bücher – mit dem Vieh, den Vögeln und den Fischen. In diesem Institut fand regelmäßig im Herbst ein Kolloquium statt, in dem Biologen, Philosophen, Physiker und Chemiker über grundsätzliche, vor allem erkenntnistheoretische Probleme der Biologie diskutierten. Es wurde etwas leichtsinnig vereinfachend das »Leib-Seele-Kolloquium« genannt. An diesen Gesprächen nahm ich gelegentlich teil, fast nur als Zuhörer, da ich ja viel zuwenig von Biologie wußte. Aber ich versuchte, aus den Diskussionen der Biologen zu lernen. Ich erinnere mich, daß an jenem Tage von der Darwinschen Theorie in ihrer modernen Form: »Zufällige Mutationen und Selektion« die Rede war und daß zur Begründung dieser Lehre der folgende Vergleich herangezogen wurde: Mit der Entstehung der Arten gehe es wohl ähnlich wie mit der Entstehung der menschlichen Werkzeuge. So sei etwa zur Fortbewegung auf dem Wasser zunächst das Ruderboot erfunden worden, und die Seen und Meeresküsten hätten sich mit Ruderbooten bevölkert. Dann sei irgendein Mensch auf die Idee gekommen, die Kraft des Windes durch Segel auszunutzen, und so hätten sich die Segelboote auf den meisten größeren Gewässern gegen die Ruderboote durchgesetzt. Schließlich sei die Dampfmaschine konstruiert worden, und die Dampfschiffe hätten auf allen Meeren die Segelboote verdrängt. Die Ergebnisse unzulänglicher Versuche würden in der sich entwickelnden Technik sehr schnell ausgemerzt. In der Beleuchtungstechnik etwa sei die Nernstlampe fast sofort durch die elektrische Glühbirne beseitigt worden. Ähnlich müsse man sich auch den Selektionsprozeß unter den verschiedenen Arten von Lebewesen vorstellen. Die Mutationen erfolgten rein zufällig, so wie es eben die Quantentheorie verfüge, und der Selektionsvorgang scheide die meisten dieser Versuche der Natur wieder aus. Nur wenige Formen, die sich unter den gegebenen äußeren Umständen bewährten, blieben übrig.

Beim Durchdenken dieses Vergleichs fiel mir auf, daß der geschilderte Vorgang in der Technik gerade an einem entscheidenden Punkt der Darwinschen Lehre widerspricht; nämlich dort, wo in der Darwinschen Theorie der Zufall ins Spiel kommt. Die verschiedenen menschlichen Erfindungen entstehen ja gerade nicht durch Zufall, sondern durch die Absicht und das Nachdenken der Menschen. Ich versuchte mir auszumalen, was herauskäme, wenn man den Vergleich hier ernster nähme, als er gemeint war, und was dann etwa an die Stelle des Darwinschen Zufalls treten müßte. Könnte man hier mit dem Begriff »Absicht« etwas anfangen? Eigentlich verstehen wir ja nur beim Menschen, was mit dem Wort »Absicht« gemeint ist. Zur Not können wir vielleicht noch dem Hund, der auf den Küchentisch springt, die »Absicht« zubilligen, die Wurst zu fressen. Aber hat ein Bakteriophage, der sich einem Bakterium nähert, die Absicht, in dieses einzudringen, um sich dort zu vermehren? Und wenn wir hier noch bereit wären, »ja« zu sagen, kann man dann vielleicht auch noch der Genstruktur die Absicht zuschreiben, sich so zu verändern, daß sie den Umweltbedingungen besser angepaßt ist? Offensichtlich wird hier mit dem Wort »Absicht« Mißbrauch getrieben. Aber vielleicht könnte man für die Frage die vorsichtigere Formulierung wählen: Kann das Mögliche, nämlich das zu erreichende Ziel, den kausalen Ablauf beeinflussen? Damit ist man aber schon fast wieder im Rahmen der Quantentheorie. Denn die Wellenfunktion der Quantentheorie stellt ja das Mögliche und nicht das Faktische dar. In anderen Worten: vielleicht ist der Zufall, der in der Darwinschen Theorie eine so wichtige Rolle spielt, gerade deshalb, weil er sich den Gesetzen der Quantenmechanik einordnet, etwas viel Subtileres, als wir uns zunächst vorstellen.

Diese Gedankenkette wurde dadurch unterbrochen, daß in der Diskussion erhebliche Meinungsverschiedenheiten über die Bedeutung der Quantentheorie in der Biologie auftauchten. Der Grund für solche Gegensätze liegt wohl allgemein darin, daß die meisten Biologen zwar durchaus bereit sind zuzugeben, daß die Existenz der Atome und Moleküle nur mit der Quantentheorie verstanden werden könne, daß sie aber sonst den Wunsch haben, die Bausteine der Chemiker und Biologen, nämlich Atome und Moleküle, als Gegenstände der klassischen Physik zu betrachten, also mit ihnen umzugehen wie mit Steinen oder Sandkörnern. Ein solches Verfahren mag zwar oft zu richtigen Resultaten führen; aber wenn man es genauer nehmen muß, ist die begriffliche Struktur der Quantentheorie doch sehr anders, als die der klassischen Physik. Man kann also gelegentlich zu ganz falschen Ergebnissen kommen, wenn man in den Begriffen der klassischen

Physik denkt. Aber über diesen Teil der Diskussionen im »Leib-Seele-Kolloquium« soll hier nicht berichtet werden.

In meinem Münchner Institut hatte sich eine Gruppe junger Physiker zusammengefunden, die stetig an den Problemen weiterarbeiteten, die durch die einheitliche Feldtheorie der Elementarteilchen gestellt worden waren. Die stürmischen Auseinandersetzungen, die uns in den ersten Jahren in Atem gehalten hatten, waren längst einer ruhigen Betrachtung gewichen. Es kam jetzt darauf an, Schritt für Schritt in die Theorie einzudringen und zu versuchen, in ihrem Rahmen ein zusammenhängendes Bild der einzelnen Phänomene zu zeichnen, soweit das möglich war. Die Experimente, die an den großen Beschleunigungsmaschinen in Genf und in Brookhaven durchgeführt wurden, lieferten neue Aufschlüsse über die Einzelheiten im Spektrum der Elementarteilchen, und man mußte nachsehen, ob diese Ergebnisse zu den Aussagen der Theorie paßten. In dem Maß, in dem so im Laufe der Jahre die einheitliche Feldtheorie greifbare physikalische Gestalt annahm, erhöhte sich auch Carl Friedrichs Interesse für ihre philosophische Begründung. Das alte Paulische Thema: Zweiteilung und Symmetrieverminderung, war ja noch keineswegs ausgeschöpft. Das von Dürr diskutierte Beispiel der Rechts-Links-Symmetrie war nur ein spezieller Fall gewesen, an dem man vielleicht die wesentlichen Züge des Problems noch kaum erkennen konnte. Carl Friedrich versuchte nun im Ernst, an die Wurzel dieser Problematik heranzukommen.

Unsere Diskussionen fanden in diesen Jahren nicht selten in Urfeld statt. Die Zeiten waren für uns friedlicher und ruhiger geworden, wir konnten uns häufiger an Wochenenden oder in den Ferienmonaten in unsere Walchenseeheimat zurückziehen. Wenn man auf der Terrasse vor dem Haus saß, leuchteten der See und die Berge in den Farben, an denen sich 40 Jahre früher Lovis Corinth in seinen Bildern begeistert hatte, und nur selten noch huschte vor meinem geistigen Auge das andere Bild aus den letzten Kriegstagen vorbei: Der amerikanische Oberst Pash kniet mit seiner Maschinenpistole im Anschlag hinter der Terrassenmauer, von der Straße hallen Schüsse herauf, und die Kinder müssen im Keller hinter den Sandsäcken warten, was weiter geschehen wird. Aber die unruhigen Zeiten waren vorbei, und wir konnten in Ruhe über die großen Fragen meditieren, die Plato gestellt hatte und die vielleicht in der Physik der Elementarteilchen jetzt ihre Lösung fanden.

Carl Friedrich, der uns besuchte, erklärte mir die Grundgedanken seines Versuchs: »Alles Nachdenken über die Natur muß sich ja unvermeidlich in großen Kreisen oder Spiralen bewegen; denn wir können von der Natur nur etwas verstehen, wenn wir über sie nachdenken, und wir sind mit allen unseren Verhaltensweisen, auch dem Denken, aus der Geschichte der Natur hervorgegangen. Man könnte also im Prinzip an irgendeiner Stelle anfangen. Aber unser Denken ist so gemacht, daß es zweckmäßig scheint, mit dem Einfachsten zu beginnen, und das Einfachste ist eine Alternative: Ja oder Nein, Sein oder Nichtsein, Gut oder Böse. Solange eine solche Alternative so gedacht wird, wie es im täglichen Leben geschieht, entsteht nichts weiter aus ihr. Aber wir wissen ja aus der Quantentheorie, daß es bei einer Alternative nicht nur die Antworten Ja oder Nein gibt, sondern auch andere dazu komplementäre Antworten, in denen eine Wahrscheinlichkeit für Ja oder Nein festgelegt und außerdem eine gewisse Interferenz zwischen Ja und Nein fixiert wird, die einen Aussagewert besitzt. Es gibt also ein Kontinuum von möglichen Antworten. Mathematisch handelt es sich dabei um die kontinuierliche Gruppe der linearen Transformationen von zwei komplexen Variablen. In dieser Gruppe ist die Lorentzgruppe der Relativitätstheorie bereits enthalten. Wenn man über irgendeine dieser möglichen Antworten fragt, ob sie zutrifft oder nicht, so stellt man also Fragen über einen Raum, der schon mit dem Raum-Zeit-Kontinuum der wirklichen Welt verwandt ist. In dieser Weise möchte ich versuchen, die Gruppenstruktur, die ihr in eurer Feldgleichung festgelegt habt und mit der die Welt gewissermaßen aufgespannt wird, durch ein Übereinanderschichten von Alternativen zu entwickeln.«

»Du legst also Wert darauf«, warf ich ein, »daß die Zweiteilung, von der Pauli gesprochen hat, nicht eine Zweiteilung im Sinne der Aristotelischen Logik ist, sondern daß die Komplementarität hier an entscheidender Stelle hereinkommt. Die Zweiteilung im Aristotelischen Sinne wäre mit Recht, wie Pauli schrieb, ein Attribut des Teufels, sie führt durch fortgesetzte Wiederholung nur ins Chaos. Aber die dritte Möglichkeit, die mit der quantentheoretischen Komplementarität aufgetaucht ist, kann fruchtbar werden und führt bei der Wiederholung in den Raum der wirklichen Welt. In der Tat ist ja in der alten Mystik die Zahl ›Drei‹ mit dem göttlichen Prinzip verbunden. Man könnte auch, um nicht bis in die Mystik zurückzugehen, an den Hegelschen Dreischritt denken: Thesis-Antithesis-Synthesis. Die Synthesis kann nicht nur ein Gemenge, ein Kompromiß aus

Thesis und Antithesis sein, sondern sie wird fruchtbar nur, wenn aus der Verbindung von Thesis und Antithesis etwas qualitativ Neues entsteht.«

Carl Friedrich war nur halb zufrieden: »Ja, das sind so ganz schöne allgemeine philosophische Gedanken, aber ich möchte das doch genauer wissen. Ich hoffe eigentlich, daß man in dieser Weise genau zu den wirklichen Naturgesetzen kommt. Eure Feldgleichung, von der man ja noch nicht sicher weiß, ob sie die Natur richtig darstellt, sieht so aus, als könnte sie aus dieser Philosophie der Alternativen entstehen. Aber das muß man doch mit dem Grad der Strenge, der in der Mathematik üblich ist, schließlich herausbringen können.«

»Du möchtest also«, fügte ich ein, »die Elementarteilchen, und damit schließlich die Welt, in der gleichen Weise aus Alternativen aufbauen, wie Plato seine regulären Körper und damit auch die Welt aus Dreiecken aufbauen wollte. Die Alternativen sind ebensowenig Materie wie die Dreiecke in Platos ›Timaios‹. Aber wenn man die Logik der Quantentheorie zugrunde legt, so ist die Alternative eine Grundform, aus der kompliziertere Grundformen durch Wiederholung entstehen. Der Weg soll also, wenn ich dich richtig verstanden habe, von der Alternative zu einer Symmetriegruppe, das heißt zu einer Eigenschaft führen; die Darstellenden einer oder mehrerer Eigenschaften sind die mathematischen Formen, die die Elementarteilchen abbilden; sie sind sozusagen die Ideen der Elementarteilchen, denen dann schließlich das Objekt Elementarteilchen entspricht. Diese allgemeine Konstruktion ist mir durchaus verständlich. Auch ist die Alternative sicher eine sehr viel fundamentalere Struktur unseres Denkens als das Dreieck. Aber die exakte Durchführung deines Programms stelle ich mir doch außerordentlich schwierig vor. Denn sie wird ein Denken von so hoher Abstraktheit erfordern, wie sie bisher, wenigstens in der Physik, nie vorgekommen ist. Mir wäre das sicher zu schwer. Aber die jüngere Generation hat es ja leichter, abstrakt zu denken. Also solltest du das mit deinen Mitarbeitern unbedingt versuchen.«

Hier schaltete sich Elisabeth in das Gespräch ein, die von ferne zugehört hatte: »Glaubt ihr denn, daß ihr die junge Generation für solche schwierigen Probleme interessieren könnt, die den großen Zusammenhang betreffen? Wenn ich von dem ausgehe, was ihr gelegentlich von der Physik in den großen Forschungszentren hier oder in Amerika erzählt, so sieht es doch so aus, als ob sich das Interesse gerade bei der jüngeren Generation fast nur den Einzelheiten zuwendet, als ob die großen Zusammenhänge beinahe einer Art von Tabu unterliegen. Man soll von ihnen nicht sprechen. Könnte es hier nicht so gehen, wie im ausgehenden Altertum mit der Astronomie, als man sich durchaus damit begnügte, die nächsten Sonnen- und Mondfinsternisse mit überlagerten Zyklen und Epizyklen auszurechnen, und das heliozentrische Planetensystem des Aristarch darüber vergaß? Könnte es nicht geschehen, daß das Interesse für eure allgemeinen Fragen völlig erlischt?«

Aber ich wollte hier nicht so pessimistisch sein und widersprach. »Das Interesse für die Einzelheiten ist gut und notwendig, denn wir wollen ja schließlich wissen, wie es wirklich ist. Und du erinnerst dich, daß auch Niels immer gern den Vers zitiert hat: ›Nur die Fülle führt zur Klarheit.‹ Auch mit dem Tabu bin ich gar nicht so unzufrieden. Denn ein Tabu wird ja nicht verhängt, um das zu verbieten, von dem man nicht sprechen soll, sondern um es gegen das Geschwätz und den Spott der vielen zu schützen. Von jeher hat die Begründung eines Tabus doch so gelautet wie bei Goethe: ›Sagt es niemand, nur den Weisen, weil die Menge gleich verhöhnet . . .‹ Gegen das Tabu soll man sich also nicht wehren. Es wird immer wieder junge Menschen geben, die auch über die großen Zusammenhänge nachdenken, schon weil sie bis zum Letzten ehrlich sein wollen, und dann kommt es ja nicht darauf an, wie viele es sind.«

Wer über die Philosophie Platos meditiert, weiß, daß die Welt durch Bilder bestimmt wird. Daher soll auch die Schilderung der Gespräche durch ein Bild abgeschlossen werden, das sich mir als Zeichen der späten Münchner Jahre unvergeßlich eingeprägt hat. Wir fuhren zu viert, Elisabeth, unsere beiden ältesten Söhne und ich, durch die üppig blühenden Wiesen ins Hügelland zwischen Starnberger-See und Ammersee nach Seewiesen, um im Max-Planck-Institut für Verhaltensforschung Erich von Holst zu besuchen. Erich von Holst war nicht nur ein ausgezeichneter Biologe, sondern auch ein guter Bratschist und Geigenbauer, und wir wollten ihn wegen eines Musikinstruments um Rat fragen. Die Söhne, damals junge Studenten, hatten Geige und Cello mitgebracht für den Fall, daß sich Gelegenheit zum Musizieren bieten sollte. Von Holst zeigte uns sein neues Haus, das er künstlerisch und lebendig, weitgehend mit eigener Arbeit geplant und eingerichtet hatte, und führte uns in ein geräumiges Wohnzimmer, in das durch die weitgeöffneten Fenster und Balkontüren an diesem sonnigen Tag das Licht mit voller Kraft hereinströmte. Wenn man den Blick nach draußen wandte, fiel er auf hellgrüne Buchen unter einem blauen Himmel, vor dem sich die Schützlinge des Seewiesener Instituts in der Luft tummelten. v. Holst hatte seine Bratsche geholt, er setzte sich zwischen die beiden jungen Menschen und begann, mit ihnen jene von dem jugendlichen Beethoven geschriebene Serenade in D-dur zu spielen, die von Lebenskraft und Freude überquillt und in der sich das Vertrauen in die zentrale Ordnung überall gegen Kleinmut und Müdigkeit durchsetzt. In ihr verdichtete sich für mich beim Zuhören die Gewißheit, daß es, in menschlichen Zeitmaßen gemessen, immer wieder weitergehen wird, das Leben, die Musik, die Wissenschaft; auch wenn wir selbst nur für kurze Zeit mitwirken können – nach Niels' Worten immer zugleich Zuschauer und Mitspieler im großen Drama des Lebens.